U0378295

教育部高等学校电子信息类专业教学指导委员会规划教材

高等学校电子信息类专业系列教材

Computer Network and Communication

计算机网络与通信基础

谢雨飞　田启川　编著
Xie Yufei　　Tian Qichuan

清华大学出版社

北京

内 容 简 介

本书将计算机网络与通信和建筑相结合,由多年从事计算机网络与通信技术教学,且在建筑智能化、信息化方面具备丰富教学科研经验的教师撰写,内容简而精,以满足应用为尺度,降低难度。

本书分为理论篇和实践篇:理论篇包括计算机网络基础知识、数据通信基础、计算机局域网、计算机广域网、网络互联技术、网络管理、计算机网络操作系统、网络规划与设计;实践篇包括网络基础实践、网络操作系统的配置实践、局域网组网与配置。

本书可以作为本科相关专业"计算机网络与通信"课程的教材,也可作为建筑智能化技术、建筑信息技术、楼宇控制系统等相关工程技术人员、建筑弱电工程师、设计人员和管理人员学习计算机网络与通信相关知识的参考书。

图书在版编目(CIP)数据

计算机网络与通信基础/谢雨飞,田启川编著. —北京:清华大学出版社,2019(2023.8重印)
(高等学校电子信息类专业系列教材)
ISBN 978-7-302-52403-8

Ⅰ. ①计… Ⅱ. ①谢… ②田… Ⅲ. ①计算机网络—高等职业教育—教材 ②计算机通信—高等职业教育—教材 Ⅳ. ①TP393 ②TN91

中国版本图书馆 CIP 数据核字(2019)第 042129 号

责任编辑:梁 颖 李 晔
封面设计:李召霞
责任校对:时翠兰
责任印制:杨 艳

出版发行:清华大学出版社
      网 址:http://www.tup.com.cn,http://www.wqbook.com
      地 址:北京清华大学学研大厦 A 座 邮 编:100084
      社 总 机:010-83470000 邮 购:010-62786544
      投稿与读者服务:010-62776969,c-service@tup.tsinghua.edu.cn
      质量反馈:010-62772015,zhiliang@tup.tsinghua.edu.cn
      课件下载:http://www.tup.com.cn,010-83470236
印 装 者:三河市天利华印刷装订有限公司
经 销:全国新华书店
开 本:185mm×260mm 印 张:15.75 字 数:375 千字
版 次:2019 年 8 月第 1 版 印 次:2023 年 8 月第 6 次印刷
定 价:49.00元

产品编号:080477-01

序
FOREWORD

　　我国电子信息产业销售收入总规模在 2013 年已经突破 12 万亿元,行业收入占工业总体比重已经超过 9%。电子信息产业在工业经济中的支撑作用凸显,更加促进了信息化和工业化的高层次深度融合。随着移动互联网、云计算、物联网、大数据和石墨烯等新兴产业的爆发式增长,电子信息产业的发展呈现了新的特点,电子信息产业的人才培养面临着新的挑战。

　　(1) 随着控制、通信、人机交互和网络互联等新兴电子信息技术的不断发展,传统工业设备融合了大量最新的电子信息技术,它们一起构成了庞大而复杂的系统,派生出大量新兴的电子信息技术应用需求。这些"系统级"的应用需求,迫切要求具有系统级设计能力的电子信息技术人才。

　　(2) 电子信息系统设备的功能越来越复杂,系统的集成度越来越高。因此,要求未来的设计者应该具备更扎实的理论基础知识和更宽广的专业视野。未来电子信息系统的设计越来越要求软件和硬件的协同规划、协同设计和协同调试。

　　(3) 新兴电子信息技术的发展依赖于半导体产业的不断推动,半导体厂商为设计者提供了越来越丰富的生态资源,系统集成厂商的全方位配合又加速了这种生态资源的进一步完善。半导体厂商和系统集成厂商所建立的这种生态系统,为未来的设计者提供了更加便捷却又必须依赖的设计资源。

　　教育部 2012 年颁布了新版《高等学校本科专业目录》,将电子信息类专业进行了整合,为各高校建立系统化的人才培养体系,培养具有扎实理论基础和宽广专业技能的、兼顾"基础"和"系统"的高层次电子信息人才给出了指引。

　　传统的电子信息学科专业课程体系呈现"自底向上"的特点,这种课程体系偏重对底层元器件的分析与设计,较少涉及系统级的集成与设计。近年来,国内很多高校对电子信息类专业课程体系进行了大力度的改革,这些改革顺应时代潮流,从系统集成的角度,更加科学合理地构建了课程体系。

　　为了进一步提高普通高校电子信息类专业教育与教学质量,贯彻落实《国家中长期教育改革和发展规划纲要(2010—2020 年)》和《教育部关于全面提高高等教育质量若干意见》(教高〔2012〕4 号)的精神,教育部高等学校电子信息类专业教学指导委员会开展了"高等学校电子信息类专业课程体系"的立项研究工作,并于 2014 年 5 月启动了《高等学校电子信息类专业系列教材》(教育部高等学校电子信息类专业教学指导委员会规划教材)的建设工作。其目的是为推进高等教育内涵式发展,提高教学水平,满足高等学校对电子信息类专业人才培养、教学改革与课程改革的需要。

　　本系列教材定位于高等学校电子信息类专业的专业课程,适用于电子信息类的电子信息工程、电子科学与技术、通信工程、微电子科学与工程、光电信息科学与工程、信息工程及其相近专业。经过编审委员会与众多高校多次沟通,初步拟定分批次(2014—2017年)建设约100门课程教材。本系列教材将力求在保证基础的前提下,突出技术的先进性和科学的前沿性,体现创新教学和工程实践教学;将重视系统集成思想在教学中的体现,鼓励推陈出新,采用"自顶向下"的方法编写教材;将注重反映优秀的教学改革成果,推广优秀的教学经验与理念。

为了保证本系列教材的科学性、系统性及编写质量,本系列教材设立顾问委员会及编审委员会。顾问委员会由教指委高级顾问、特约高级顾问和国家级教学名师担任,编审委员会由教育部高等学校电子信息类专业教学指导委员会委员和一线教学名师组成。同时,清华大学出版社为本系列教材配置优秀的编辑团队,力求高水准出版。本系列教材的建设,不仅有众多高校教师参与,也有大量知名的电子信息类企业支持。在此,谨向参与本系列教材策划、组织、编写与出版的广大教师、企业代表及出版人员致以诚挚的感谢,并殷切希望本系列教材在我国高等学校电子信息类专业人才培养与课程体系建设中发挥切实的作用。

吕志伟 教授

前言
PREFACE

计算机网络技术的进步，促进了我国信息化的发展。信息化是当今经济与社会发展的重要趋势，是我国实现现代化、工业化关键性的一环。

建筑行业是信息知识密集型行业，计算机网络是其信息化建设中重要的组成部分。计算机网络技术有助于工程设计和人员管理，提高工程效率。建筑行业在网络技术应用方面，与其他行业有相同点，但同时也存在不同点。建筑产业网络技术应用包括以下三个方面：①构建建筑产业局域网，实现资源共享；②建设建筑产业管理自动化办公系统，主要功能包括办公自动化管理、人事管理系统等；③建立企业管理信息制度系统和图库管理信息系统，及时查看已完成的工作，更有效地实施建筑施工。因此，建筑业从业人员根据行业需求与规范，了解计算机网络与通信相关知识是十分必要的。

然而，计算机网络与通信技术在建筑行业的应用还存在一些问题。首先，网络技术应用普及率低，我国现有建筑施工企业的人员素质建设存在很大的差别，在发展方面存在严重不平衡问题；其次，网络技术应用编制深度不够，只能够反映各单元项目间的关系，没有更好地体现企业网络技术的优化特点。可见，在建筑行业普及计算机网络与通信知识也十分必要。

本书可以作为建筑行业中涉及建筑智能化技术、建筑信息技术、楼宇控制系统等相关工程技术人员、建筑弱电工程师、设计人员和管理人员学习计算机网络与通信知识的参考书。

本书将计算机网络与通信和建筑相结合，由具有多年从事计算机网络与通信技术教学和建筑智能化、信息化教学经验的教师撰写，内容少而精，以满足应用为尺度，降低难度。全书分为理论篇和实践篇：理论篇包括计算机网络基础知识、数据通信基础、计算机局域网、计算机广域网、网络互联技术、网络管理、计算机网络操作系统、网络规划与设计；实践篇包括网络基础实践、网络操作系统的配置实践、局域网组网与配置。

本书由谢雨飞和田启川编著，谢雨飞负责全书的策划和组织工作，并编写了第1～6章，田启川编写了第7～11章。本书由山东科技大学白培瑞老师主审。

由于编者水平有限，经验不足，疏漏和不当之处在所难免，敬请专家和读者批评指正。

编　者

2019 年 3 月

目 录
CONTENTS

理 论 篇

实 践 篇

理论篇

绪　　论

计算机网络起源于美国,世界上第一个计算机网络是由美国国际部高级研究规划局(Advanced Research Projects Agency,ARPA)主持研制的,取名为 ARPANET。

在我国,计算机网络的发展大致可分为 3 个阶段:(1)1986—1994 年,这一阶段主要是通过中科院高能所的网络线路,实现了与欧洲及北美地区的 E-mail 通信;(2)1994—1995 年,这一阶段是教育科研网发展阶段;(3)1995 年至今,中国的计算机网络开始了商业应用阶段。

目前,以 Internet(因特网)为代表的计算机网络得到了飞速发展。计算机网络现在已经遍及国民经济与社会生活的各个角落,正在给人类的生产方式、工作方式乃至生活方式带来巨大的变革。

本章主要讲述计算机网络的概念,并以此为基础介绍计算机网络的分类以及体系结构;为满足建筑应用与管理对计算机网络的需求,讨论了计算机网络与智能建筑和"智慧城市"的联系。

1.1　计算机网络的概念

1.1.1　计算机网络的定义

计算机网络目前还没有统一的精确定义。人们从不同的角度给出了不同的定义,总体来说,可以分成以下 3 类。

1. 按广义定义

计算机网络也称计算机通信网。关于计算机网络的最简单定义是:一些相互连接的、以共享资源为目的的、自治的计算机的集合。若按此定义,则早期的面向终端的网络都不能算是计算机网络,而只能称为联机系统(因为那时的许多终端不能算是自治的计算机)。但随着硬件价格的下降,许多终端都具有一定的智能,因而"终端"和"自治的计算机"逐渐失去了严格的界限。若用微型计算机作为终端使用,按上述定义,则早期的那种面向终端的网络也可称为计算机网络。

另外,从逻辑功能上看,计算机网络是以传输信息为基本目的,用通信线路将多台计算机连接起来的计算机系统的集合,一个计算机网络组成包括传输介质和通信设备。

从用户角度看,计算机网络是这样定义的:一个能为用户自动管理的网络操作系统,由它调用完成用户所调用的资源,而整个网络像一个大的计算机系统,对用户是透明的。

一个比较通用的定义是：利用通信线路将地理上分散的、具有独立功能的计算机系统和通信设备按不同的形式连接起来，以功能完善的网络软件及协议实现资源共享和信息传递的系统。

从整体上来说，计算机网络就是把分布在不同地理区域的计算机与专门的外部设备用通信线路互联成一个规模大、功能强的系统，从而使众多的计算机可以方便地相互传递信息，共享硬件、软件、数据信息等资源。简单来说，计算机网络就是由通信线路互相连接的许多自主工作的计算机构成的集合体。

最简单的计算机网络只有两台计算机和连接它们的一条链路，即两个节点和一条链路。

2. 按连接定义

计算机网络就是通过线路互联起来的、自治的计算机集合，确切地说，就是将分布在不同地理位置上的具有独立工作能力的计算机、终端及其附属设备用通信设备和通信线路连接起来，并配置网络软件，以实现计算机资源共享的系统。

3. 按需求定义

计算机网络就是由大量独立的但相互连接起来的计算机来共同完成计算机任务。

1.1.2　计算机网络的功能

计算机网络有很多功能，其中最重要的 3 个功能是数据通信、资源共享、分布处理。

1. 数据通信

数据通信是计算机网络最基本的功能。它用来快速传送计算机与终端、计算机与计算机之间的各种信息，包括文字信件、新闻消息、咨询信息、图片资料、报纸版面等。利用这一功能，可实现将分散在各个地区的单位或部门用计算机网络联系起来，进行统一的调配、控制和管理。

2. 资源共享

"资源"是指网络中所有的软件、硬件和数据资源。"共享"是指网络中的用户都能够部分或全部地享受这些资源。例如，某些地区或单位的数据库可供全网使用；某些单位设计的软件可供有需要的地方有偿调用或办理一定手续后调用；一些外部设备如打印机，可面向用户，使不具有这些设备的地方也能使用这些硬件设备。如果不能实现资源共享，那么各地区都需要有一套完整的软硬件及数据资源，这将大大增加全系统的投资费用。

3. 分布处理

当某台计算机负担过重时，或该计算机正在处理某项工作时，网络可将新任务转交给空闲的计算机完成，这样处理能均衡各计算机的负载，提高处理问题的实时性；对大型综合性问题，可将问题各部分交给不同的计算机分别处理，充分利用网络资源，扩大计算机的处理能力，即增强实用性。对于解决复杂问题，多台计算机联合使用并构成高性能的计算机体系，这种协同工作、并行处理要比单独购置高性能的大型计算机成本低得多。

1.1.3　计算机网络的特征

计算机网络具有可靠性、高效性、独立性、扩充性、廉价性、分布性和易操作性等特征。

1. 可靠性

在一个计算机网络中，当一台计算机出现故障时，可立即由系统中的另一台计算机来代替其完成所承担的任务。同样,当网络的一条链路出现故障时,可选择其他通信链路进行连接。

2. 高效性

计算机网络摆脱了中心计算机控制结构数据传输的局限性,并且信息传递迅速,实时性强。计算机网络中各相连的计算机能够相互传送数据信息,使相距很远的用户之间能够快速、高效、直接地交换数据。

3. 独立性

计算机网络中各相连的计算机是相对独立的,它们之间既互相联系,又相互独立。

4. 扩充性

在计算机网络中,人们能够很方便、灵活地接入新的计算机,从而达到扩充网络系统功能的目的。

5. 廉价性

计算机网络使微机用户也能够分享大型机的功能特性,充分体现了网络系统的"群体"优势,能节省投资和降低成本。

6. 分布性

计算机网络能将分布在不同地理位置的计算机进行互联,可将大型、复杂的综合性问题实行分布式处理。

7. 易操作性

对计算机网络用户而言,掌握网络使用技术比掌握大型机使用技术简单,实用性也很强。

1.2 计算机网络的分类

计算机网络的分类方法有很多,从不同的角度可以得到不同的类别。

1. 按覆盖范围分类

根据计算机网络覆盖范围的不同,可以分为局域网、城域网、广域网和互联网。

1) 局域网(Local Area Network,LAN)

通常我们所说的 LAN 就是指局域网,这是最常见、应用最广泛的一种网络。局域网随着计算机网络技术的发展和提高得到应用和普及,几乎每个单位都有自己的局域网,甚至有的家庭中都有自己的小型局域网。所谓局域网,就是在局部地区范围内的网络,它所覆盖的地区范围较小。局域网在计算机数量配置上没有太多的限制,少的可以只有两台,多的可达几百台。一般来说,在企业局域网中,工作站的数量在几十到 200 台左右,在网络所涉及的地理距离上一般来说可以是几米至 10km 以内。局域网一般位于一个建筑物或一个单位内,不存在寻径问题,不涉及网络层的应用。

局域网的特点是:连接范围窄,用户数量少,配置容易,连接速率高。目前局域网速率最快的是 10G 以太网。IEEE 的 802 标准委员会定义了多种主要的 LAN 网,如以太网(Ethernet)、令牌环网(Token Ring)、光纤分布式接口网络(FDDI)、异步传输模式网(ATM)以及无线局域网(WLAN)。

2) 城域网(Metropolitan Area Network,MAN)

这种网络一般来说是在一个城市,但不在同一地理小区范围内的计算机互联网。这种网络的连接距离可以在 $10\sim100$km,它采用的是 IEEE 802.6 标准。MAN 与 LAN 相比扩展的距离更长,连接的计算机数量更多,在地理范围上可以说是 LAN 的延伸。在一个大型城市或都市地区,一个 MAN 通常连接着多个 LAN,如连接政府机构的 LAN、医院的 LAN、电信的 LAN、公司企业的 LAN 等。由于光纤连接的引入,使 MAN 中高速的 LAN 互联成为可能。

城域网多采用 ATM 技术作骨干网。ATM 是一个用于数据、语音、视频以及多媒体应用程序的高速网络传输方法。ATM 包括一个接口和一个协议,该协议能够在一个常规的传输信道上,在比特率不变及变化的通信量之间进行切换。ATM 也包括硬件、软件以及与 ATM 协议标准一致的介质。ATM 提供一个可伸缩的主干基础设施,以便能够适应不同规模、速度以及寻址技术的网络。ATM 的最大缺点就是成本太高,所以一般在政府城域网中应用,如邮政、银行、医院等。

3) 广域网(Wide Area Network,WAN)

这种网络也称为远程网,所覆盖的范围比 MAN 更广,它一般是在不同城市之间的 LAN 或者 MAN 网络互联,地理范围可从几百到几千千米。因为距离较远,信号衰减比较严重,所以这种网络一般是要租用专线,通过 IMP(接口信息处理)协议和线路连接起来,构成网状结构,解决寻径问题。这种网络因为所连接的用户多,总出口带宽有限,所以用户的终端连接速率一般较低,通常为 9.6kbps ~45Mbps,如 CHINANET、CHINAPAC 和 CHINADDN 网。

4) 互联网(internet)

互联网泛指多个计算机网络互联而组成的网络,在这些网络之间的通信协议可以是任意的。互联网是网络与网络之间所串联成的庞大网络,这些网络以一组通用的协议相连,形成逻辑上单一且巨大的全球化网络,在这个网络中有交换机和路由器等网络设备、各种不同的连接链路、种类繁多的服务器和不计其数的计算机、终端。Internet 是互联网的一种,它指当前世界上最大的、开放的、由众多网络相互连接而成的特定计算机网络,它采用 TCP/IP 协议簇作为通信规则,其前身是美国的 ARPANET。

2. 按传播方式分类

计算机网络根据通信传播方式的不同,可以分为广播式网络和点到点式网络。

1) 广播式网络

在网络中只有一个单一的通信信道,由这个网络中所有的主机所共享。即多台计算机连接到一条通信线路上的不同分支点上,任意一个节点所发出的报文分组都会被其他所有节点接收。发送的分组中有一个地址域,指明了该分组的目标接收者和源地址。

2) 点到点式网络

网络由许多互相连接的节点构成,在每对机器之间都有一条专用的通信信道,当一台计算机发送数据分组后,它会根据目的地址,经过一系列中间设备的转发,直至到达目的节点。这种传输技术称为点到点传输技术,采用这种技术的网络称为点到点式网络。

3. 按传输介质分类

传输介质是指数据传输系统中发送装置和接收装置间的物理介质,按其物理形态可以划分为有线网和无线网两大类。

1）有线网

传输介质采用有线介质连接的网络称为有线网,常用的有线传输介质有同轴线缆、双绞线和光纤。

同轴线缆由内、外两个导体组成,内导体可以由单股或多股线组成,外导体一般由金属编织网组成。内、外导体之间有绝缘材料,其阻抗为 50Ω。同轴线缆分为粗缆和细缆,粗缆用 DB-15 型连接器,细缆用 BNC 型和 T 型连接器。

双绞线是一种柔性的通信线缆,由两根绝缘金属线互相缠绕而成,这样的一对线作为一条通信线路,由 4 对双绞线构成双绞线线缆。双绞线点到点的通信距离一般不能超过100m。目前,计算机网络上使用的双绞线按其传输速率分为三类线、五类线、六类线、七类线,传输速率为 $10\sim600\text{Mbps}$,双绞线线缆的连接器一般为 RJ-45。

光纤由两层折射率不同的材料组成。内层由具有高折射率的玻璃单根纤维体组成,外层包一层折射率较低的材料。光纤的传输形式分为单模传输和多模传输,单模传输性能优于多模传输。光纤分为单模光纤和多模光纤,单模光纤传送距离为几十千米,多模光纤为几千米。光纤的传输速率可达到每秒几百兆位。光纤用 ST 型或 SC 型连接器。光纤的优点是不会受到电磁的干扰,传输距离也比线缆远,传输速率高。但光纤的安装和维护比较困难,需要专用的设备。

2）无线网

采用无线介质连接的网络称为无线网。目前无线网主要采用 3 种技术,即微波通信、红外线通信和激光通信,这 3 种技术都是以大气为传输介质的。其中微波通信用途最广,目前的卫星网就是一种特殊形式的微波通信,它利用地球同步卫星作中继站来转发微波信号,一颗同步卫星可以覆盖地球的 1/3 以上表面,3 颗同步卫星就可以覆盖地球上的全部通信区域。

4. 按拓扑结构分类

计算机网络的物理连接形式称为网络的物理拓扑结构。连接在网络上的计算机、大容量的外存、高速打印机等设备均可看作是网络上的节点,也称为工作站。计算机网络中常用的拓扑结构有总线型、星形、环形和树形等。

1）总线型拓扑结构

总线型拓扑结构是指网络上的所有计算机都通过一条线缆相互连接起来。在总线上,任何一台计算机在发送信息时,其他计算机必须等待。计算机发送的信息会沿着总线向两端扩散,从而使网络中所有计算机都会接收到这个信息,但是否接收,还取决于信息的目标地址是否与网络主机地址相一致,若一致,则接收;若不一致,则不接收。在总线型网络中,信号会沿着网线发送到整个网络。当信号到达线缆的端点时,将产生反射信号,这种发射信号会与后续信号发生冲突,从而使通信中断。为了防止通信中断,必须在线缆的两端安装终结器,以吸收端点信号,防止信号反弹。

总线型拓扑结构网络不需要插入任何其他的连接设备。网络中任何一台计算机发送的信号都沿一条共同的总线传播,而且能被其他所有计算机接收。有时又称这种网络结构为点对点拓扑结构。

优点:连接简单,易于安装,成本费用低。

缺点:传送数据的速度缓慢,共享一条线缆,只能由其中一台计算机发送信息;维护困难,网络一旦出现断点,整个网络将瘫痪,而且故障点很难查找。

2) 星形拓扑结构

星形拓扑结构是一种以中心节点为核心,把若干外围节点连接起来的辐射式互联结构。中心节点控制全网的通信,任何两台计算机之间的通信都要通过中心节点来转接,因此中心节点是网络的瓶颈。这种拓扑结构又称为集中控制式网络结构,这种拓扑结构是目前使用最普遍的拓扑结构,处于中心的网络设备跨越式集线器(Hub)也可以是交换机。

优点:结构简单,便于维护和管理,因为当其中某台计算机或某条线缆出现问题时,不会影响其他计算机的正常通信,维护比较容易。

缺点:通信线路专用,线缆成本高;中心节点是全网络的可靠性瓶颈,中心节点出现故障会导致网络瘫痪。

3) 环形拓扑结构

环形拓扑结构是将网络节点连接成闭合结构。信息顺着一个方向从一台设备传到另一台设备,每台设备都配有一个收发器,信息在每台设备上的延时时间是固定的。这种结构特别适用于实时控制的局域网系统。

优点:线缆长度短;可使用光纤;传输信息的时间是固定的,从而便于实时控制。

缺点:节点过多时,影响传输效率;链路某处断开会导致整个系统的失效,节点的加入和撤出过程复杂;检测故障困难。

4) 树形拓扑结构

树形拓扑结构就像一棵"根"朝上的树,与总线型拓扑结构相比,主要区别在于总线型拓扑结构中没有根节点。这种拓扑结构的网络一般采用同轴线缆,用于军事单位、政府部门等上、下界限相当严格和层次分明的部门。

优点:结构比较简单,成本低;扩充节点方便灵活。

缺点:对根节点的依赖性大,一旦根节点出现故障,将导致全网不能工作;线缆成本高。

5. 按网络的使用范围分类

根据网络使用范围不同,可分为公用网和专用网两类。

1) 公用网

公用网对所有的用户提供服务,只要符合网络拥有者的要求就能使用这个网,也就是说,它是为全社会所有的用户提供服务的网络。

公用网一般由电信部门或其他提供通信服务的经营部门组建、管理和控制,网络内的传输和转接装置可供任何部门和个人使用。公用网常用于广域网络的构造,支持用户的远程通信,如我国的电信网、广电网、联通网等。

2) 专用网

专用网是某个部门为满足本单位的特殊工作需要而建立的网络。这种网络不向本单位以外的人提供服务。例如,军队、铁路、电力等系统均有本系统的专用网。

1.3　计算机网络体系结构

1.3.1　计算机网络体系结构的概念

为了能够使地理分布不同且功能相对独立的计算机之间组成网络,实现资源共享,计算机网络系统需要解决许多复杂的问题,包括信号传输、差错控制、寻址、数据交换等。为了解决这些问题,早在最初的 ARPANET 设计时即提出了分层的方法。分层可将庞大而复杂的问题转化为若干较小的局部问题,而这些较小的局部问题就比较易于研究和处理了。

网络分层可以带来很多好处,比如:

(1)各层之间是独立的。某一层并不需要知道其下一层是如何实现的,而仅仅需要知道该层通过层间的接口所提供的服务。由于每一层只实现一种相对独立的功能,因而可以将一个难以处理的复杂问题分解为若干个较容易处理的更小问题,这样,整个问题的复杂度就下降了。

(2)灵活性好。当任何一层发生变化时,只要层间接口关系保持不变,则该层以上或以下各层均不受影响;此外,对某一层提供的服务还可以进行修改。当某层提供的服务不再需要时,甚至可以将该层取消。

(3)结构上可分割开。各层都可以采用最合适的技术来实现。

(4)易于实现和维护。这种结构使得实现和调试一个庞大而又复杂的系统变得易于处理,因为整个系统已被分解为若干个相对独立的子系统。

(5)能促进标准化工作。因为每一层的功能及其所提供的服务都已有了精确的说明。

我们把计算机网络的各层及其协议的集合称为计算机网络的体系结构。

1.3.2 ISO/OSI 参考模型

国际标准化组织(International Organization for Standardization,ISO)于 1979 年研究了一种用于开放系统的体系结构,提出了开放系统互联(Open System Interconnect,OSI)参考模型。OSI 为实现开放系统互连所建立的通信功能分层模型,其目的是为异种计算机互联提供一个共同的基础和标准框架,并为保持相关标准的一致性和兼容性提供共同的参考。这里所说的开放系统,实质上指的是遵循 OSI 参考模型和相关协议能够实现互联的具有各种应用目的的计算机系统。

OSI 参考模型是计算机网络体系结构发展的产物。它的基本内容是开放系统通信功能的分层结构。这个模型把开放系统的通信功能划分为 7 个层次,由下至上依次称为物理层、数据链路层、网络层、传输层、会话层、表示层和应用层。OSI 参考模型如图 1.1 所示。

1. 各层的功能

1)物理层

物理层(Physical Layer)是 OSI 参考模型的最底层,它包括物理连接的媒介,如线缆连线器等。其主要功能是:利用传输介质为其上一层(即数据链路层)提供物理连接,规定物理接口的机械、电气功能和规程特性,实现比特流的透明传输。物理层实现了相邻计算机节点之间比特流的透明传送,尽可能屏蔽具体传输介质和物理设备的差异。

2)数据链路层

数据链路层(Data Link Layer)负责建立和管理节点间的链路,通过各种控制协议,将有差错的物理信道变为无差错的、能可靠传输数据帧的数据链路。

在计算机网络中由于各种干扰的存在,物理链路是不可靠的。因此,数据链路层的主要功能是在物理层提供的比特流的基础上,通过差错控制、流量控制方法,使有差错的物理线路变为无差错的数据链路,即提供可靠的通过物理介质传输数据的方法。

数据链路层通常又分为介质访问控制(MAC)和逻辑链路控制(LLC)两个子层。MAC

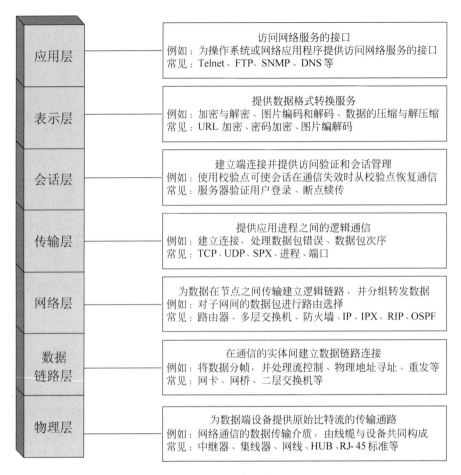

图 1.1　OSI 参考模型

子层的主要任务是解决共享型网络中多用户对信道竞争的问题,完成网络介质的访问控制;LLC 子层的主要任务是建立和维护网络连接,执行差错校验、流量控制和链路控制。

　　数据链路层的具体工作是接收来自物理层的位流形式的数据,并封装成帧,传送到上一层;同样,也将来自上层的数据帧拆装为位流形式的数据转发到物理层;另外,还负责处理接收端发回的确认帧的信息,以便提供可靠的数据传输。

　　3)网络层

　　网络层(Network Layer)的主要任务是:通过路由选择算法,为报文或分组通过通信子网选择最合适的路径。该层控制数据链路层与传输层之间的信息转发,建立、维持和终止网络的连接。具体地说,数据链路层的数据在网络层被转换为数据包或分组,然后通过路径选择、分段组合、顺序、进/出路由等控制,将信息从一个网络设备传送到另一个网络设备。

　　一般地,数据链路层是解决同一网络内节点之间的通信问题,而网络层主要解决不同子网间的通信问题。

　　在实现网络层功能时,需要解决的主要问题如下:

　　(1)寻址。数据链路层中使用的物理地址(如 MAC 地址)仅解决网络内部的寻址问题。在不同子网之间通信时,为了识别和找到网络中的设备,每一子网中的设备都会被分配一个唯一的地址。由于各子网使用的物理技术可能不同,因此这个地址应当是逻辑地址(如IP地址)。

(2)交换。规定不同的信息交换方式,常见的交换技术有线路交换技术和存储转发技术,后者又包括报文交换技术和分组交换技术。

(3)路由算法。当源节点和目的节点之间存在多条路径时,网络层可以根据路由算法,通过网络为数据分组选择最佳路径,并将信息从最合适的路径由发送端传送到接收端。

(4)连接服务。与数据链路层流量控制不同的是,前者控制的是网络相邻节点间的流量,网络层控制的是从源节点到目的节点间的流量,其目的在于防止阻塞,并进行差错检测。

4) 传输层

传输层(Transport Layer)传送的协议数据单元称为段或报文。该层为用户提供端到端的可靠和透明的数据传输服务,包括处理差错控制和流量控制等问题,保证报文的正确传输。传输层向高层屏蔽了下层数据通信的细节,使高层用户看到的只是在两个传输实体间的一条主机到主机的、可由用户控制和设定的可靠的数据通路。

一般来说,网络层只是根据网络地址将源节点发出的数据包或分组传送到目的节点,而传输层则负责将数据可靠地传送到相应的端口。

传输层的主要功能包括:

(1)传输连接管理。提供建立、维护和拆除传输连接的功能。传输层在网络层的基础上为高层提供"面向连接"和"面向无连接"的两种服务。

(2)处理传输差错。提供可靠的"面向连接"和不太可靠的"面向无连接"的数据传输服务、差错控制和流量控制。在提供"面向连接"服务时,通过这一层传输的数据将由目标设备确认,如果在指定时间内未收到确认信息,数据将被重发。

(3)监控服务质量。服务质量(Quality of Service,QoS)是指在传输连接点之间看到的某些传输连接的特征,反映了传输质量及服务的可用性。

5) 会话层

会话层(Session Layer)是用户应用程序和网络之间的接口,主要任务是向两个实体的表示层提供建立和使用连接的方法。不同实体之间的表示层的连接称为会话。因此会话层的任务就是组织和协调两个会话进程之间的通信,并对数据交换进行管理。

用户可以按照半双工、单工和全双工的方式建立会话。当建立会话时,用户必须提供他们想要连接的远程地址。这些地址与MAC(介质访问控制子层)地址或网络层的逻辑地址不同,它们是为用户专门设计的,更便于用户记忆。域名(DN)就是一种网络上使用的远程地址。会话层的具体功能如下:

(1)会话管理。允许用户在两个实体设备之间建立、维持和终止会话,并支持用户之间的数据交换。例如,提供单方向会话或双向同时会话,并管理会话中的发送顺序,以及会话所占用时间的长短。

(2)会话流量控制。提供会话流量控制和交叉会话功能。

(3)寻址。使用远程地址建立会话连接。

(4)出错控制。从逻辑上讲会话层主要负责数据交换的建立、保持和终止,但实际的工作却是接收来自传输层的数据,并负责纠正错误。会话控制和远程过程调用均属于会话层的功能。但应注意,会话层检查的错误不是通信介质的错误,而是磁盘空间、打印机缺纸等类型的高级错误。

6）表示层

表示层（Presentation Layer）对来自应用层的命令和数据进行解释，对各种语法赋予相应的含义，并按照一定的格式传送给会话层。其主要任务是处理用户信息的表示问题，如编码、数据格式转换和加/解密等。表示层的具体功能如下：

（1）数据格式处理。协商和建立数据交换的格式，解决各应用程序之间在数据格式表示上的差异。

（2）数据的编码。处理字符集和数字的转换。例如，由于用户程序中的数据类型（整型或实型、有符号或无符号等）、用户标识等都可以有不同的表示方式，因此，在设备之间需要具有在不同字符集或格式之间转换的功能。

（3）压缩和解压缩。为了减少数据的传输量，会话层还负责数据的压缩与恢复。

（4）数据的加密和解密。可以提高网络的安全性。

7）应用层

应用层（Application Layer）是计算机用户以及各种应用程序和网络之间的接口，其功能是直接向用户提供服务，完成用户希望在网络上完成的各种工作。应用层负责实现网络中应用程序与网络操作系统之间的联系，建立与结束使用者之间的联系，并完成网络用户提出的各种网络服务及应用所需的监督、管理和服务。此外，应用层还负责协调各个应用程序间的工作。

应用层为用户提供的服务和协议有文件服务、目录服务、文件传输服务（FTP）、远程登录服务（Telnet）、电子邮件服务（E-mail）、打印服务、安全服务、网络管理服务、数据库服务等。上述的各种网络服务由该层的不同应用协议和程序完成，不同的网络操作系统之间在功能、界面、实现技术、对硬件的支持、安全可靠性以及具有的各种应用程序接口等各个方面的差异是很大的。应用层的主要功能如下：

（1）用户接口。应用层是用户与网络，以及应用程序与网络间的直接接口，使得用户能够与网络进行交互式联系。

（2）实现各种服务。应用层具有的各种应用程序可以完成和实现用户请求的各种服务。

2. OSI 参考模型的工作机制

OSI 参考模型中每一层的功能是独立的，它利用其下一层提供的服务并为其上一层提供服务，而与其他层的具体实现无关。这里所谓的"服务"就是下一层向上一层提供的通信功能和层间的会话规定，一般用通信原语实现，并由下层向上层通过层间接口提供。

两个开放系统中的同等层之间的通信规则和约定称为协议。通常把 1~4 层协议称为下层协议，5~7 层协议称为上层协议。

图 1.2 给出了层、接口和协议的示意图。

OSI 参考模型中每个层次接收到上层传递过来的数据后都要将本层次的控制信息加入数据单元的头部，一些层次还要将校验和等信息附加到数据单元的尾部，这个过程称为封装。OSI 参考模型中对等层之间传送的数据单位称为该层的协议数据单元（Protocol Data Unit，PDU）。

每层封装后的数据单元的名称是不同的，应用层、表示层、会话层的协议数据单元统称

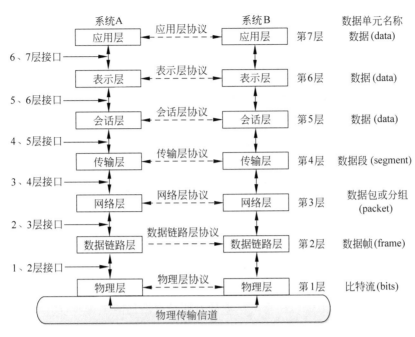

图 1.2 层、接口和协议示意图

为数据(data),传输层协议数据单元称为数据段(segment),网络层协议数据单元称为数据包或分组(packet),数据链路层协议数据单元称为数据帧(frame),物理层协议数据单元称为比特流(bits)。

当数据到达接收端时,每一层读取相应的控制信息,根据控制信息中的内容向上层传递数据单元,在向上层传递之前去掉本层的控制头部信息和尾部信息(如果有),此过程称为解封装。这个过程逐层执行直至将对端应用层产生的数据发送给本端相应的应用进程。

数据封装与解封装过程如图 1.3 所示。

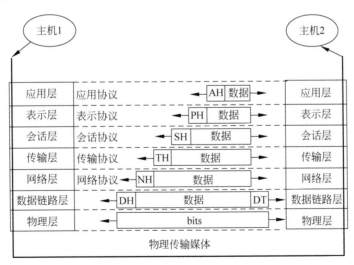

图 1.3 数据封装与解封装示意图

1.3.3　TCP/IP 模型

TCP/IP 模型是首先由 ARPANET 所使用的网络体系结构。这个体系结构在它的两个主要协议 TCP(传输控制协议)和 IP(网际协议)出现以后被称为 TCP/IP 模型。TCP/IP 模型是由美国国防部创建的,所以有时又称为 DoD(Department of Defense)模型,是至今为止发展最成功的通信协议,它被用于构筑目前最大的、开放的互联网络系统:Internet。TCP/IP 是一组通信协议的代名词,这组协议使任何具有网络设备的用户都能访问和共享 Internet 上的信息。TCP 和 IP 是两个独立且紧密结合的协议,负责管理和引导数据报文在 Internet 上的传输。二者使用专门的报文头定义每个报文的内容。TCP 负责和远程主机的连接;IP 负责寻址,使报文被送到其目的地址。

按照一般的概念,网络技术和设备只有符合有关的国际标准才能在大范围内获得工程上的应用。但是现在的情况却恰恰相反,得到最广泛应用的不是法律上的国际标准 OSI,而是非国际标准 TCP/IP。这样,TCP/IP 就成为事实上的国际标准。

基于 TCP/IP 的参考模型分成 4 个层次,由下至上分别是网络接口层、网络层、传输层、应用层。TCP/IP 模型及其与 OSI 参考模型的对比示意图如图 1.4 所示。

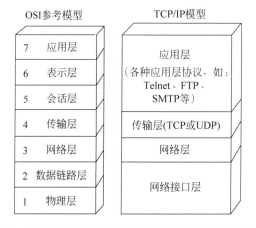

图 1.4　TCP/IP 模型及其与 OSI 参考模型的对比示意图

1. 各层的功能

1) 网络接口层

TCP/IP 模型的网络接口层对应于 OSI 参考模型的物理层和数据链路层。事实上,TCP/IP 本身并未定义该层的协议,而是由参与互联的各网络使用自己的物理层和数据链路层协议,然后与 TCP/IP 的网络接口层进行连接。

2) 网络层

TCP/IP 模型的网络层对应于 OSI 参考模型的网络层。网络层主要解决主机到主机的通信问题,其功能是使主机可以把数据包发往任何网络,并使数据包独立地传向目标。它所包含的协议设计数据包在整个网络上的逻辑传输,注重重新赋予主机一个 IP 地址来完成对主机的寻址,它还负责数据包在多种网络中的路由。

3) 传输层

TCP/IP 模型的传输层对应于 OSI 参考模型的传输层。传输层为应用层实体提供端到端的通信功能,保证了数据包的顺序传送及数据的完整性。该层定义了两个主要的协议:传输控制协议(TCP)和用户数据报协议(UDP)。TCP 提供的是一种可靠的、通过"三次握手"来连接的数据传输服务;而 UDP 提供的则是不保证可靠的(并不是不可靠)、无连接的数据传输服务。

4)应用层

TCP/IP 模型的应用层对应于 OSI 参考模型的会话层、表示层、应用层。应用层为用户提供所需要的各种服务,如 FTP、Telnet、DNS、SMTP 等。

2. TCP/IP 模型与 OSI 参考模型的比较

共同点:

(1) OSI 参考模型和 TCP/IP 模型都采用了层次结构的概念。

(2) 都能够提供面向连接和无连接的两种通信服务机制。

不同点:

(1) OSI 采用的七层模型,而 TCP/IP 是四层结构。

(2) TCP/IP 模型的网络接口层实际上并没有真正的定义,只是一些概念性的描述。而 OSI 参考模型不仅分了两层,而且每一层的功能都很详尽,甚至在数据链路层又分出一个介质访问子层,专门解决局域网的共享介质问题。

(3) OSI 参考模型是在协议开发前设计的,具有通用性。TCP/IP 是先有协议集然后建立模型,不适用于非 TCP/IP 网络。

(4) OSI 参考模型与 TCP/IP 模型的传输层功能基本相似,都是负责为用户提供真正的端对端的通信服务,也对高层屏蔽了低层网络的实现细节。所不同的是 TCP/IP 模型的传输层是建立在网络层基础之上的,而网络层只提供无连接的网络服务,所以面向连接的功能完全在 TCP 中实现,当然 TCP/IP 的传输层还提供无连接的服务,如 UDP;相反,OSI 参考模型的传输层是建立在网络层基础之上的,网络层既提供面向连接的服务,又提供无连接的服务,但传输层只提供面向连接的服务。

(5) OSI 参考模型的抽象能力高,适合于描述各种网络;而 TCP/IP 是先有了协议,才制定 TCP/IP 模型的。

(6) OSI 参考模型的概念划分清晰,但过于复杂;而 TCP/IP 模型在服务、接口和协议方面的区别上不清楚,功能描述和实现细节混在一起。

(7) TCP/IP 模型的网络接口层并不是真正的一层;OSI 参考模型的缺点是层次过多,划分意义不大但增加了复杂性。

(8) OSI 参考模型虽然被看好,但由于没把握好时机,技术不成熟,实现困难;相反,TCP/IP 模型虽然有许多不尽人意的地方,但还是比较成功的。

1.4 计算机网络与通信技术和智能建筑与"智慧城市"

1.4.1 计算机网络和智能建筑

智能建筑本身就是网络技术和建筑业完美结合的产物。根据 GB/T 50314-2015《智能建筑设计标准》,对智能建筑的定义为:以建筑物为平台,基于对各类智能化信息的综合应用,集架构、系统、应用、管理及优化组合为一体,具有感知、传输、记忆、推理、判断和决策的综合智慧能力,形成以人、建筑、环境互为协调的整合体,为人们提供安全、高效、便利及可持续发展功能环境的建筑。

建筑智能化包括通信自动化(CA)、楼宇自动化(BA)、办公自动化(OA)、消防自动化(FA)和安保自动化(SA),简称"5A"。其中包括的系统有计算机管理系统、楼宇设备自控系统、通信系统、安保监控及防盗报警系统、卫星及共用电视系统、车库管理系统、综合布线系统、计算机网络系统、广播系统、会议系统、视频点播系统、智能化小区物业管理系统、可视会议系统、大屏幕显示系统、智能灯光和音响控制系统、火灾报警系统、计算机机房、"一卡通"系统。

计算机网络与智能建筑各子系统的关系如下:

(1) 计算机网络是智能建筑办公自动化系统(Office Automation System,OAS)的必要基础。办公自动化系统发展到今天,无论是行政型、生产型或经营型 OAS,或是事务型、管理型或决策型 OAS,还是内部局域网型或企业内部网、内部网、内联网、内外互联型 OAS,无一不是建立在计算机网络基础之上的。

(2) 计算机网络是提高智能建筑物业管理效率和质量不可或缺的手段。基于网络的智能建筑物业管理系统可节省大量人力、物力和财力,并显著提高工作效率和质量。例如,物业管理公司基于网络实现房产管理、公共设施管理、收费管理及公司内部管理等,用户可通过网络进行物业报修、查询物业收费信息、物管投诉、意外自动报警、求助呼叫等。

(3) 计算机网络支撑智能建筑楼宇自动化系统(Building Automation System,BAS)的系统监管。BAS 的网络结构可分为下层的监控层网络和上层的管理层网络。监控层网络采用集散式或分布式控制方式,实现对各建筑设备运行状态的实时监视和控制。管理层网络采用计算机网络(以太网为主),实现对整个以太网为主的在线监视和管理,达到系统的最佳运行状态。目前以太网技术正在向监控层网络发展,以太网现场总线技术就是控制技术与信息技术的优化组合,能够极大地提高系统性能,很可能将彻底解决工业自动化领域长期争论不休的现场总线标准化问题。

(4) 计算机网络是智能建筑通信网络系统的核心内容之一。通信网络系统应能为建筑物或建筑群的拥有者(管理者)及建筑物内的各个使用者提供有效的信息服务。显而易见,诸如 Internet、VLD(视频点播)、远程教育、网上娱乐、网上购物、证券、医疗等信息服务,都需要以计算机网络为平台才可能实现。

(5) 计算机网络互联是智能建筑系统集成的必由之路。无论是各智能子系统内部的集成,还是各智能子系统之间的集成,其本质都是异构计算机网络的互联,关键是解决网络协议的转换。目前看来,智能建筑的系统集成很可能统一在 TCP/IP(传输控制协议/网际协议)和以太网的基础上加以实现。

1.4.2　通信技术和智能建筑

目前,智能建筑中通信业务网络的发展趋势是"三网"融合,即计算机互联网络、有线电视网络、语音通信网络最终融合成一个网络。"三网"融合的技术基础是数字技术、光纤技术、IP 技术。其中,后两种是目前最重要的通信技术,IP 技术构成网络互联的基础,而光纤技术则为通信提供了足够的带宽。另外,通过无线通信接入用户也是通信技术的发展趋势。

目前智能建筑中控制局域网的构建底层主要采用现场总线技术,随着现场计算机设备处理能力的提高和成本的降低,以太网协议应用更加广泛。智能建筑的各种系统构建和系统互联集成必然全面 IP 化,而目前多个通信设备提供商也纷纷提出了打造全 IP 的楼宇智能化系统。

通信技术在智能建筑设备系统中具体表现为:

(1) 楼宇自控中控制层的设备主要使用 IP 组网。

(2) 视频监控系统全面 IP 化,IP 虚拟服务器(IP Virtual Server,IPVS)将全面推广,模拟摄像机将退出市场。

(3) 楼宇对讲和楼宇门禁系统设备间采用 IP 互联,通过 TCP/IP 技术进行通信。

(4) IP 广播逐步应用到新建的广播系统中。

(5) 会议系统采取 IP 技术组网,实现信息的可靠传输和音/视频的方便切换。

(6) IP-PBX 交换机成为主流,最终将发展成为基于 IP 技术和软件的统一通信系统,即集语音、即时通信、邮箱、网络会议等于一体的通信平台。

(7) 建筑内计算机局域网的网络技术水平不断提高,对于有线方式的组网,千兆到桌面将成为主流。

(8) 光纤到桌面是今后的发展趋势,光纤必然会替代双绞线,而原综合布线技术的布线网络,将被全光网络替代。

(9) 不管是新修的建筑,还是之前的建筑,无线局域网(WLAN)覆盖整个建筑;而再往后发展,无线接入组建局域网将替代有线成为主要形式。

(10) 通信业务接入到公网基本上都采用 FTTX 的形式,即光纤到楼、光纤到交接箱、光纤到户等;基于有源的以太网光传输的应用将减少,而基于无源的 EPON、GPON 等技术应用将更加广泛。

1.4.3　计算机网络与通信技术和"智慧城市"

"智慧城市"就是运用信息和通信技术手段感测、分析、整合城市运行核心系统的各项关键信息,从而对包括民生、环保、公共安全、城市服务、工商业活动在内的各种需求做出智能响应。其实质是利用先进的信息技术,实现城市智慧式管理和运行,进而为城市中的人创造更美好的生活,促进城市的和谐、可持续发展。

随着人类社会的不断发展,未来城市将承载越来越多的人口。目前,我国正处于城镇化加速发展的时期,部分地区"城市病"问题日益严峻。为解决城市发展难题,实现城市可持续发展,建设"智慧城市"已成为当今世界城市发展不可逆转的历史潮流。

从技术发展的视角,"智慧城市"建设要求通过以移动技术为代表的物联网、云计算等新一代信息技术应用实现全面感知、泛在互联、普适计算与融合应用。从社会发展的视角,"智慧城市"还要求通过维基、社交网络、FabLab、LivingLab、综合集成法等工具和方法的应用,实现以用户创新、开放创新、大众创新、协同创新为特征的知识社会环境下的可持续创新,强调通过价值创造,以人为本实现经济、社会、环境的全面可持续发展。

"智慧城市"的体系框架如图 1.5 所示,它可以分为 4 层,由下至上分别是感知层、通信层、数据层、应用层。

"智慧城市"离不开计算机网络与通信技术,它以各种信息技术为支撑,通过广泛而安全的信息传递,以及有效而科学的信息利用,提高城市运行和管理效率,改善城市公共服务水平,形成低碳城市生态圈,构建城市发展的新形态。

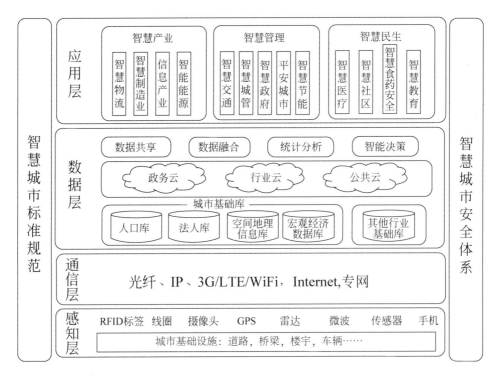

图 1.5 "智慧城市"的体系框架

本章小结

（1）计算机网络是计算机与通信技术高速发展、紧密结合的产物,网络技术的进步正在对当前信息产业的发展产生重要的影响。

（2）从资源共享观点来看,计算机网络是以能够相互共享资源的方式互联起来的自治计算机系统的集合。

（3）虽然网络类型的划分标准各种各样,但是按覆盖范围划分是一种大家都认可的通用网络划分标准。按这种标准可以把各种网络类型划分为局域网、城域网、广域网和互联网4种。要注意不同网络类型的区别,比如,internet 与 Internet,这是两个完全不同的概念。internet 是普通名词,泛指一般的互联网;而 Internet 是专有名词,特指"因特网"。

（4）计算机网络体系结构是本章的重点,要求掌握 ISO/OSI 参考模型各层的功能,以及 OSI 参考模型的工作机制;掌握 TCP/IP 模型及其与 OSI 参考模型的对应关系。

（5）协议是控制两个对等实体进行通信的规则的集合,它是水平的;在协议的控制下,两个对等实体间的通信使得本层能够向上一层提供服务,同时还需要使用下一层所提供的服务,服务是垂直的。

习题

一、单选题

1. 以下关于计算机网络的描述,不正确的一项是( )。
    A. 计算机网络是一个多机互联系统
    B. 计算机网络是一个资源共享系统
    C. 具有通信功能的多机系统就是一个计算机网络
    D. 计算机网络的互联是通过通信设备和通信线路实现的

2. 以下的网络分类方法中,哪一组分类方法有误?( )
    A. 局域网/广域网   B. 对等网/城域网
    C. 环形网/星形网   D. 有线网/无线网

3. 一座大楼内的一个计算机网络系统,属于( )。
    A. PAN   B. LAN   C. MAN   D. WAN

4. 在计算机网络中,所有的计算机均连接到一条通信传输线路上,在线路两端连有防止信号反射的装置,这种连接结构称为( )。
    A. 总线型结构   B. 环形结构
    C. 星形结构   D. 树形结构

5. 当数据由计算机 A 传送至计算机 B 时,不参与数据封装工作的是( )。
    A. 物理层   B. 数据链路层   C. 应用层   D. 网络层

6. 在 OSI 七层结构模型中,处于数据链路层与传输层之间的是( )。
    A. 物理层   B. 网络层   C. 会话层   D. 表示层

7. 下列不属于数据链路层主要功能的是( )。
    A. 提供对物理层的控制   B. 差错控制
    C. 流量控制   D. 决定传输报文的最佳路由

8. 某主机正在检测所接收到的帧的校验和,这个动作发生在 OSI 模型的( )。
    A. 物理层   B. 数据链路层   C. 网络层   D. 传输层

9. TCP/IP 的网络接口层对应 OSI 的( )。
    A. 物理层   B. 数据链路层
    C. 网络层   D. 物理层和数据链路层

10. 在 TCP/IP 中,解决计算机到计算机之间通信问题的层次是( )。
    A. 应用层   B. 传输层   C. 网络层   D. 网络接口层

二、填空题

1. 世界上第一个计算机网络是_____。

2. 计算机网络按传输介质分类,可以分为_____和_____两类。

3. 在 OSI 参考模型中,不同开放系统对等实体之间的通信,需要实体向相邻的上一层实体提供一种能力,这种能力称为_____。

4. 网络层传输的数据单元为_____,数据链路层传输的数据单元为_____,物理层传输的数据单元为_____。

5. 传输层可以通过_____标识不同的应用。

三、简答题

1. 计算机网络的主要功能是什么?

2. 计算机网络有哪些主要特征?

3. 计算机网络可从哪几方面分类? 怎么分类?

4. 简述 OSI 参考模型的七层结构,并介绍各层的基本功能。

5. 简述 TCP/IP 模型的层次结构以及各层的功能。

第 2 章

数据通信基础

　　数据通信是通信技术和计算机技术相结合而产生的一种新的通信方式。要在两地间传输信息必须有传输信道,根据传输介质的不同,有有线数据通信与无线数据通信之分。但它们都是通过传输信道将数据终端与计算机连接起来,从而使不同地点的数据终端实现软、硬件和信息资源的共享。

　　本章介绍数据通信相关的基本概念和理论,这是以后各章学习的基础。

2.1　数据通信的基本知识

2.1.1　信息、数据与信号

1. 信息

　　信息是人们对现实世界事物存在方式或运动状态的某种认识。表示信息的形式可以是数值、文字、图形和动画等。信息论奠基人香农(Shannon)认为,“信息是用来消除随机不确定性的东西”,这一定义被人们看作是经典性定义并加以引用。信息虽然是不确定的,但还是有办法将它们进行量化的。根据信息的概念,可以归纳出信息具有以下几个特点:

　　(1) 消息 x 发生的概率 $P(x)$ 越大,信息量越小;反之,信息量就越大。可见,信息量和消息发生的概率是逆相关的。

　　(2) 当概率为 1 时,百分之百发生的事件,信息量为 0。

　　(3) 当一个消息是由多个独立的小消息组成时,那么这个消息所含信息量应等于各小消息所含信息量之和。

2. 数据

　　数据涉及的是事物的表现形式,是事实或观察的结果,它可以是数字、字母和各种符号。数据可以在物理介质中记录和传输,并通过外围设备被计算机接收。

　　数据有模拟数据和数字数据两种形式。模拟数据是指在某个时间段产生的连续的值,例如,声音、视频、温度和压力等都是时间的连续函数。数字数据是指产生的离散的值,例如,文本信息和整数。

3. 信号

　　数据对于通信而言是抽象的,无法存储、加工和传输。信号是数据的具体表示形式,或称数据的电磁或电子编码,它使数据能以适当的形式在介质上传输。通信系统中所使用的信号是电信号,即随时间变化的电压或电流。

信号有模拟信号和数字信号两种基本形式。模拟信号是指信息参数在给定范围内表现为连续的信号,或在一段连续的时间间隔内,其代表信息的特征量可以在任意瞬间呈现为任意数值的信号。比如,温度、湿度、压力、长度、电流、电压等,在一定的时间范围内可以有无限多个不同的取值。数字信号指自变量是离散的、因变量也是离散的信号,这种信号的自变量用整数表示,因变量用有限数字中的一个数字来表示。数字信号的特点是幅值被限制在有限个数值之内,它不是连续的而是离散的。比如,在计算机中,数字信号的大小常用有限位的二进制数表示:字长为 2 位的二进制数可表示 4 种数字信号,分别是 00、01、10 和 11。

2.1.2　信道

任何能够传输信号的通路都可以称为信道。一般地总是把信道看作是以传输介质为基础的信号通路,包括传输介质两端的发送和接收电路。信道有时又称为线路。

信道一方面是信号的通路,另一方面又给信号以限制与损害,可能造成信号畸变,也可能遇到外界的干扰。

1. 信道的分类

1) 模拟信道和数字信道

信道按其允许通过的信号类型,可以分为模拟信道和数字信道。

模拟信道指能传输模拟信号的信道。模拟信号的电平随时间连续变化,语音信号是典型的模拟信号。

数字信道指能传输数字信号的信道。数字信号的变化不是连续的,在它的整个信号中只有两种状态,即高电平与低电平,高电平用逻辑"1"表示,低电平用逻辑"0"表示。

2) 单工信道、半双工信道和全双工信道

按数据传输的方向与时间的关系,信道可分为单工信道、半双工信道和全双工信道。

单工信道就是单向信道。在这种信道中,数据只能单方向传输,任何时候都不能改变传输方向。比如,无线广播和电视广播信道都是单工信道。在计算机数据通信中,这种信道用得很少,大屏幕显示就是一种应用。

半双工信道,数据可以双向传输,但是不能同时双向传输。也就是说,任何时候都只能沿一个方向传输数据,但可以切换传输方向。这种信道适合于交互式的通信。比如,在对讲机通信中,通话双方中的任何一方都可以向对方讲话,但只能轮流讲,而不能同时讲。

全双工信道,数据可以同时双向传输。全双工信道的通信效率最高。比如,在电话通信中,通话双方可以同时向对方讲话。

3) 有线信道和无线信道

按传输介质的不同,信道可分为有线信道和无线信道。

有线信道的传输介质为导线,信号沿导线传输,能量相对集中在导线附近,因此具有较高的传输效率。有线信道的信噪比高,频带资源窄,存在回波和非线性失真。有线信道主要有 4 类,即明线(Open Wire)、对称线缆(Symmetrical Cable)、同轴线缆(Coaxial Cable)和光纤。

(1) 明线。明线是指平行架设在电线杆上的架空线路。它本身是导电裸线或带绝缘层的导线。虽然它的传输损耗低,但是由于易受天气和环境的影响,对外界噪声干扰比较敏感,已经逐渐被线缆取代。

（2）对称线缆。线缆有两类,即对称线缆和同轴线缆。对称线缆是由若干对称为芯线的双导线放置在一根保护套内制成的,为了削弱每对导线之间的干扰,每一对导线都做成扭绞形状,称为双绞线,同一根线缆中的各对导线之间也按照一定的规律扭绞在一起。在电信网中,通常一根对称线缆中有 25 对双绞线,对称线缆的芯线直径在 $0.4\sim1.4\text{mm}$,损耗比较大,但是性能比较稳定。对称线缆在有线电话网中广泛应用于用户接入电路,每个用户电话都是通过一对双绞线连接到电话交换机,通常采用的是 $22\sim26$ 号线规的双绞线。双绞线在计算机局域网中也得到了广泛的应用,以太网中使用的超五类线就是由 4 对双绞线组成的。

（3）同轴线缆。同轴线缆是由内、外两层同心圆柱体构成,在这两层导体之间用绝缘体隔离开。内导体多为实心导线,外导体是一根空心导电管或金属编织网,在外导体外面有一层绝缘保护层,在内、外导体之间可以填充实心介质材料或绝缘支架,起到支撑和绝缘的作用。由于外导体通常接地,因此能够起到很好的屏蔽作用。随着光纤的广泛应用,远距离传输信号的干线线路多采用光纤替代同轴线缆,在有线电视广播（Cable Television,CATV）中还广泛采用同轴线缆为用户提供电视信号;另外,在很多程控电话交换机中 PCM 群路信号仍然采用同轴线缆传输信号,同轴线缆也作为通信设备内部中频和射频部分经常使用传输的介质,如连接无线通信收发设备和天线之间的馈线。

（4）光纤。传输光信号的有线信道是光导纤维,简称光纤。光纤是由华裔科学家高锟（Charles Kuen）发明的,他被称为“光纤之父”。1970 年美国康宁（Corning）公司制造出了世界上第一根实用化的光纤。随着加工制造工艺的不断提高,光纤的衰减不断下降,目前世界各国干线传输网络主要是由光纤构成的。

光纤中光信号的传输是基于全反射原理,光纤可以分为多模光纤（Multi-Mode Fiber,MMF）和单模光纤（Single Mode Fiber,SMF）。多模光纤中光信号具有多种传播模式,而单模光纤中只有一种传播模式。光纤的信号光源可以有发光二极管（Light-Emitted Dioxide,LED）和激光。实际应用中使用的光波长主要在 $1.31\mu\text{m}$ 和 $1.55\mu\text{m}$ 两个低损耗的波长窗口内,如 Ethernet 网中的 1000Base-LX 物理接口采用 $1.31\mu\text{m}$ 波长的光信号。计算机局域网中也出现了 850nm 波长的信号光源,如 Ethernet 网中的 1000Base-SX 物理接口就采用这样的光源。LED 光源光谱纯度低,不同波长的光信号在光纤中传播速度不同,因此随着距离的增加,光信号传播会发生色散,造成信号的失真,限制了光纤传输的距离,因此对于长距离的传输,每隔一段距离都需要对信号进行中继。单模光纤的色散要比多模光纤小得多（在多模光纤中还存在模式色散）,因而无中继传输距离更长,采用光谱纯度高的激光源传输时引起的色散则更小。

以自由空间作为传输介质的信道称为无线信道。这种信道以辐射状传输信号,所以信号的能量损失大。采用定向发射天线和接收天线后,可使能量相对集中,使信号传得更远。实际上,所谓无线信道就是被传输的信号频率占有一段带宽。为了传播得远,常常采用频率很高的振荡波来传送。因此,必须有一个高频发射机产生振荡波,通过天线发送出去;在接收端,通过接收天线和接收机来接收。这样,发送机、发送天线、接收天线、接收机与某一工作频率就构成了无线信道。

无线信道的频带很宽,但是真正用于数据通信的仅仅是其中的一段,如图 2.1 所示。频段当前已经成为无线电通信中的宝贵资源。

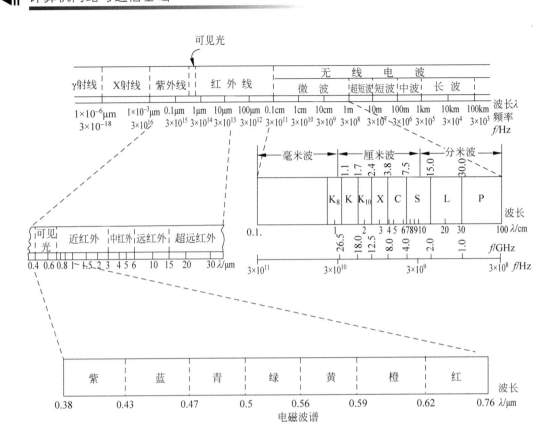

图 2.1　电磁波的频谱及其在通信中的作用

2. 信道的带宽

带宽是指各种不同频率成分所占据的频率范围,单位是赫兹(Hz)。

1) 数字信道的带宽

当通信线路用来传送数字信号时,数据率就成为数字信道最重要的指标。习惯上人们愿意将"带宽"作为数字信道所能传送的"最高数据率"的同义词。因此,数字信道中的"带宽",理论上是指传输信道的信道容量(信道容量即是指最大的数据传输速率)。数字网络的带宽是指在一段特定的时间内网络所能传送的比特数,以位/秒(bps)形式表示,简记为bps。例如,一个数字网络带宽为10Mbps,意味着每秒能传送1000万个比特。带宽有时也称为吞吐量,吞吐量常用每秒发送的比特数(或字节数、帧数)来表示。

数字信道是一种离散信道,它只能传送离散值的数字信号,信道的带宽决定了信道中能不失真地传输脉冲序列的最高速率。一个数字脉冲称为一个码元,我们用码元速率表示单位时间内信号波形的变换次数,即单位时间内通过信道传输的码元个数。若信号码元宽度为 T 秒,则码元速率 $B=1/T$。码元速率的单位称为波特(Baud),所以码元速率也称波特率。早在 1924 年,贝尔实验室的研究员哈利·奈奎斯特(Harry Nyquist)就推导出了有限带宽无噪声信道的极限波特率,称为奈奎斯特定理。无噪声数字信道的信道容量 C 与信道带宽 W 的数学表达式为

$$C = 2W\log_2 L(\text{bps}) \tag{2-1}$$

式中,W 为信道的带宽,Hz;L 为码元符号所能取的离散值的个数,或者说表示数字信号可

能取的状态数。比如,对于二进制的通信系统而言,信号只能取两种状态,即 $L=2$,信道容量 $C=2W$;对于四进制而言,$L=4$,信道容量 $C=4W$;对于十六进制而言,$L=16$,信道容量 $C=8W$。

奈奎斯特定理指定的信道容量也称奈奎斯特极限,这是由信道的物理特性决定的。超过奈奎斯特极限传送脉冲信号是不可能的,所以要进一步提高波特率必须改善信道带宽。

码元携带的信息量由码元取的离散值个数决定。若码元取 2 种离散值,则一个码元携带 1bit 信息;若码元可取 4 种离散值,则一个码元携带 2bit 信息。一个码元携带的信息量 n(bit)与码元的种类数 N 的关系式为

$$n = \log_2 N \tag{2-2}$$

单位时间内在信道上传送的信息量(比特数)称为数据速率。在一定的波特率下提高速率的途径是用一个码元表示更多的比特数。如果把 2bit 编码为一个码元,则数据速率可成倍提高。

数据速率和波特率是两个不同的概念,仅当码元取两个离散值时两者才相等。对于普通电话线路,带宽为 3000Hz,最高波特率为 6000Baud。而最高数据速率可随编码方式的不同而取不同的值。这些都是在无噪声的理想情况下的极限值。实际信道会受到各种噪声的干扰,因而远远达不到按尼奎斯特定理计算出的数据传送速率。香农的研究表明,有噪声的极限数据速率可由下面的公式计算:

$$C = W\log_2 L\left(1 + \frac{S}{N}\right)(\text{bps}) \tag{2-3}$$

式(2-3)称为香农定理,其中 W 为信道带宽,S 为信号的平均功率,N 为噪声的平均功率,$\frac{S}{N}$ 为信噪比。由于在实际使用中 S 与 N 的比值太大,故常取其分贝数(dB)。分贝与信噪比的关系为

$$\text{dB} = 10\lg\frac{S}{N} \tag{2-4}$$

例如,当 $\frac{S}{N}$ 为 1000,信噪比为 30dB。式(2-4)与信号所取的离散值无关,也就是说无论用什么方式调制,只要给定了信噪比,则单位时间内最大的信息传输量就确定了。例如,信道带宽为 3000Hz,信噪比为 30dB,则最大数据速率为

$$C = 3000\log_2(1 + 1000) \approx 3000 \times 9.97 \approx 30000\text{bps}$$

这是极限值,只有理论上的意义。实际上,在 3000Hz 带宽的电话线上数据速率能达到 9600bps 就已很不错了。

2) 模拟信道的带宽

模拟信道的带宽是指信道中允许有效通过的正弦交流信号的频率范围。当频率从零到无穷大连续变化的等幅正弦交流信号通过信道时,信道对不同频率的信号将产生不同的衰减,对应信号功率衰减到 $\frac{1}{2}$(信号幅度相应衰减到最大值的 $\frac{1}{\sqrt{2}}$)有一个高频率点和一个低频率点,二者之差即该信道的带宽。模拟信道的带宽如图 2.2 所示。模拟信道的带宽 $W = f_2 - f_1$,其中 f_1 是信号能够通过的最低频率,

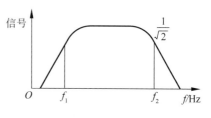

图 2.2 模拟信道带宽

f_2 是信道能够通过的最高频率,两者都是由信道的物理特性决定的。当组成信道的电路制成了,信道的带宽就决定了。为了减小信号传输的失真,信道要有足够的带宽。比如,CATV 线缆的带宽为 600MHz 或 1000MHz。

2.2 数据传输技术

2.2.1 传输方式

信道上传送的信号有基带信号和宽带信号之分,与之相对应的数据传输分别称为基带传输和宽带传输。此外,还有解决数字信号在模拟信道中传输时信号失真问题的频带传输。

1. 基带传输

在计算机等数字化设备中,二进制数字序列最方便的电信号形式是数字脉冲信号,即 1 和 0 分别用高(或低)电平和低(或高)电平表示。人们把数字脉冲信号固有的频带称为基带,把数字脉冲信号称为基带信号。在信道上直接传送数据的基带信号的传输称为基带传输。一般来说,基带传输要将信源的数据转换成可直接传输的数字基带信号,称为信号编码。在发送端,由编码器实现编码;在接收端,由解码器进行解码,恢复成发送端发送的原始数据。基带传输是最简单、最基本的传输方式,常用于局域网中。

编码前的数据基带信号含有从直流到高频的频率成分,如果直接传送这种基带信号就要求信道具有从直流到高频的频率特性。基带信号容易发生畸变,这主要是因为线路中分布电容和分布电感的影响,因而传输距离会受到一定的限制。

2. 宽带传输

宽带信号是将基带信号进行调制后形成的频分复用模拟信号。在宽带传输过程中,各路基带信号经过调制后,其频谱被移至不同的频段,因此在一条线缆中可以同时传送多路数字信号,从而提高线路的利用率。

3. 频带传输

在实现远距离通信时,经常借助于电话系统。但是如果直接在电话系统中传送基带信号,就会产生严重的信号失真,数据传输的误码率会变得非常高。为了解决数字信号在模拟信道中传输所产生的信号失真问题,需要利用频带传输方式。所谓频带传输,是指将数字信号调制成模拟信号后再发送和传输,到达接收端时再把模拟信号解调成原来的数字信号。因此,采用频带传输方式时,要求在发送端安装调制器,在接收端安装解调器。在实现全双工通信时,则要求收、发端都安装调制解调器(Modem)。利用频带传输方式不仅可以解决数字信号利用电话系统传输的问题,而且可以实现多路复用。

2.2.2 模拟传输与数字传输

按照信道中所传输的信号不同,通信系统可分为模拟通信系统和数字通信系统。在信道中传输模拟信号的系统称为模拟通信系统。它包含两种重要变换:①把消息变为电信号;②把不适合传输的基带信号通过调制器转换成频带信号。同时,两种变换在接收端都要经过反变换。在信道中传输数字信号的系统称为数字通信系统。

1. 模拟传输

在计算机数据通信出现之前,就已经采用模拟传输技术传输语音信息了。图 2.3 所示就是一个模拟传输系统。

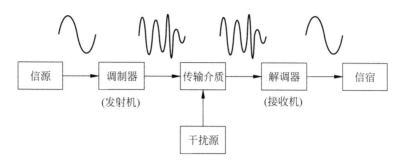

图 2.3　模拟传输系统

图中的调制器和解调器是关键部件。实质上它们是信号变换器,把信号换成适合于传输介质的特性。图中,信源是连续变化的模拟信号。经过调制器调制后的信号称为已调信号,它仍然是一个连续信号。解调器则把已调信号进行反变换,使其恢复成调制器输入端的信号形式。调制之前和解调之后的信号是一种原始的电信号,它具有较低的频率,相对于频率较高的已调信号而言,通常称这种原始的信号为基带信号。

在模拟传输过程中,信号由于噪声的干扰和传输过程中能量的损失会发生畸变与衰减,所以每隔一定的距离就要将信号放大。但是,放大有用的信号的同时,各种噪声信号也得到了放大。随着传输距离的增大经多级放大后,噪声造成有用信号的失真越来越严重,导致了错误信号的产生。模拟传输有以下缺点:

(1) 所传输的信号是连续的,混入的干扰不易清除,即抗干扰能力差。

(2) 不易进行保密通信。

(3) 设备不易大规模集成。

模拟传输系统已经不能适应飞速发展的计算机通信的要求。

2. 数字传输

数字传输克服了模拟传输的缺点。在数字传输的过程中也会遇到外界噪声的干扰,在传输过程中信号的能量耗损、畸变与衰减在所难免。但是在数字传输中,每隔一定的距离不是采用放大器放大衰减和失真的信号,而是由转发器代替了放大器。转发器可以通过判断阈值,识别并恢复原来的数字信号 0 和 1,产生一个新的完全清除了衰减和畸变的信号。这样虽经多级转发,也不会累积噪声引起的失真。

在计算机通信中,信源和信宿之间可直接传输数字信号,这种数字传输系统只能用于短距离传输。长距离传输就需要用图 2.3 所示的方式,将离散的数字信号加载到载波信号上(也就是用数字信号调制载波信号),然后才能实现数字信号的长距离传输。

还要特别指出的是,数字传输的信源所产生的信号可以是模拟信号,如语音。在传输过程中要先把语音信号数字化,为了使之能长距离传输,再用该数字信号去调制载波信号,然后发送到模拟信道上,我们把这种传输也称为数字传输,如图 2.4 所示。

数字传输系统的组成主要包含以下部分:

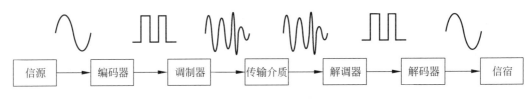

图 2.4　数字传输系统

（1）信源和信宿。信源的作用是把消息转换成原始的电信号，完成非电/电的转换；信宿的作用是把复原的电信号转换成相应的消息，完成电/非电的转换。

（2）编码器。分为信源编码和信源解码。信源编码有两个作用：①进行模/数转换；②数据压缩，即设法降低数字信号的数码率。信源解码是信源编码的逆过程。

（3）信道编码与信道解码。数字信号在信道中传输时，由于噪声影响，会引起差错。为使数字信号适应信道所进行的变换称为信道编码。信道编码的目的就是提高通信系统的抗干扰能力，尽量控制差错，保证通信质量。信道解码是信道编码的反变换。

（4）调制和解调。数字调制的任务是把各种数字基带信号转换成适应于信道传输的数字频带信号。经变换后已调信号有两个基本特征：①携带信息；②适合在信道中传输。数字解调是数字调制的逆变换。

（5）信道。信道是信号传输的通道（传输介质）。

（6）最佳接收和同步。依据最小差错准则进行接收，可以合理设计接收机达到最佳。同步是使收、发两端信号在时间上保持步调一致。按照同步的作用不同，分为载波同步、位同步、群同步和网同步。同步是保证数字通信系统有序、准确、可靠工作的前提条件。

在图 2.3 和图 2.4 中，仅画出了单向传输的情况，实际上信源和信宿是相对的，互相通信，传输是双向的，所以编码器与解码器、调制器与解调器都是成对出现在同一端的。

若信源本身发出的是数字信号，那么不管用数字传输还是用模拟传输方式来传输这个信号，这种通信方式均称为数据通信。

相对于模拟通信系统，数字通信系统有如下优点：

（1）抗干扰、抗噪声能力强，无噪声积累。在数字通信系统中，传输的信号是数字信号。以二进制为例，信号的取值只有两个，这样发送端传输的和接收端需要接收和判决的电平也只有两个值。若"1"码时取值为 A，"0"码时取值为 0，传输过程中由于信道噪声的影响，必然会使波形失真。在接收端恢复信号时，首先对其进行采样判决，才能确定是"1"码还是"0"码，并再生"1""0"码的波形，因此只要不影响判决的正确性，即使波形有失真也不会影响再生后的信号波形。而在模拟通信中，如果模拟信号累加上噪声后，即使噪声很小，也很难消除。

数字通信抗噪声性能好，还表现在微波中继（接力）通信时，可以消除噪声积累。这是因为数字信号在每次再生后，只要不发生错码，它仍然像信源中发出的信号一样，没有噪声累加在上面。因此中继站再多，数字通信仍具有良好的通信质量。而模拟通信中继时，只能增加信号能量（对信号放大），而不能消除噪声。

（2）便于加密处理，保密性强。数字信号与模拟信号相比，容易加密和解密，因此，数字通信保密性好。

（3）差错可控。数字信号在传输过程中出现的差错，可通过纠错编码技术来控制。

（4）利用现代技术，便于对信息进行处理、存储、交换。由于计算机技术、数字存储技术、数字变换技术以及数字处理技术等现代技术的飞速发展，许多设备、终端接口接收的均是数字信号，因此极易与数字通信系统相连接。正因为如此，数字通信才得以高速发展。

（5）便于集成化，使通信设备微型化。

数字通信相对于模拟通信系统来说，主要有以下两个缺点：

（1）数字信号占用的频带宽。以电话为例，一路数字电话一般要占据 $20\sim64\text{kHz}$ 的带宽，而一路模拟电话仅占用约 4kHz 带宽。如果系统传输带宽一定，模拟电话的频带利用率要高出数字电话 $5\sim15$ 倍。

（2）对同步要求高，系统设备比较复杂。数字通信中，要准确地恢复信号，必须要求接收端和发送端保持严格同步，因此数字通信系统及设备一般都比较复杂，体积较大。

随着数字集成技术的发展，各种中、大规模集成器件的体积不断减小，加上数字压缩技术的不断完善，数字通信设备的体积将会越来越小。

2.2.3 模拟信号的数字化传输

数字通信系统中的信号源可以是模拟信号源，即模拟信号是可以用数字通信系统来传输的。但是，必须对模拟信号进行模/数变换，即经采样、量化、编码，对其幅度和时间进行离散化处理，使之变成数字信号再进行传输；在接收端要将接收到的数字信号进行数/模变换，使之还原成模拟信号再送到信宿。上述过程分别称为信源编码和信源解码。

模拟信号数字化的方法有多种，目前采用最多的是信号波形的 A/D 变换方法，即波形编码。它直接把时域波形变换为数字序列，接收端恢复的信号质量好。此外，A/D 变换的方法还有参量编码，它利用信号处理技术，在频率域或其他正交变换域提取特征参量，再变换成数字代码，其比特率比波形编码低，但接收端恢复的信号质量不够好。

1. 采样

采样定理是模拟信号数字化的基础理论。采样是将模拟信号数字化的第一步，是时间上的离散化。经过采样后的信号是时间离散且时间间隔相等的信号。在数字通信中，不仅要把模拟信号变成数字信号进行传输，而且在接收端还要将它还原成模拟信号，还原的信号应该与发送端的信号尽可能相同，才能达到通信的目的。

采样就是按一定的时间间隔采集测量模拟信号的幅值。首先应该保证采样不引起信号失真。采样的依据是香农定理：若对连续变化的模拟信号周期地采样，只要采样频率等于或大于模拟信号的最高频率或带宽的 2 倍，则离散幅度的采样便可无失真地恢复信号。可用下式表达：

$$f_s = \frac{1}{T_s} \geqslant 2f_{\max} \tag{2-5}$$

式中，f_s 为采样频率；T_s 为采样周期；$f_{\max}$ 为原始模拟信号的最高频率。

由奈奎斯特定理也可以证明，若模拟信号的带宽为 $H(\text{Hz})$，则 $2H$ 的采样频率就足以捕获可恢复原有模拟信号的信息。例如，模拟信号带宽 4kHz，则采样频率可取为每秒 8000次或者说每 $125\mu s$ 取样一次。

上述定理因采样时间间隔相等，故称为均匀采样定理。

2. 量化

模拟信号经采样后在时间上是离散化了，但其幅度的取值仍是连续的，为了使模拟信号变成数字信号,还必须将幅度离散化,对幅度离散化的过程就称为量化。量化就像数学上的四舍五入,即将样值幅度用规定的量化电平表示。量化的过程必然会产生误差,即量化误差,如何减少量化误差、量化误差与哪些因素有关是很重要的问题。

模拟信号经采样得到的时间离散、幅度连续的信号,通常称为脉冲调幅信号(PAM信号),量化便是使 PAM 信号的幅度离散化,从而获得脉冲编码调制信号(PCM 信号)。量化通常由量化器完成。量化器允许的最大输入信号幅度称为工作范围,它根据量化的具体要求,使工作范围的电压值分成 N 个量化级或量化区间,每个量化级用一个电平值表示,这个电平值称为量化电平值。落入每层的 PAM 信号将由该层的量化值表示,这样 PAM 信号的幅值就量化成了 N 个电平值,即由 N 个量化电平值来表示输入的 PAM 信号的各种幅度。

量化误差会造成信号还原时的失真,如图 2.5 所示。

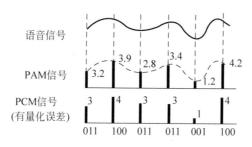

图 2.5   语音信号的脉冲编码调制

3. 编码

模拟信号在采样量化后,变成了时间离散、幅度离散的数字信号。通常为了减少量化误差,量化级数设置很多,也就是说,量化后得到的数字信号的取值仍然很多,用这样的信号进行传输,接收端复制很困难。由于二电平信号具有较多的优越性(例如,这种信号最简单,最容易产生和再生,功率利用因数及抗干扰性好等),虽然它也有占带宽的缺点,但在频带许可的条件下,基带数字通信在传输过程中多采用二电平信号。通常把量化后的多电平信号变成二电平信号的过程称为编码。

将模拟信号采样量化再编成数字代码,称为脉冲编码调制(PCM),简称为脉码调制。脉码调制是将模拟信号变成数字信号的重要方法之一,它已广泛应用于通信系统,特别是电话通信系统。电话通信系统中的脉码调制采用比较简单的非线性瞬时压扩方法,它不需要复杂的信号处理技术就可以实现数据等效比特率的压缩,而且无任何信号迟延。它是基于对话路频带信号的波形采样的瞬时处理,因此不仅使语音有高质量的信噪比,而且对现有模拟通信网话路通道中传送的所有信号,如电话随路信令、各处频率的带内数据信号、传真信号及电报信号等都可不受影响地进行编码传输。也就是说,PCM 调制方式可保持原有话路的透明性。基于 PCM 调制的上述特点,虽然它是最早提出的将模拟信号变成数字信号的方法,但至今仍然是主要可行的传输体制,并已被国际电报电话咨询委员会(CCITT)建议为现今数字传输和综合业务数字网(ISDN)的标准接口信号。它不仅用于传输终端,在数字程控交换系统中也是按 PCM 标准将模拟信号转换为数字信号,再进入交换网络实现交换。

PCM 通信系统模型如图 2.6 所示。由于历史的原因,数字传输系统的 PCM 有两个互不兼容的国际标准:一个是北美的 24 路 PCM 标准,简称 T_1 标准;另一个是欧洲 30 路

PCM 标准,简称 E_1 标准。我国采用的是 E_1 标准。E_1 标准的速率是 2048kbps,T_1 标准的速率是 1544kbps。

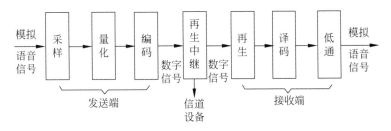

图 2.6　PCM 通信系统模型

2.2.4　数字调制技术

数字调制一般指调制信号是数字的,而载波是连续波的调制方式。调制的过程就是按调制信号的变化规律去改变载波某些参数的过程。若载波信号是正弦波,其数学表达式为

$$A\sin(\omega t + \varphi) \tag{2-6}$$

式中,A 为幅度;ω 为角频率;φ 为相位。那么,使其幅度、角频率或相位随调制信号而变化,从而就可在载波上进行调制。

数字幅度调制又称为振幅键控(Amplitude Shift Keying,ASK),即载波的振幅随着原始数字信号而变化。例如,数字信号"1"用有载波输出表示,数字信号"0"用无载波表示。在数据传输中,很少使用数字幅度调制,但它是调制的基本方式。

数字频率调制又称为频移键控(Frequency Shift Keying,FSK),即载波的频率随着原始数字信号而变化。例如,数字信号"1"用频率 f_1 表示,数字信号"0"用频率 f_2 表示。数字频率调制的抗干扰和抗衰减性能优于幅度调制,设备也不复杂,实现比较容易,所以在中低速数据通信中应用广泛。

数字相位调制又称为相移键控(Phase Shift Keying,PSK),即载波的初始相位随着原始数字信号而变化。例如,数字信号"1"对应相位 $180°$,数字信号"0"对应相位 $0°$。数字相位调制的抗干扰性比幅度调制和频率调制都要好,在中高速的数据传输中广泛采用调相技术。

简单的数字调制技术示意图如图 2.7 所示。

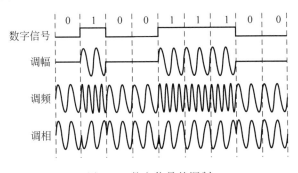

图 2.7　数字信号的调制

2.2.5 数字信号的基带传输

数字信号在数字信道上传送需要数字信号编码。本节介绍几种常见的编码方案。

1. 不归零编码

不归零编码的规律是：用正电平表示 1,零电平表示 0,并且在表示完一个码元后,电平无须回到零。这种编码的特点是实现起来简单,而且费用低。但是它不能携带时钟信号,且无法表示没有数据传输。

2. 曼彻斯特编码

曼彻斯特编码不用电平的高低表示二进制,而是用电平的跳变来表示。在曼彻斯特编码中,每一个比特的中间均有一个跳变,这个跳变既作为时钟信号,又作为数据信号:电平从低到高的跳变表示二进制"0",从高到低的跳变表示二进制"1"。

曼彻斯特编码常用于局域网传输。曼彻斯特编码将时钟和数据包含在数据流中,在传输代码信息的同时,也将时钟同步信号一起传输到对方。由于每位编码中有一跳变,不存在直流分量,因此具有自同步能力和良好的抗干扰性能。但每一个码元都被调成两个电平,所以数据传输速率只有调制速率的 1/2。

3. 差分曼彻斯特编码

差分曼彻斯特编码是曼彻斯特编码的改进。它在每个比特中间都有一次跳变,传输的是"1"还是"0",是通过每个比特的开始有无跳变来区分的:比特与比特之间有信号跳变,表示下一个比特为"0";比特与比特之间无信号跳变,表示下一个比特为"1"。

比如,给出比特流"100001011110",其不归零编码、曼彻斯特编码和差分曼彻斯特编码如图 2.8 所示。

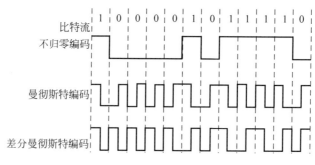

图 2.8　几种常用的编码方案

2.2.6 信道复用

为了提高通信系统信道的利用率,语音信号的传输往往采用多路复用通信的方式。所谓多路复用通信方式通常是指在一个信道上同时传输多个语音信号的技术,有时也将这种技术简称为复用技术。

信道多路复用的理论基础是信号分割原理。信号分割的依据是信号之间的差别,这种差别可以是频率参数上的差别,也可以是时间参数上的差别,或者是码型结构上的差别。按照时间参数上的差别来分割信号的多路复用称为时分多路复用(TDM),主要用于数字传输;按照频率参数的差别来分割信号的多路复用称为频分多路复用(FDM),其最典型例子是在一路物理线路上传送多路语音信号的多路载波通信；按照码型结构的不同来实现信号分割称为码分多路复用(CDM)。

1. 时分多路复用

时分复用是建立在采用定理基础上的。采用定理使连续(模拟)的基带信号有可能被在时间上离散出现的采用脉冲值所代替。这样，当采用脉冲占据较短时间时，在采用脉冲之间就留出了时间空隙，利用这种空隙便可以传输其他信号的采用值。因此，就有可能沿一条信道同时传送若干个基带信号。

假设有 3 路信号进行时分多路复用，如图 2.9 所示。各路信号首先通过相应的低通滤波器，使输入信号变为带限信号。然后再送到采用开关(或转换开关)，转换开关(电子开关)每秒将各路信号依次采用一次，这样 3 个采用值按先后顺序错开纳入采用间隔之内。合成的复用信号是 3 个采用消息之和，如图 2.10 所示。由各个消息构成单一采用的一组脉冲称为一帧，一帧中相邻两个采用脉冲之间的时间间隔称为时隙，未能被采用脉冲占用的时隙部分称为防护时间。

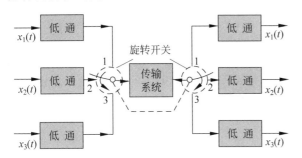

图 2.9　3 路信号进行时分多路复用　　　图 2.10　时分多路复用的合成信号

多路复用信号可以直接送入信道传输，或者加到调制器上变换成适于信道传输的形式后再送入信道传输。

在接收端，合成的时分复用信号由分路开关依次送入各路相应的重建低通滤波器，恢复成原来的连续信号。在时分多路复用中，发送端的转换开关和接收端的分路开关必须同步。所以在发送端和接收端都设有时钟脉冲序列来稳定开关时间，以保证两个时钟序列合拍。

根据采用定理可知，一个频带限制在 f_H 范围内的信号，最小采用频率值为 $2f_H$，这时就可利用带宽为 $2f_H$ 的理想低通滤波器恢复出原始信号来。对于频带都是 f_H 的 N 路复用信号，它们的独立采用频率为 $2N \times f_H$，如果将信道表示为一个理想的低通形式，则为了防止组合波形丢失信息，传输带宽必须满足 $W \geqslant N \times f_H$。

2. 频分多路复用

频分多路复用在每路信号进入传输频带前，先要依次调制，而在接收端，再解调到原来的频段，恢复每路的原信号，从而使传输频带得到多路信号的复用。各路信号一般为等带宽的同类信号，也可以是不同带宽的不同业务类别的信号。调制方式必须是线性调制，可以是调幅、调频或调相。

在物理信道的可用带宽超过单个原始信号所需带宽情况下，可将该物理信道的总带宽分割成若干个与传输单个信号带宽相同或略宽的子信道；然后在每个子信道上传输一路信号，以实现在同一信道中同时传输多路信号。多路原始信号在频分复用前，先要通过调制技术将各路信号的频谱调制到物理信道频谱的不同频段上,使各信号的带宽不相互重叠;然后用不同的频率调制每一个信号,每个信号都在以它的载波频率为中心、一定带宽的通道上进行传输,如图 2.11 所示。为了防止互相干扰,需要使用抗干扰保护措施带来隔离每一个通道。

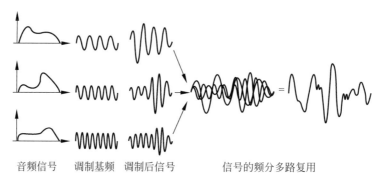

音频信号　　调制基频　调制后信号　　　　信号的频分多路复用

图 2.11　频分多路复用原理

3. 码分多路复用

码分多路复用又称码分多址(Code Division Multiple Access,CDMA)。码分多路复用与时分多路复用和频分多路复用不同,它既共享信道的频率,也共享时间,是一种真正的动态复用技术。其原理是每比特时间被分成 m 个更短的时间槽,称为码片(Chip)。通常情况下每比特有 64 或 128 个码片。每个站点(通道)被指定一个唯一的 m 位的代码或码片序列。当发送"1"时站点就发送码片序列,发送"0"时就发送码片序列的反码。当两个或多个站点同时发送时,各路数据在信道中被线性相加。为了从信道中分离出各路信号,要求各个站点的码片序列是相互正交的。

码分多路复用技术主要用于无线通信系统,特别是移动通信系统。它不仅可以提高通信的语音质量和数据传输的可靠性,减少干扰对通信的影响,而且增大了通信系统的容量。

2.3　数据交换技术

在计算机网络中,任意两台计算机都能相互交换数据。如果每两台计算机都采用一条链路连接,那么,若有 n 个站点,则需要 $C_n^2 = \dfrac{n(n-1)}{2}$ 条链路连接。当 n 很大时,链路的数目变得非常大,并且每个用户不会同时与其他用户交换数据,所以大多数链路的使用效率极低。因此,在数据通信系统中,终端与计算机之间,或者计算机与计算机之间不是直通专线连接,而是要经过通信网的接续过程来建立连接。两端系统之间的传输通路就是通过通信网络中若干节点转接而成的所谓"交换线路"。在一种任意拓扑的数据通信网络中,通过网络节点的某种转接方式来实现从任一端系统到另一端系统之间接通数据通路的技术,就称为数据交换技术。

数据交换的基本要求包括:

(1) 能适应从很低到很高范围内的不同速率,以满足不同用户的需要;

(2) 有尽量快的接续速度;

（3）为适应实时性要求，网路时延要小；

（4）有高的传输准确性，具有适应数据用户特性变化的能力。

数据交换技术主要有电路交换、报文交换和分组交换，如图2.12所示。

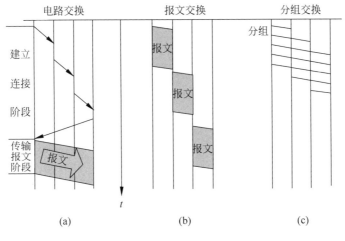

图 2.12 三种数据交换方式

2.3.1 电路交换

电路交换过程包括建立线路、占用线路并进行数据传输和释放线路三个阶段，如图 2.12(a)所示。

1. 建立线路

如同打电话先要通过拨号在通话双方间建立起一条通路一样，数据通信的电路交换方式在传输数据之前也要先经过呼叫过程建立一条端到端的线路。具体过程如下：

（1）发起方向某个终端站点（响应方站点）发送一个请求，该请求通过中间节点传输至终点。

（2）如果中间节点有空闲的物理线路可以使用，接受请求，分配线路，并请求传输给下一中间节点；整个过程持续进行，直至终点。如果中间节点没有空闲的物理线路可以使用，整个线路的连接将无法实现。仅当通信的两个站点之间建立起物理线路之后，才允许进入数据传输阶段。

（3）线路一旦被分配，在未释放之前，其他站点将无法使用，即使某一时刻线路上并没有数据传输。

2. 数据传输

电路交换连接建立以后，数据就可以从源节点发送到中间节点，再由中间节点交换到终端节点。当然终端节点也可以经中间节点向源节点发送数据。这种数据传输有最短的传输延迟，并且没有阻塞的问题，除非有意外的线路或节点故障而使电路中断。但要求在整个数据传输过程中，建立的线路必须始终保持连接状态，通信双方的信息传输延迟仅取决于电磁信号沿介质传输的延迟。

3. 释放线路

当站点之间的数据传输完毕，执行释放线路的动作。该动作可以由任一站点发起，释放线路请求通过途经的中间节点送往对方,释放线路资源。被释放的信道空闲后,就可被其他通信使用。

电路交换是一种面向连接的交换方式,其优点是:

(1)数据传输速度快,一旦线路接通,数据直通,传输延迟时间短。

(2)数据按顺序传送,先发送的数据先被接收到。

电路交换的缺点是:

(1)线路的利用率较低。只要通信双方接通,直至释放连接之前,则不管双方是否有数据传输,都一直占据着线路和一组用户设备,其他用户不能利用。

(2)建立连接时间长。通常来说,两点之间一次呼叫连接成功,要用几秒甚至几十秒钟,而数据传输可能仅用几秒钟甚至几百毫秒,通信的效率过低。

(3)由于计算机和各种终端的传输速率不一样,采用电路交换很难使这些不同速率的设备相互通信。

(4)双方数据通信建立连接以后,一旦出现故障,都必须重新建立连接。这对重要的与紧急的通信很不利。

2.3.2 报文交换

报文交换不要求在两个通信节点之间建立专用通路。节点把要发送的信息组织成一个数据包——报文,该报文中含有目标节点的地址,完整的报文在网络中一站一站地向前传送,如图 2.12(b)所示。每一个节点接收整个报文,检查目标节点地址,然后根据网络中的交通情况在适当的时候转发到下一个节点。经过多次的存储转发,最后到达目标,因而这样的网络称为存储转发网络。其中的交换节点要有足够大的存储空间(一般是磁盘),用以缓冲接收到的长报文。交换节点对各个方向上接收到的报文排队,对照下一个转节点,然后再转发出去,这些都带来了排队等待延迟。

报文交换的优点是:

(1)报文交换不需要为通信双方预先建立一条专用的通信线路,不存在连接建立时延,用户可随时发送报文。

(2)在报文交换中便于设置代码检验和数据重发设施,加之交换节点还具有路径选择,就可以做到某条传输路径发生故障时,重新选择另一条路径传输数据,提高了传输的可靠性。

(3)在存储转发中容易实现代码转换和速率匹配,甚至收发双方可以不同时处于可用状态。这样就便于类型、规格和速度不同的计算机之间进行通信。

(4)提供多目标服务,即一个报文可以同时发送到多个目的地址,这在电路交换中是很难实现的。

(5)允许建立数据传输的优先级,使优先级高的报文优先转换。

(6)通信双方不是固定占有一条通信线路,而是在不同的时间一段一段地部分占有这条物理通路,因而大大提高了通信线路的利用率。

报文交换的缺点是:

(1)由于数据进入交换节点后要经历存储、转发这一过程,从而引起转发时延(包括接收报文、检验正确性、排队、发送时间等),而且网络的通信量越大,造成的时延就越大,因此报文交换的实时性差,不适合传送实时或交互式业务的数据。

（2）报文交换只适用于数字信号。

（3）由于报文长度没有限制，而每个中间节点都要完整地接收传来的整个报文，当输出线路不空闲时，还可能要存储几个完整报文等待转发，要求网络中每个节点有较大的缓冲区。为了降低成本，减少节点的缓冲存储器的容量，有时要把等待转发的报文存在磁盘上，进一步增加了传送时延。

2.3.3　分组交换

分组交换也称包交换，它将用户传送的数据划分成一定的长度，每个部分称为一个分组。在每个分组的前面加上一个分组头来指明该分组发往何地，然后由交换机根据每个分组的地址标志，将它们转发至目的地，如图 2.12(c)所示。

按照实现方式，分组交换可以分为数据包分组交换和虚电路分组交换。

1. 数据包分组交换

数据包分组交换要求通信双方之间至少存在一条数据传输通路。发送者需要在通信之前将所要传输的数据包准备好，数据包包含有发送者和接收者的地址信息。数据包的传输彼此独立，互不影响，可以按照不同的路由机制到达目的地，并重新组合。

在这种方式中，每个分组按一定格式附加源与目的地址、分组编号、分组起始/结束标志、差错校验等信息，以分组形式在网络中传输。网络只是尽力地将分组交付给目的主机，但不保证所传送的分组不丢失，也不保证分组能够按发送的顺序到达接收端。所以网络提供的服务是不可靠的，也不保证服务质量。

2. 虚电路分组交换

它与数据包方式的区别主要是在信息交换之前，需要在发送端和接收端之间先建立一个逻辑连接，然后才开始传送分组，所有分组沿相同的路径进行交换转发，通信结束后再拆除该逻辑连接。网络保证所传送的分组按发送的顺序到达接收端。所以网络提供的服务是可靠的，也保证服务质量。

这种方式对信息传输频率高、每次传输量小的用户不太适用，但由于每个分组头只需标出虚电路标识符和序号，所以分组头开销小，适用于长报文传送。

虚电路分组交换像电路交换一样，通信双方需要建立连接，只是与电路交换不同，分组交换的连接是虚拟连接（又称为虚电路），连接中不存在一个独占的物理线路。根据虚拟连接的实现方式，可以把虚电路分为交换虚电路和永久虚电路。

（1）交换虚电路需要通信双方通过请求建立一个临时连接，然后进行通信，当通信结束之后，该临时连接就被拆除。

（2）永久虚电路通信双方无须请求，只需要按照双方约定建立一个连接，并在约定时间内一直保持。

分组交换的优点是：

（1）传输质量高。分组交换具有差错控制功能，它不仅在节点交换机之间传输分组时采取差错校验与重发的功能，而且对于分组型终端，在用户线路部分也可以进行同样的差错控制，因而使分组在网内传输中的出错率大大降低。一般传输电路的误码率在 1×10^{-5} 的情况下，网内全程的误码率在 1×10^{-10} 以下，这比现有的公用电信网的传输质量大为提高。网内全程的误码主要来自于差错校验中漏检的错码，而不是传输电路质量引起的错码。

（2）可靠性高。在电路交换方式中，一次呼叫的通信电路固定不变；而分组交换则不同，报文中的每个分组可以自由地选择传输路径。由于分组交换机至少与另外两个交换机相连接，当网内发生故障时，分组仍然自动选择一条避开故障地点的迂回路径传输，不会造成通信中断。

（3）为不同类型的终端相互通信提供方便。由于分组交换网采用存储转发技术，并且以 X.25 建议的规程向用户提供统一的接口，所以能够实现不同速率、码型和传输控制规程终端之间的通信，同时也为异种计算机互通提供方便。由于分组交换网以 X.25 规程为基础，因而称为 X.25 网。

（4）分组多路通信。由于每个分组都含有控制信息，所以分组型终端尽管和分组交换机间只有一条用户线（物理信道）相连，但可以同时和多个用户终端进行通信。这是公用电话网和用户电报网等现有公用网以及电路交换的公用数据网不能实现的。

（5）经济性能好。在分组交换网内传输与交换的是一个个被规格化了的分组，这样可简化交换处理，降低网内设备的费用。此外，由于进行分组多路复用，可大大提高通信电路的利用率，并且在中继线上以高速传输信息，而且只有在有用户信息的情况下才使用中继线，因而降低了通信电路的使用费用。由于分组交换方式可准确地掌握来自用户的信息量，所以可采取与通信距离无关而按通信的信息量和时间长短相结合的方式计费，以降低使用费用。

（6）能与公用电话网、低速数据网以及其他专用网互联，从而取得分组交换网的更大应用范围和更大的经济与社会效益。

分组交换的缺点是：

（1）由于采用了存储转发方式工作，所以每个分组的传送延迟可达几百毫秒，而且在传送分组时需要交换机有一定的开销，因此分组交换不适宜在实时性要求高、信息量大的场合使用。

（2）由于技术复杂，所以难以掌握与管理，而且投资也较大。

本章小结

（1）信息与数据对通信而言都是抽象的，无法存储、加工与传输。信号是数据的具体表示形式，在通信中，被传输的主体是电信号，所以称为电信。

（2）信号有模拟信号与数字信号之分，信道也有模拟信道与数字信道。模拟信号在数字信道中传输需要经过采样、量化和编码；数字信号的传输按是否采用调制分为数字基带传输和数字频带传输。

（3）信道复用的基本思想是利用一个信道传输多路信号。信道复用技术包括复合、传输和分离 3 个过程。关键问题是各路信号复合并在同一信道上传输之后，接收端究竟能否把它们相互分离开，以及如何实现这种分离。

（4）采用交换技术，可以节省线路投资，提高线路利用率。有三种交换方式：电路交换、报文交换和分组交换。

习题

一、单选题

1. 信道容量是指给定通信路径或信道上的(   )。

   A. 数据传输速度 　　　　　　　　B. 数据传输频率

   C. 数据传输带宽 　　　　　　　　D. 数据传输延迟

2. 在同一信道上的同一时刻,能够进行双向数据传送的通信方式为(   )。

   A. 单工 　　　　　　　　　　　　B. 半双工

   C. 全双工 　　　　　　　　　　　D. 以上三种均不是

3. (   )传输需进行调制编码。

   A. 数字数据在数字信道上 　　　　B. 数字数据在模拟信道上

   C. 模拟数据在数字信道上 　　　　D. 模拟数据在模拟信道上

4. 报文的内容不按顺序到达目的节点的是(   )方式。

   A. 电路交换 　　　　　　　　　　B. 报文交换

   C. 虚电路交换 　　　　　　　　　D. 数据包交换

5. 当通信网采用(   )方式时,需要先在通信双方之间建立起逻辑连接。

   A. 电路交换 　　　　　　　　　　B. 虚电路交换

   C. 数据包交换 　　　　　　　　　D. 无线连接

二、简答题

1. 试分析带宽和数据传输速率有什么不同。

2. 时分多路复用和频分多路复用技术的基本内容是什么? 它们分别应用在哪些领域?

3. 码分多路复用的原理是什么? 它具有怎样的优点?

4. 试画出信息"0100101100"的不归零码、曼彻斯特编码、差分曼彻斯特编码波形图。

5. 电路交换与分组交换各有哪些优缺点?

6. 电路交换一定是面向连接的,面向连接的一定是电路交换吗? 为什么?

三、计算题

1. 如果网络的传输速率为 10Mbps,则发送一个 2MB 的文件需要多长时间?

2. 信道带宽为 40kHz,信噪比为 20dB,试计算该信道的最大传输速率。

第3章
CHAPTER 3

计算机局域网

计算机局域网(Local Area Network,LAN)是在一个局部的地理范围内(如一个企业、学校和机关内),面积一般是方圆几千米以内,将各种计算机、外部设备和数据库等互相连接起来组成的计算机通信网。它可以通过数据通信网或专用数据电路,与远方的局域网、数据库或处理中心相连接,构成一个较大范围的信息处理系统。

局域网可以实现文件管理、应用软件共享、打印机共享、扫描仪共享、工作组内的日程安排、电子邮件和传真通信服务等功能。局域网严格意义上是封闭型的,可以由办公室内几台甚至成千上万台计算机组成。决定局域网的主要技术要素为网络拓扑、传输介质与介质访问控制方法。

本章重点阐述局域网的相关概念、几种常用的局域网及其技术、高速局域网和无线局域网。

3.1 局域网概述

3.1.1 局域网的体系结构

局域网的体系结构与OSI的体系结构有很大的差异。它的体系结构只有OSI的下三层,即物理层、数据链路层、网络层,而没有第四层以上的层次。即使是下三层,也由于局域网是共享广播信道,且产品的种类繁多,涉及多种介质访问方法,所以两者存在着明显的差别。

在局域网中,物理层负责物理连接和在介质上传输比特流,其主要任务是描述传输介质接口的一些特性,这与OSI参考模型的物理层相同。

但由于局域网可以采用多种传输介质,各种介质的差异很大,所以局域网中物理层的处理过程更加复杂。通常,大多数局域网的物理层分为两个子层:一个子层描述与传输介质有关的物理特性,另一子层描述与传输介质无关的物理特性。

在局域网中,数据链路层的主要作用是通过一些数据链路层协议,在不太可靠的传输信道上实现可靠的数据传输,负责帧的传送与控制,这与OSI参考模型的数据链路层相同。但局域网中,由于各站共享网络公共信道,因此必须解决信道如何分配,如何避免或解决信道争用,即数据链路层必须具有介质访问控制功能。又由于局域网采用的拓扑结构与传输介质多种多样,相应的介质访问控制方法也有多种,因此在数据链路功能中应该将与传输介质有关的部分和无关的部分分开。这样，IEEE 802 局域网参考模型中的数据链路层划分为两个子层：介质访问控制层（Medium Access Control，MAC）和逻辑链路控制层（Logical Link Control，LLC）。

在 IEEE 802 局域网参考模型中没有网络层。这是因为局域网的拓扑结构非常简单，且各个站点共享传输信道，在任意两个节点之间只有唯一的一条链路，不需要进行路由选择和流量控制，所以在局域网中不单独设置网络层，这与 OSI 参考模型是不同的。但从 OSI 的观点看，网络设备应连接到网络层的服务访问点 SAP 上。因此，在局域网中虽不设置网络层，但将网络层的服务访问点 SAP 设在 LLC 子层与高层协议的交界面上。

3.1.2　局域网的组成和特点

一般来说，局域网由资源硬件、通信硬件、网络操作系统和通信协议组成。

1. 资源硬件

局域网中的设备可大体分为服务器、工作站、连接设备和外围设备，它们统称为资源硬件。

（1）服务器。服务器和工作站具有提供服务与被服务的对应关系，服务器是中枢核心，通常可以进一步分为文件服务器、打印服务器和邮件服务器。服务器通常选用高档微机、专用服务器或小型计算机。

（2）工作站。联网的计算机如果不是服务器，便称为网络工作站，简称工作站。

（3）连接设备。连接设备是把局域网中的通信线路连接起来的各种设备的总称，这些设备包括中继器、集线器、交换机等。

（4）外围设备。服务器连接的磁带机、绘图仪、外接硬盘等都可以作为共享的外围设备，最常见的是网络共享打印机。

2. 通信硬件

资源硬件的互联要通过通信硬件完成，通信硬件主要由网卡和通信线路组成，从网络协议的观点看，局域网的通信硬件主要是实现物理层和介质访问控制层功能，在网络节点（工作站和服务器都是网络节点）之间提供数据帧的传输通路。

（1）网卡：是网络接口卡的简称（Network Interface Card，NIC），也称网络适配器。每一台接入局域网的计算机，包括工作站和服务器，都要在它的扩展槽中插入一块网卡，通过网卡上的线缆接头接入局部网络的线缆系统。

（2）通信线路：网络中实际进行数据传输的物理介质。

3. 网络操作系统

网络操作系统除了具有一般操作系统的功能以外，还具有网络通信相关功能。目前常见的网络操作系统有 Windows 系列、Linux 等。

4. 通信协议

不同的拓扑结构具有不同的通信控制要求，不同的带宽要求不同的帧长，不同的传输介质决定了不同的编码方式、作用距离和工作方式（半双工、全双工），等等，这一切细节都需要在通信协议中具体规定。

局域网一般为一个部门或单位所有，建网、维护以及扩展等较容易，系统灵活性高。其主要特点是：

（1）覆盖的地理范围较小,只在一个相对独立的局部范围内联,如一座或集中的建筑群内；

（2）使用专门铺设的传输介质进行联网,数据传输速率高（10Mbps～10Gbps）；

（3）通信延迟时间短,可靠性较高；

（4）局域网可以支持多种传输介质；

（5）局域网大多采用广播方式传输数据；

（6）便于安装、维护和扩充,建网成本低、周期短。

3.1.3　网络拓扑结构

局域网通常是分布在一个有限地理范围内的网络系统,一般所涉及的地理范围只有几千米。局域网专用性非常强,具有比较稳定和规范的拓扑结构。常见的局域网拓扑结构有星形、总线型、环形、树形等。

1. 星形网络

星形网络中的每一个节点设备都以中心节点为中心,各个站点通过连接线与中心节点相连,如果一个工作站需要传输数据,它首先必须通过中心节点,如图 3.1 所示。

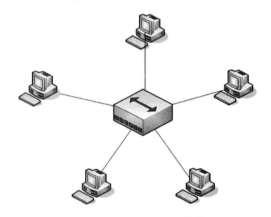

图 3.1　星形网络拓扑结构

由于在这种结构的网络系统中,中心节点是控制中心,任意两个节点间的通信最多只需两步,所以传输速度快,并且网络构形简单、建网容易,便于控制和管理。但这种网络系统可靠性低,共享能力差,并且一旦中心节点出现故障则导致全网瘫痪。

2. 总线型网络

总线型结构网络是将各个节点设备和一根总线相连,网络中所有的节点工作站都通过总线进行信息传输,但一段时间内只允许一个节点利用总线发送数据,如图 3.2 所示。作为总线的通信连线可以是同轴线缆、双绞线,也可以是扁平线缆。

在总线型结构中,作为数据通信必经的总线的负载能量是有限度的,这是由通信介质本身的物理性能决定的。所以,总线型结构网络中工作站节点的个数是有限制的,如果工作站节点的个数超出总线负载能量,就需要延长总线的长度,并加入相当数量的附加转接部件,使总线负载达到容量要求。

总线型结构网络简单、灵活,可扩充性能好,所以进行节点设备的插入与拆卸非常方便。

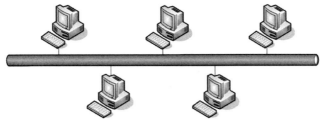

图 3.2　总线型网络拓扑结构

另外,总线型结构网络可靠性高、网络节点间响应速度快、共享资源能力强、设备投入量少、成本低、安装使用方便,当某个工作站节点出现故障时,对整个网络系统影响小。因此,总线型结构网络是最普遍使用的一种网络。但是由于所有的工作站通信均通过一条共用的总线,所以,实时性较差。另外,总线型的传输距离有限,通信范围受到限制,而且故障诊断和隔离较困难。

3. 环形网络

环形结构是网络中各节点通过一条首尾相连的通信链路连接起来的一个闭合环形结构网,如图 3.3 所示。

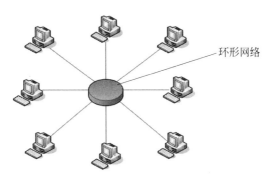

环形网络

图 3.3　环形网络拓扑结构

环形网络的结构也比较简单,系统中各工作站地位相等,系统中通信设备和线路比较节省。

在环形网络中信息按固定方向单向流动,两个工作站节点之间仅有一条通路,系统中无信道选择问题;环形网络中某个节点的故障将导致物理瘫痪。环形网络中,由于环路是封闭的,所以不便于扩充,系统响应延时长,且信息传输效率相对较低。

4. 树形网络

树形结构网络是天然的分级结构,又称为分级的集中式网络,如图 3.4 所示。

树形网络的特点是成本低,结构比较简单。在网络中,任意两个节点之间不产生回路,每个链路都支持双向传输,并且网络中节点扩充方便、灵活,寻查链路路径比较简单。

但在这种结构网络系统中,除叶节点及其相连的链路外,任何一个工作站或链路发生故障会影响整个网络系统的正常运行。

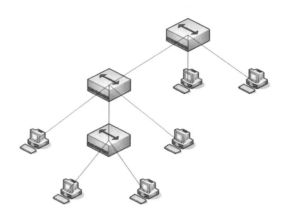

图 3.4　树形网络拓扑结构

3.1.4　介质访问控制

局域网的数据链路层分为逻辑链路控制层（Logical Link Control，LLC）和介质访问控制层（Medium Access Control，MAC）。

LLC 子层是局域网中数据链路层的上层部分，IEEE 802.2 中定义了逻辑链路控制协议。用户的数据链路服务通过 LLC 子层为网络层提供统一的接口，LLC 负责识别网络层协议，然后对它们进行封装。LLC 报头告诉数据链路层一旦帧被接收到时，应当对数据包做何处理。

在 LLC 子层下面是 MAC 子层。MAC 子层主要负责控制与连接物理层的物理介质。在发送数据时，MAC 协议可以事先判断是否可以发送数据，如果可以发送则将给数据加上一些控制信息，最终将数据以及控制信息以规定的格式发送到物理层；在接收数据时，MAC 协议首先判断输入的信息是否发生传输错误，如果没有错误，则去掉控制信息发送至LLC 层。

在 MAC 层中，广泛采用的两种介质访问控制方法分别是基于随机访问的介质访问控制和基于轮询访问的介质访问控制。

1. 基于随机访问的介质访问控制

在基于随机访问的介质访问控制方法下，信道并非固定分配给用户，所有的用户可随机地向信道中发送数据。其优点是信道共享性好，代价较小，控制机制简单；缺点是用户在发送数据时可能发生冲突。

常见的随机访问的介质访问控制协议有 ALOHA 协议、CSMA 协议、CSMA/CD 协议、CSMA/CA 协议。

1）ALOHA 协议

ALOHA 协议也称 ALOHA 技术或 ALOHA 网，是世界上最早的无线电计算机通信网，它是 1968 年美国夏威夷大学一项研究计划的名字，由该校 Norman Amramson 等人为他们的地面无线分组网而设计的。20 世纪 70 年代初研制成功一种使用无线广播技术的分组交换计算机网络，也是最早最基本的无线数据通信协议。

ALOHA 协议的思想很简单：只要用户有数据要发送，就尽管让他们发送。当然，这样会产生冲突从而造成帧的破坏。但是，由于广播信道具有反馈性，因此发送方可以在发送数据的过程中进行冲突检测,将接收到的数据与缓冲区的数据进行比较,就可以知道数据帧是否遭到破坏。同样的道理,其他用户也是按照此过程工作。如果发送方知道数据帧遭到破坏(即检测到冲突),那么它可以等待一段随机长的时间后重发该帧。

ALOHA 协议可以分为纯 ALOHA 协议和时隙 ALOHA 协议。

纯 ALOHA 协议规定:当发送站点有数据需要发送时,它会立即向信道发送数据;接收站点在接收到数据后,会向发送站点发送 ACK;如果接收的数据有错误,接收站点会向发送站点发送 NACK。当网络上的两个站点同时向信道传输数据时,会发生冲突,这种情况下,两个站点都随机等待一段时间后,再次尝试传送。如图 3.5 所示,各个站点在任何时刻,只要有数据需要发送时,即可以立即发送,如果产生冲突(比如 A_1 和 B_1),则发送数据的站点都无法成功发送,必须各自重新等待一个随机的时间再次尝试发送。

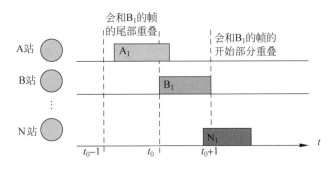

图 3.5　纯 ALOHA 协议

时隙 ALOHA 协议是对纯 ALOHA 协议的一个改进,其思想是用时钟来统一用户的数据发送。改进之处在于,信道在时间上分段,每个站点只能在一个分段的开始处进行传送。在时隙之间产生的数据都必须等到下一个时间片才能开始发送数据,每次传送的数据必须少于或者等于一个信道的一个时间分段。这样就大大减少了传输信道的冲突,从而避免了站点发送数据的随意性,减少了数据产生冲突的可能性,提高了信道的利用率。时隙 ALOHA 协议的原理如图 3.6 所示。

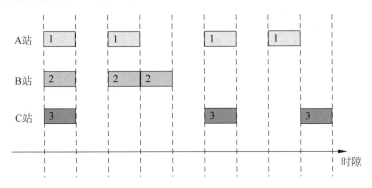

图 3.6　时隙 ALOHA 协议

2) CSMA 协议

载波侦听多路访问(Carrier Sense Multiple Access,CSMA)是 ALOHA 系统的一种改进协议。它采用附加的硬件接口,每个站点都能在发送前侦听到同一信道中其他站点是否正在发送分组。如果侦听到有分组正在传输,这个站点就暂不发送数据,从而减少了发生冲突的可能性,这样可以提高吞吐量和信道利用率,减少成功发送分组的延时。

CSMA 协议有三种类型:

(1) 1-持续 CSMA:站点在发送数据之前,侦听信道是否空闲。如果信道忙,则站点就持续侦听,直到信道到空闲时,再将数据发送出去;若发生冲突,站点就等待一个随机长的时间,然后重新发送。如果侦听信道为空闲,没有其他站点正在发送数据,就开始发送。这里的"1"指的是站点一旦侦听到信道空闲,其发送数据的概率是 1。

(2) 非持续 CSMA:站点在发送数据之前,侦听信道是否空闲。如果信道忙,则站点不再继续侦听信道,而是等待一个随机的时间后,再重复上述过程。如果侦听信道为空闲,没有其他站点发送数据,就开始发送。

(3) p-持续 CSMA:主要用于分时隙信道。站点在发送数据之前,侦听信道是否空闲,如果信道忙,等到下一个时隙,再重复上述过程。如果侦听信道为空闲,没有其他站点发送数据,则以概率 p 发送数据,以概率 $1-p$ 推迟到下一个时隙;若发生冲突,则等待一段随机时间后重新开始。

3) CSMA/CD 协议

CSMA/CD(Carrier Sense Multiple Access with Collision Detection)即带冲突检测的载波侦听多路访问技术。

CSMA/CD 是一种争用型的介质访问控制协议。它起源于 ALOHA 网,并进行了改进,使之具有比 ALOHA 协议更高的介质利用率。另一个改进是,对于每一个站点而言,一旦它检测到有冲突,就放弃当前的传送任务。换句话说,如果两个站点都检测到信道是空闲的,并且同时开始传送数据,则它们几乎立刻就会检测到有冲突发生。因此,它们不应该再继续传送它们的帧,因为这样只会产生垃圾数据而已;相反,一旦检测到冲突之后,它们应该立即停止传送数据。

CSMA/CD 的工作原理:发送数据前,侦听信道的状态,如果信道忙,则持续侦听,直到信道空闲,则发送数据;同时边发送数据边检测数据,一旦检测到有冲突,就放弃当前的传送任务并强化该冲突,然后等待一个随机的时间后,重新尝试发送。因此,快速地终止被损坏的帧可以节省时间和带宽。其原理可以简单总结为:先听后发,边发边听,冲突停发,随机延迟后重发。其原理流程图如图 3.7 所示。

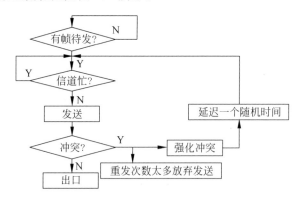

图 3.7 CSMA/CD 流程图

CSMA/CD 控制方式的优点是原理比较简单,技术上容易实现;网络中各站点处于平等地位,不需集中控制,也不提供优先级控制。缺点是在网络负载增大时,发送时间增长,发送效率急剧下降。

CSMA/CD 采用了 IEEE 802.3 标准。其主要目的是:提供寻址和介质存取的控制方式,使得不同设备或网络上的节点可以在多点的网络上通信而不相互冲突。可以将 CSMA/CD 的工作过程形象地比喻成很多人在一间黑屋子中举行讨论会,参加会议的人都只能听到其他人的声音。每个人在说话前必须先倾听,只有等会场安静下来后,他才能够发言。人们将发言前侦听以确定是否已有人正在发言的动作称为"载波侦听";将在会场安静的情况下每人都有平等机会讲话称为"多路访问";如果有两人或两人以上同时说话,大家就无法听清其中任何一人的发言,这种情况称为发生"冲突"。发言人在发言过程中要及时发现是否发生冲突,这个动作称为"冲突检测"。如果发言人发现冲突已经发生,这时他需要停止讲话,然后随机后退延迟,再次重复上述过程,直至讲话成功。如果失败次数太多,他也许就放弃这次发言的想法。通常尝试 16 次后放弃。

4) CSMA/CA 协议

CSMA/CD 协议解决了在以太网中各个工作站点如何在线缆上进行传输的问题,利用它检测和避免当两个或两个以上的网络设备需要进行数据传送时网络上的冲突。然而,在无线局域网协议中,冲突的检测存在一定的问题,这是由于要检测冲突,设备必须能够一边接收数据信号一边传送数据信号,而这在无线系统中是无法办到的。

带冲突避免的载波侦听多路访问(Carrier Sense Multiple Access with Collision Avoidance,CSMA/CA)对 CSMA/CD 进行了一些调整,利用 ACK 信号来避免冲突的发生。也就是说,只有当客户端接收到网络上返回的 ACK 信号后才确认发送出的数据已经正确到达目的地址。

CSMA/CA 协议的原理实际上就是在发送数据帧之前先对信道进行预约,如图 3.8 所示,站点 B、C、E 在站点 A 的无线信号的覆盖范围内,站点 D 不在其内;站点 A、E、D 在站点 B 的无线信号的覆盖范围内,但站点 C 不在其内。

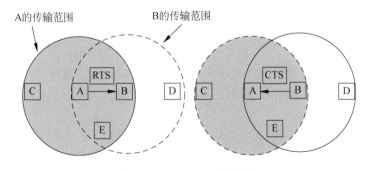

图 3.8 CSMA/CA 原理图

如果站点 A 要向站点 B 发送数据,那么,站点 A 在发送数据帧之前,要先向站点 B 发送一个请求发送帧(Request To Send,RTS),在 RTS 帧中说明将要发送的数据帧的长度。站点 B 接收到 RTS 帧后向站点 A 回应一个允许发送帧(Clear To Send,CTS)。在 CTS 帧中也附上站点 A 欲发送的数据帧的长度。站点 A 接收到 CTS 帧后就可发送其数据帧了。

现在讨论在 A 和 B 两个站点附近的一些站点的反应。对于站点 C,由于站点 C 处于站点 A 的无线传输范围内,但不在站点 B 的无线传输范围内,因此站点 C 能够侦听到站点 A 发送的 RTS 帧,但经过一小段时间后,站点 C 侦听不到站点 B 发送的 CTS 帧。这样,在站点 A 向站点 B 点发送数据的同时,站点 C 也可以发送自己的数据而不会干扰站点 B 接收数据。对于站点 D,站点 D 侦听不到站点 A 发送的 RTS 帧,但能侦听到站点 B 发送的 CTS 帧。因此,站点 D 在收到站点 B 发送的 CTS 帧后,应在站点 B 随后接收数据帧的时间内关闭数据发送操作,以避免干扰站点 B 接收自站点 A 发来的数据。对于站点 E,它能接收到 RTS 帧和 CTS 帧,因此,站点 E 在站点 A 发送数据帧的整个过程中不能发送数据。

尽管协议经过了精心设计,但冲突仍然会发生。比如,站点 B 和站点 C 同时向站点 A 发送 RTS 帧。这两个 RTS 帧发生冲突后,使得站点 A 接收不到正确的 RTS 帧,因而站点 A 就不会发送后续的 CTS 帧。这时,站点 B 和站点 C 像以太网发生冲突那样,各自随机地推迟一段时间后重新发送其 RTS 帧。

可见,对于 CSMA/CA 协议,发送数据的同时不能检测到信道上有无冲突,只能尽量"避免冲突"。

2. 基于轮询访问的介质访问控制

基于轮询访问的介质访问控制通常采用令牌传递的方法,包括令牌总线和令牌环。

1) 令牌总线

令牌总线是一种在总线拓扑结构中利用"令牌"(Token)作为控制节点访问公共传输介质的确定型介质访问控制方法。在采用令牌总线方法的局域网中,任何一个节点只有在取得令牌后才能使用共享总线去发送数据。

与 CSMA/CD 方法相比,令牌总线方法比较复杂,需要完成大量的环维护工作,包括环初始化、新节点加入环、节点从环中撤出、环恢复和优先级服务。

令牌总线主要用于总线型或树形网络结构中。它的介质访问控制方法是把总线型或树形网络中的各个工作站按一定顺序如按接口地址大小排列形成一个逻辑环。只有令牌持有者才能控制总线,才有发送信息的权力。信息是双向传送,每个站点都可检测到其他站点发出的信息。在令牌传递时,都要加上目的地址,所以只有检测到并得到令牌的工作站才能发送信息。它不同于 CSMA/CD 方式,可在总线型和树形网络结构中避免冲突。

这种控制方式的优点是各工作站对介质的共享权力是均等的,可以设置优先级,也可以不设;有较好的吞吐能力,吞吐量随数据传输速率增高而加大,联网距离较 CSMA/CD 方式大。缺点是控制电路较复杂、成本高,轻负载时线路传输效率低。

2) 令牌环

在令牌环中,节点通过环接口连接成物理环形结构。令牌是一种特殊的 MAC 控制帧,帧中有一位标志令牌忙/闲。令牌总是沿着物理环单向逐站传送,传送顺序与节点在环中排列顺序相同。

如果某节点有数据帧要发送,它必须等待空闲令牌的到来。当此节点获得空闲令牌之后,将令牌标志位由"闲"变为"忙",然后传送数据。令牌环的基本工作过程如图 3.9 所示。

当所有站点都有报文要发送,则最坏的情况下等待取得令牌和发送报文的时间应该等于全部传送时间和报文发送时间的总和。另外,如果只有一个站点有报文要发送,则最坏情况下等待时间只是全部令牌传递时间之总和,实际等待时间在这一区间范围内。对于应用

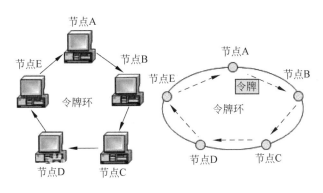

图 3.9 令牌环工作过程

于控制过程的局域网,这个等待访问时间是一个很关键的参数,可以根据需求,选定网中的站点数及最大的报文长度,从而保证在限定的时间内,任一站点可以取得令牌权。

3.1.5 局域网的相关标准

局域网发展迅速,类型繁多,为了促进产品的标准化以实现不同厂商产品之间的互操作性,美国电气和电子工程师协会(Institute of Electrical and Electronics Engineers,IEEE)于1980 年 2 月成立了局域网标准化委员会,专门对局域网的标准进行研究,提出了关于局域网的一系列标准,即 802 标准。

1. IEEE 802.1:网间互联定义

IEEE 802.1 是关于 LAN/MAN 桥接、LAN 体系结构、LAN 管理和位于 MAC 以及LLC 层之上的协议层的基本标准。现在,这些标准大多与交换机技术有关,包括:802.1q(VLAN 标准)、802.3ac(带有动态 GVRP 标记的 VLAN 标准)、802.1v(VLAN 分类)、802.1d(生成树协议)、802.1s(多生成树协议)、802.3ad(端口干路)和 802.1p(流量优先权控制)。

2. IEEE 802.2:逻辑链路控制

该协议对逻辑链路控制(LLC)、高层协议以及 MAC 子层的接口进行了良好的规范,从而保证了网络信息传递的准确性和高效性。由于现在逻辑理论控制已经成为整个 802 标准的一部分,因此这个工作组目前处于"冬眠"状态,没有正在进行的项目。

3. IEEE 802.3:CSMA/CD 网络

IEEE 802.3 定义了 10Mbps、100Mbps、1Gbps,甚至 10Gbps 的以太网雏形,同时还定义了第五类屏蔽双绞线和光纤是有效的缆线类型。该工作组确定了众多厂商的设备互操作方式,而不管它们各自的速率和缆线类型。而且这种方法定义了 CSMA/CD(带冲突检测的载波侦听多路访问)这种访问技术规范。IEEE 802.3 产生了许多扩展标准,如快速以太网的 IEEE 802.3u、千兆以太网的 IEEE 802.3z 和 IEEE 802.3ab,10G 以太网的 IEEE802.3ae。目前,局域网络中应用最多的就是基于 IEEE 802.3 标准的各类以太网。

4. IEEE 802.4:令牌环总线

该标准定义了令牌传递总线访问方法和物理层规范(Token Bus)。

5. IEEE 802.5:令牌环网

IEEE 802.5 标准定义了令牌环访问方法和物理层规范(Token Ring)。标准的令牌环以 4Mbps 或者 16Mbps 的速率运行。由于该速率肯定不能满足日益增长的数据传输量的要求,所以,目前该工作组正在计划 100Mbps 的令牌环(802.5t)和千兆位令牌环(802.5v)。其他 802.5 规范的例子是 802.5c(双环包装)和 802.5j(光纤站附件)。令牌环在我国极少应用。

6. IEEE 802.6:城域网(WAN)

该标准定义了城域网访问的方法和物理层的规范(分布式队列双总线 DQDB)。目前,由于城域网使用 Internet 的工作标准进行创建和管理,所以 802.6 工作组目前也处于休眠状态,并没有进行任何研发工作。

7. IEEE 802.7:宽带技术咨询组

该标准是 IEEE 为宽带 LAN 推荐的实用技术,1989 年,该工作组推荐实践宽带 LAN,1997 年再次推荐。该工作组目前处于休眠状态,没有正在进行的项目。802.7 的维护工作现在由 802.14 小组负责。

8. IEEE 802.8:光纤技术咨询组

该标准定义了光纤技术所使用的一些标准。许多该工作组推荐的对光纤技术的实践都被封装到物理层的其他标准中。

9. IEEE 802.9:综合数据声音网

该标准定义了介质访问控制子层(MAC)与物理层(PHY)上的集成服务(IS)接口。同时,该标准又被称为同步服务 LAN(ISLAN)。同步服务是指数据必须在一定的时间限制内被传输的过程。流介质和声音信元就是要求系统进行同步传输通信的例子。

10. IEEE 802.10:网络安全技术咨询组

该标准定义了互操作 LAN 安全标准。该工作组以 802.10a(安全体系结构)和 802.10c(密钥管理)的形式提出了一些数据安全标准。该工作组目前处于休眠状态,没有正在进行的项目。

11. IEEE 802.11:无线联网

该标准定义了无线局域网介质访问控制子层与物理层规范(Wireless LAN)。该工作组正在开发以 2.4GHz 和 5.1GHz 无线频谱进行数据传输的无线标准。IEEE 802.11 标准主要包括三个标准,即 IEEE 802.11a、IEEE 802.11b 和 IEEE 802.11g。

12. IEEE 802.12:需求优先(100VG-AnyLAN)

IEEE 802.12 规则定义了需要优先访问方法。该工作组为 100Mbps 需求优先 MAC 的开发提供了两种物理层和中继规范。虽然它们的使用已申请了专利并被接受作为 ISO 标准,但是它们被广泛接受的程度远逊于以太网。802.12 目前正处于被分离的阶段。

13. IEEE 802.14:交互电视

该标准对交互式电视网(包括 Cable Modem)进行了定义以及相应的技术参数规范。该工作组开发有线电视和有线调制解调器的物理与介质访问控制层的规范。该工作组没有正在进行的项目。

14. IEEE 802.15:短距离无线网

该标准规定了短距离无线网络(WPAN),包括蓝牙技术的所有技术参数。个人区域网络设想将在便携式和移动计算设备之间产生无线互联,例如 PC、外围设备、蜂窝电话、个人数字助理(PDA)和消费电子产品,该网络使用这些设备可以在不受其他无线通信干扰的情况下进行相互通信和相互操作。

15. IEEE 802.16：宽带无线接入

该标准主要应用于宽带无线接入方面。802.16 工作组的目标是开发固定宽带无线接入系统的标准,这些标准主要解决"最后一英里"本地环路问题。802.16 与 802.11a 的相似之处在于它使用未经许可的国家信息下部构造(U-NII)频谱上的未许可频率。802.16 不同于 802.11a 的地方在于它为了提供一个支持真正无线网络迂回的标准,从一开始就提出了有关声音、视频、数据的服务质量问题。

16. IEEE 802.17：弹性分组环工作组

该工作组正在制定用于 MAC 层弹性分组环的标准。该小组还将定义用在局域网、城域网和广域光纤网中的弹性分组环访问协议。其目标是优化当前光纤环基础结构,以满足信息包网络的需求(包括对于故障的弹性)。

3.2　常用局域网

常用的局域网有三种:以太网、令牌环网和光纤分布式数据接口(Fiber Distributed Data Interface,FDDI)网。

3.2.1　以太网

1. 以太网的产生

1972 年,罗伯特·梅特卡夫(Robert Metcalfe)和施乐公司帕洛·阿尔托研究中心(Xerox PARC)的同事们研制出了世界上第一套实验型的以太网系统,用来实现 Xerox Alto(一种具有图形用户界面的个人工作站)之间的互联,这种实验型的以太网用于 Alto 工作站、服务器以及激光打印机之间的互联,其数据传输率达到了 2.94Mbps。

梅特卡夫发明的这套实验型网络当时被称为 Alto Aloha 网。1973 年,梅特卡夫将其命名为以太网,并指出这一系统除了支持 Alto 工作站外,还可以支持任何类型的计算机,而且整个网络结构已经超越了 Aloha 系统。他选择"以太"(ether)这一名词作为描述这一网络的特征:物理介质(比如线缆)将比特流传输到各个站点,就像古老的"以太理论"所阐述的那样。古代的"以太理论"认为"以太"通过电磁波充满了整个空间。就这样,以太网诞生了。

最初的以太网是一种实验型的同轴线缆网,冲突检测采用 CSMA/CD。该网络的成功引起了大家的关注。1980 年,三家公司(数字设备公司、Intel 公司、施乐公司)联合研发了 10M 以太网 1.0 规范。最初的 IEEE 802.3 即基于该规范,并且与该规范非常相似。802.3 工作组于 1983 年通过了草案,并于 1985 年出版了官方标准 ANSI/IEEE Std 802.3-1985。从此以后,随着技术的发展,该标准进行了大量的补充与更新,以支持更多的传输介质和更高的传输速率等。

1979 年,梅特卡夫成立了 3Com 公司,并生产出第一个可用的网络设备:以太网卡(NIC),它是允许从主机到 IBM 终端和 PC 等不同设备相互之间实现无缝通信的第一款产品,使企业能够以无缝方式共享和打印文件,从而提高工作效率,增强企业范围的通信能力。

2. 以太网的定义

以太网是一种计算机局域网组网技术。IEEE 制定的 IEEE 802.3 标准给出了以太网的技术标准,规定了包括物理层的连线、电信号和介质访问层协议的内容。以太网是当前应用最普遍的局域网技术,它在很大程度上取代了其他局域网标准,如令牌环网(Token Ring)、FDDI 和 ARCNET。

以太网的标准拓扑结构为总线型拓扑,但目前的快速以太网(100BASE-T、1000BASE-T 标准)为了最大限度地减少冲突,最大限度地提高网络速度和使用效率,使用交换机(Switch Hub)来进行网络连接和组织,这样,以太网的拓扑结构就成了星形。但在逻辑上,以太网仍然使用总线型拓扑结构和 CSMA/CD(Carrier Sense Multiple Access/Collision Detect,带冲突检测的载波侦听多路访问)的总线争用技术。

以太网是 Ethernet 的中文译名,是一种世界上应用最广泛、最为常见的网络技术。在不涉及网络的协议细节时,很多人愿意将 802.3 局域网简称为以太网。

以太网是当今现有局域网采用的最通用的通信协议标准,组建于 20 世纪 70 年代早期。Ethernet 是一种传输速率为 10Mbps 的常用局域网 LAN 标准。在以太网中,所有计算机被连接到一条同轴线缆上,采用 CSMA/CD 方法、竞争机制和总线型拓扑结构。基本上,以太网由共享传输介质,如双绞线线缆或同轴线缆和多端口集线器、网桥或交换机构成。在星形或总线型配置结构中,集线器/交换机/网桥通过线缆使得计算机、打印机和工作站彼此之间相互连接。

3. 以太网的特征

(1) 共享介质:所有网络设备依次使用同一通信介质。

(2) 广播域:需要传输的帧被发送到所有节点,但只有寻址到的节点才会接收到帧。

(3) CSMA/CD:以太网中利用 CSMA/CD 以防止多节点同时发送。

(4) MAC 地址:介质访问控制层的所有 Ethernet 网络接口卡(NIC)都采用 48 位网络地址。这种地址全球唯一。

4. 以太网的组成

以太网由传输线缆、连接设备和以太网协议组成。

传输线缆通用有 10BaseT(双绞线)、10Base-2(同轴细缆)、10Base-5(同轴粗缆)。

连接设备包括转发器或集线器、网桥或交换机。集线器或转发器是用来接收网络设备上的大量以太网连接的一类设备。通过某个连接的接收双方获得的数据被重新使用并发送到传输双方中所有连接设备上。网桥属于第二层设备,负责将网络划分为独立的冲突域或分段,达到能在同一个域/分段中维持广播及共享的目标。网桥中包括一份涵盖所有分段和转发帧的表格,以确保分段内及其周围的通信行为正常进行。交换机与网桥相同,也属于第二层设备,且是一种多端口设备。交换机所支持的功能类似于网桥,但它比网桥更具有的优势是,它可以临时将任意两个端口连接在一起。交换机包括一个交换矩阵,通过它可以迅速连接端口或解除端口连接。与集线器不同,交换机只转发从一个端口到其他连接目标节点且不包含广播的端口的帧。

以太网协议在 IEEE 802.3 标准中规定,并且提供了以太帧结构。当前以太网支持光纤和双绞线介质支持下的 4 种传输速率:

- 10Mbps:10Base-T Ethernet(802.3);
- 100Mbps:Fast Ethernet(802.3u);
- 1000Mbps:Gigabit Ethernet(802.3z);

- 10Gigabit Ethernet：IEEE 802.3ae。

5．以太网的组网方式

传统以太网最初使用粗同轴线缆，后来演进到使用比较便宜的细同轴线缆，最后发展为使用更便宜和更灵活的双绞线。这种以太网采用星形拓扑结构，如图3.10所示，在星形拓扑结构的中心则增加了一种可靠性非常高的设备，称为集线器（Hub）。使用集线器的以太网在逻辑上仍是一个总线网，各工作站使用的还是CSMA/CD协议，并共享逻辑上的总线，如图3.11所示。

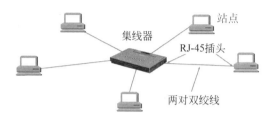

图3.10　使用集线器的星形拓扑（物理结构）

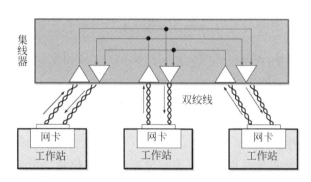

图3.11　使用集线器的总线型拓扑（逻辑结构）

如果需要将同一类型的多个局域网连接起来，则可以在物理层对局域网进行扩展，即采用转发器或集线器将多个局域网相连接，如图3.12所示。复用集线器进行的扩展是在物理层上进行的，其优点是使原来属于不同冲突域的局域网上的计算机能够进行跨冲突域的通信，扩大了局域网覆盖的地理范围。其缺点是冲突域增大了，但总的吞吐量并未提高。如果不同的冲突域使用不同的数据率，那么就不能用集线器将它们互联起来。

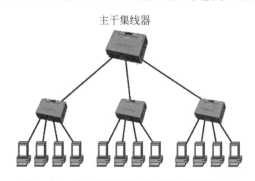

图3.12　以太网级联与扩展（物理层扩展）

为了避免冲突域的扩大,可以在数据链路层扩展局域网,使用的设备是网桥或交换机,如图 3.13 所示。这种方式的优点是可以过滤通信量,扩大物理范围,提高可靠性,并且可以互联不同物理层、不同 MAC 子层和不同速率(如 10Mbps 和 100Mbps 以太网)的局域网。然而,这种方式的缺点是存储转发增加了时延,在 MAC 子层并没有流量控制功能,具有不同 MAC 子层的网段桥接在一起时时延更大。网桥或交换机只适合于用户数不太多(一般不超过几百个)和通信量不太大的局域网,否则有时还会因传播过多的广播信息而产生网络拥塞,即所谓的"广播风暴"。

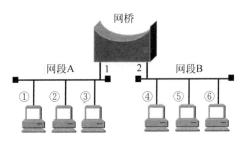

图 3.13 以太网级联与扩展(数据链路层扩展)

6. 以太网的类型

除了不同帧类型以外,各类以太网的差别仅仅在于速率和配线。

1)标准以太网

最开始以太网只有 10Mbps 的吞吐量,它所使用的是 CSMA/CD 的访问控制方法,通常把这种最早期的 10Mbps 以太网称为标准以太网。以太网主要有两种传输介质,即双绞线和同轴线缆。所有的以太网都遵循 IEEE 802.3 标准,下面列出的是 IEEE 802.3 的一些以太网络标准,在这些标准中前面的数字表示传输速度,单位是"Mbps",最后的一个数字表示单段网线长度(基准单位是 100m),Base 表示"基带"的意思,Broad 代表"带宽"。

10Base-5:使用粗同轴线缆,最大网段长度为 500m,基带传输方法;

10Base-2:使用细同轴线缆,最大网段长度为 185m,基带传输方法;

10Base-T:使用双绞线线缆,最大网段长度为 100m;

1Base-5:使用双绞线线缆,最大网段长度为 500m,传输速度为 1Mbps;

10Broad-36:使用同轴线缆(RG-59/U CATV),最大网段长度为 3600m,是一种宽带传输方式;

10Base-F:使用光纤传输介质,传输速率为 10Mbps。

10Base-T 是目前使用最为广泛的一种以太网线缆标准。它具有的显著优势就是易于扩展,维护简单,价格低廉,一个集线器加上几根 10Base-T 线缆,就能构成一个实用的小型局域网。10Base-T 的缺点是:线缆的最大有效传输距离是距集线器 100m,即使是高质量的 5 类双绞线也只能达到 150m。

3～6 类双绞线在塑料外壳内均有 4 对线缆,区别主要在于类数越高的双绞线,单位长度内的绞环数越多,拧得越紧,这使得 5 类或者 6 类双绞线的交感更少并且在更长的距离上信号质量更好,更适用于高速计算机通信。

各种设备需要使用具体的线缆连接起来。目前应用于各种网络设备的接口可能使用双绞线接口或光纤接口。双绞线和光纤接口之间不能直接相连,必须使用光电转换设备。

2) 快速以太网

随着网络的发展,传统标准的以太网技术已难以满足日益增长的网络数据流量速度需求。在 1993 年 10 月以前,对于要求 10Mbps 以上数据流量的 LAN 应用,只有光纤分布式数据接口(FDDI)可供选择,但它是一种价格非常昂贵、基于 100Mbps 光纤的 LAN。1993 年 10 月,Grand Junction 公司推出了世界上第一台快速以太网集线器 Fastch10/100 和网络接口卡 FastNIC100,快速以太网技术正式得以应用。随后,Intel、SynOptics、3COM、BayNetworks 等公司亦相继推出自己的快速以太网装置。与此同时,IEEE 802 工程组亦对 100Mbps 以太网的各种标准,如 100Base-TX、100Base-T4、MII、中继器、全双工等标准进行了研究。1995 年 3 月 IEEE 宣布了 IEEE 802.3u 100Base-T 快速以太网标准(Fast Ethernet),从此开始了快速以太网的时代。

快速以太网与原来在 100Mbps 带宽下工作的 FDDI 相比具有许多优点,最主要体现在快速以太网技术可以有效地保障用户在布线基础设施上的投资,它支持 3～5 类双绞线以及光纤的连接,能有效利用现有的设施。

快速以太网的不足其实也是以太网技术的不足,即快速以太网仍是基于载波侦听多路访问和冲突检测(CSMA/CD)技术,当网络负载较重时,会造成效率的降低,当然这可以使用交换技术来弥补。

100Mbps 快速以太网标准又分为 100Base-TX、100Base-FX、100Base-T4 三个子类。

100Base-TX 是一种使用 5 类数据级无屏蔽双绞线或屏蔽双绞线的快速以太网技术。它使用两对双绞线,一对用于发送,另一对用于接收数据。在传输中使用 4B/5B 编码方式,信号频率为 125MHz,符合 EIA 586 的 5 类布线标准和 IBM 的 SPT 1 类布线标准。使用与 10Base-T 相同的 RJ-45 连接器。它的最大网段长度为 100m,支持全双工的数据传输。

100Base-FX 是一种使用光纤的快速以太网技术,可使用单模和多模光纤($62.5\mu m$ 和 $125\mu m$)。多模光纤连接的最大距离为 550m,单模光纤连接的最大距离为 3000m。在传输中使用 4B/5B 编码方式,信号频率为 125MHz。它使用 MIC/FDDI 连接器、ST 连接器或 SC 连接器,最大网段长度为 150m、412m、2000m 或更长至 10km,这与所使用的光纤类型和工作模式有关。它支持全双工的数据传输。100Base-FX 特别适合于有电气干扰的环境、较大距离连接或高保密环境等情况下使用。

100Base-T4 是一种可使用 3～5 类无屏蔽双绞线或屏蔽双绞线的快速以太网技术。它使用 4 对双绞线,其中 3 对用于传送数据,1 对用于检测冲突信号。在传输中使用 8B/6T 编码方式,信号频率为 25MHz,符合 EIA 586 结构化布线标准。它使用与 10Base-T 相同的 RJ-45 连接器,最大网段长度为 100m。

3) 千兆以太网

千兆以太网技术作为最新的高速以太网技术,给用户带来了提高核心网络能力的有效解决方案,这种解决方案的最大优点是继承了传统以太技术价格便宜的优点。

千兆技术仍然是以太技术,它采用了与 10M 以太网相同的帧格式、帧结构、网络协议、全/半双工工作方式、流控模式以及布线系统。由于该技术不改变传统以太网的桌面应用、操作系统,因此可与 10M 或 100M 以太网很好地配合工作。升级到千兆以太网不必改变网络应用程序、网管部件和网络操作系统,能够最大限度地保护投资,因此该技术的市场前景十分看好。

千兆以太网技术有两个标准：IEEE 802.3z 和 IEEE 802.3ab。IEEE 802.3z 制定了光纤和短程铜线连接方案的标准，目前已完成了标准制定工作。IEEE 802.3ab 制定了 5 类双绞线上较长距离连接方案的标准。

1000Base-T：1 Gbps 介质超 5 类双绞线或 6 类双绞线。

1000Base-SX：1 Gbps 多模光纤（小于 500m）。

1000Base-LX：1 Gbps 多模光纤（小于 2km）。

1000Base-LX10：1 Gbps 单模光纤（小于 10km）。长距离方案。

1000Base-LHX：1 Gbps 单模光纤（10～40km）。长距离方案。

1000Base-ZX：1 Gbps 单模光纤（40～70km）。长距离方案。

1000Base-CX：铜缆上达到 1Gbps 的短距离（小于 25m）方案。早于 1000Base-T，已废弃。

4）万兆以太网

新的万兆以太网标准包含 7 种不同的节制类型，适用于局域网、城域网和广域网。当前使用附加标准 IEEE 802.3ae 用以说明，将来会合并进 IEEE 802.3 标准。

10GBase-CX4：短距离铜缆方案用于 InfiniBand 4x 连接器和 CX4 线缆，最大长度 15m。

10GBase-SR：用于短距离多模光纤，根据线缆类型能达到 26～82m，使用新型 2GHz 多模光纤可以达到 300m。

10GBase-LX4：使用波分复用支持多模光纤 240～300m，单模光纤超过 10km。

10GBase-LR 和 10GBase-ER：通过单模光纤分别支持 10km 和 40km。

10GBase-SW、10GBase-LW 和 10GBase-EW：用于广域网 PHY、OC-192/STM-64 同步光纤网/SDH 设备。物理层分别对应 10GBase-SR、10GBase-LR 和 10GBase-ER，因此使用相同光纤支持距离也一致。

10GBase-T：使用非屏蔽双绞线。

7. 以太网技术的优势

以太网由于其应用的广泛性和技术的先进性，已逐渐垄断了商用计算机的通信领域和过程控制领域中上层的信息管理与通信，并且有进一步直接应用到工业现场的趋势。与目前的现场总线相比，以太网具有以下优点：

1）应用广泛

以太网是目前应用最为广泛的计算机网络技术，受到广泛的技术支持。几乎所有的编程语言都支持 Ethernet 的应用开发，如 Java、Visual C++、Visual、Basic 等。这些编程语言由于使用广泛，并受到软件开发商的高度重视，具有很好的发展前景。因此，如果采用以太网作为现场总线，可以保证多种开发工具、开发环境供选择。

2）成本低廉

由于以太网的应用最为广泛，因此受到硬件开发与生产厂商的高度重视与广泛支持，有多种硬件产品供用户选择。而且由于应用广泛，硬件价格也相对低廉。目前以太网网卡的价格只有 Profi bus、FF 等现场总线的 1/10，而且随着集成电路技术的发展，其价格还会进一步下降。

3）通信速率高

目前以太网的通信速率为 10M,100M 的快速以太网已开始广泛应用,1000M 以太网技术逐渐成熟,10G 以太网正在研究,其速率比目前的现场总线快得多。以太网可以满足对带宽的更高要求。

4）软硬件资源丰富

由于以太网已应用多年,人们对以太网的设计、应用等方面有很多的经验,对其技术也十分熟悉。大量的软件资源和设计经验可以显著降低系统的开发和培训费用,从而可以显著降低系统的整体成本,并大大加快系统的开发和推广速度。

5）可持续发展潜力大

由于以太网的广泛应用,使它的发展一直受到广泛的重视和大量的技术投入。并且,在信息瞬息万变的时代,企业的生存与发展在很大程度上依赖于一个快速而有效的通信管理网络,信息技术与通信技术的发展将更加迅速,也更加成熟,由此保证了以太网技术不断地持续向前发展。

因此,如果工业控制领域采用以太网作为现场设备之间的通信网络平台,可以避免现场总线技术偏离于计算机网络技术的发展主流之外,从而使现场总线技术和一般网络技术互相促进,共同发展,并保证技术上的可持续发展,在技术升级方面无须单独的研究投入。这一点是任何现有现场总线技术所无法比拟的。同时,机器人技术、智能技术的发展都要求通信网络有更高的带宽、更好的性能,通信协议有更高的灵活性,这些要求以太网都能很好地满足。

3.2.2 令牌环网

令牌环网是 IBM 公司于 20 世纪 70 年代发展的,21 世纪以后这种网络比较少见。在老式的令牌环网中,数据传输速度为 4Mbps 或 16Mbps,新型的快速令牌环网速度可达 100Mbps。令牌环网的传输方法在物理上采用了星形拓扑结构,但逻辑上仍是环形拓扑结构。其通信传输介质可以是无屏蔽双绞线、屏蔽双绞线和光纤等。节点间采用多站访问部件(Multistation Access Unit,MAU)连接在一起。MAU 是一种专业化集线器,用来围绕工作站计算机的环路进行传输。由于数据包看起来像在环中传输,所以在工作站和 MAU 中没有终结器。

在这种网络中,有一种专门的帧,称为"令牌",如图 3.14 所示,在环路上持续地传输来确定一个节点何时可以发送包。令牌为 24 位长,有 3 个 8 位的域,分别是首定界符(Start Delimiter,SD)、访问控制(Access Control,AC)和终定界符(End Delimiter,ED)。首定界符是一种与众不同的信号模式,作为一种非数据信号表现出来,用途是防止它被解释成其他东西。这种独特的 8 位组合只能被识别为帧首标识符(SOF)。

令牌环网的介质接入控制机制采用分布式控制模式的循环方法。在令牌环网中有一个令牌(Token)沿着总线在入网节点计算机间依次传递,令牌实际上是一个特殊格式的帧,本身并不包含信息,仅控制信道的使用,确保在同一时刻只有一个节点能够独占信道。当环上节点都空闲时,令牌绕环行进。节点计算机只有取得令牌后才能发送数据帧,因此不会发生冲突。由于令牌在网环上是按顺序依次传递的,因此对所有入网计算机而言,访问权是公平的。

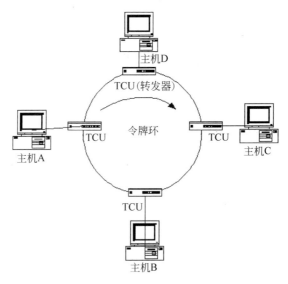

图 3.14　令牌环网的工作方式

令牌环网上,传输的信号是差分曼彻斯特编码信号。令牌在工作中有"闲"和"忙"两种状态。"闲"表示令牌没有被占用,即网中没有计算机在传送信息;"忙"表示令牌已被占用,即网中有信息正在传送。希望传送数据的计算机必须首先检测到"闲"令牌,将它置为"忙"的状态,然后在该令牌后面传送数据。当所传数据被目的节点计算机接收后,数据被从网中除去,令牌被重新置为"闲"。令牌环网的缺点是需要维护令牌,一旦失去令牌就无法工作,需要选择专门的节点监视和管理令牌;控制电路较复杂,令牌容易丢失。

令牌环网控制方式的优点是它能提供优先权服务,有很强的实时性;在重负载环路中,令牌以循环方式工作,效率较高。

由于以太网技术发展迅速,令牌环网存在固有缺点,令牌在整个计算机局域网已不多见,原来提供令牌环网设备的厂商多数也退出了市场。

3.2.3　FDDI 网

光纤分布式数据接口是于 20 世纪 80 年代中期发展起来一项局域网技术,它提供的高速数据通信能力要高于当时的以太网(10Mbps)和令牌环网(4Mbps 或 16Mbps)的能力。FDDI 标准由 ANSI X3T9.5 标准委员会制定,为繁忙网络上的高容量输入/输出提供了一种访问方法。FDDI 技术同 IBM 的令牌环网技术相似,并具有 LAN 和令牌环网所缺乏的管理、控制和可靠性措施,FDDI 支持长达 2km 的多模光纤。FDDI 网络的主要缺点是价格同前面所介绍的快速以太网相比贵许多,且因为它只支持光纤和 5 类线缆,所以使用环境受到限制,从以太网升级更是面临大量移植问题。

1. 编码方式

FDDI 采用的编码方式为 NRZ-I 和 4B/5B。4B/5B 编码技术中每次对 4 位数据进行编码,每 4 位数据编码成 5 位符号,用光的存在和不存在表示 5 位符号中每一位是 1 还是 0,4B/5B 可使效率提高到 80%。

当数据以 100Mbps 的速度输入/输出时,在当时 FDDI 与 10M 以太网和令牌环网相比性能有相当大的改进。但是随着快速以太网和千兆以太网技术的发展,用 FDDI 的人就越来越少了。因为 FDDI 使用的通信介质是光纤,这一点它比快速以太网及现在的 100M 令牌环网传输介质要贵许多。然而 FDDI 最常见的应用只是提供对网络服务器的快速访问,所以在目前 FDDI 技术并没有得到充分的认可和广泛的应用。FDDI 另一种常用的通信介质是电话线。

2. 访问方法

FDDI 的访问方法与令牌环网的访问方法类似,在网络通信中均采用"令牌"传递。它与标准的令牌环网又有所不同,主要在于 FDDI 使用定时的令牌访问方法。FDDI 令牌沿网络环路从一个节点向另一个节点移动,如果某节点不需要传输数据,FDDI 将获取令牌并将其发送到下一个节点中。如果处理令牌的节点需要传输,那么在指定的称为"目标令牌循环时间"(Target Token Rotation Time,TTRT)内,它可以按照用户的需求来发送尽可能多的帧。因为 FDDI 采用的是定时的令牌方法,所以在给定时间中,来自多个节点的多个帧可能都在网络上,以为用户提供高容量的通信。

FDDI 可以发送两种类型的包:同步的和异步的。同步通信用于要求连续进行且对时间敏感的传输(如音频、视频和多媒体通信);异步通信用于不要求连续脉冲串的普通的数据传输。在给定的网络中,TTRT 等于某节点同步传输需要的总时间加上最大的帧在网络上沿环路进行传输的时间。FDDI 使用两条环路,所以当其中一条出现故障时,数据可以从另一条环路上到达目的地。连接到 FDDI 的节点主要有两类,即 A 类和 B 类。A 类节点与两个环路都有连接,由网络设备(如集线器等)组成,并具备重新配置环路结构以在网络崩溃时使用单个环路的能力;B 类节点通过 A 类节点的设备连接在 FDDI 网络上,B 类节点包括服务器或工作站等。

3. FDDI 的特点

FDDI 是目前成熟的 LAN 技术中传输速率最高的一种。这种传输速率高达 100Mbps 的网络技术所依据的标准是 ANSIX3T9.5。该网络具有定时令牌协议的特性,支持多种拓扑结构,传输介质为光纤。使用光纤作为传输介质具有多种优点:

(1) 较长的传输距离。相邻站间的最大长度可达 2km,最大站间距离为 200km。

(2) 具有较大的带宽。FDDI 的设计带宽为 100Mbps。

(3) 具有对电磁和射频干扰抑制能力,在传输过程中不受电磁和射频噪声的影响,也不影响其设备。

(4) 光纤可防止传输过程中被分接偷听,也杜绝了辐射波的窃听,因而是最安全的传输介质。

由光纤构成的 FDDI,其基本结构为逆向双环,如图 3.15 所示。一个环为主干环,另一个环为备用环。一个顺时针传送信息,另一个逆时针。当主干环上的设备失效或光纤发生故障时,通过从主干环向备用环的切换可继续维持 FDDI 的正常工作。这种故障容错能力是其他网络所不具备的。

FDDI 使用了比令牌环更复杂的方法访问网络。和令牌环一样,也需在环内传递一个令牌,而且允许令牌的持有者发送 FDDI 帧。和令牌环网不同,FDDI 网络可在环内传送几个帧。这可能是由于令牌持有者同时发出了多个帧,而非在等到第一个帧完成环内的一圈循环后再发出第二个帧。

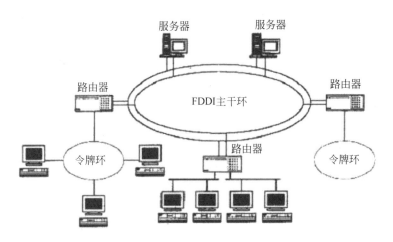

图 3.15　FDDI 的基本结构

令牌接受了传送数据帧的任务以后,FDDI 令牌持有者可以立即释放令牌,把它传给环内的下一个站点,无须等待数据帧完成在环内的全部循环。这意味着,第一个站点发出的数据帧仍在环内循环的时候,下一个站点就可以立即开始发送自己的数据。FDDI 标准和令牌环网介质访问控制标准 IEEE 802.5 十分接近。

3.3　高速局域网技术

随着个人计算机处理能力的增强以及计算机网络应用的普及,用户对计算机网络的需求日益增加,现在常规局域网已经远远不能满足要求,于是高速局域网(High Speed Local Network)便应运而生。高速局域网的传输速率大于或等于 100Mbps,常见的高速局域网有100Base-T 高速以太网、千兆以太网、10Gbps 以太网等。

高速局域网技术是指采用同样的 CSMA/CD 协议,同样的帧格式和同样的帧长的技术。千兆以太网可以为园区网络提供 1Gbps 的通信带宽,而且具有以太网的简易性,以及和其他类似速率的通信技术相比价格低廉的特点。千兆以太网在当前以太网基础之上平滑过渡,综合平衡了现有的端点工作站、管理工具和培训基础等各种因素。对于广大的网络用户来说,这就意味着现有的投资可以在合理的初始开销上延续到千兆以太网,不需要对技术支持人员和用户进行重新培训,不需要另外的协议和中间件的投资。

由于上述特点和对全双工操作的支持,千兆以太网将成为 10/100Base-T 网络、连接高性能服务器的理想主干网互联技术,成为需要未来高于 100Base-T 带宽的网络升级的理想技术。

千兆以太网和已充分建立的以太网与快速以太网的节点完全匹配。最初的以太网规范由帧格式定义,且支持 CSMA/CD 协议,全双工、流控制和由 IEEE 802.3 标准定义的管理项目,千兆以太网使用所有这些规范。为了满足日益增长的带宽要求,千兆以太网采取一个改进措施,即在网络链路层采用快速光纤连接方式。它使电视会议、复杂图像和其他高数据密度的应用程序在 MAC 层的千兆以太网数据传输速率是快速以太网的 10 倍。千兆以太网使用最为普及的网络体系结构,与现在相当普及的以太网和快速以太网兼容,因此得到了迅速的发展。

3.3.1 构建高速局域网的技术

1. 布线技术

现在大多数网络布线使用的是非屏蔽双绞线,遵循的标准一般是 EIA/TIA 和 ISO 公布的超 5 类标准,此标准满足千兆以太网和速率高于 1.2Gbps 异步传输模式的要求。据了解,6 类布线频率的极限为 200MHz,因此很难说最高以 200MHz 运行的未来编码系统将能实现多高的速率。

通过成本比较,在连接工作站的水平信道中,非屏蔽双绞线仍可作为主要的介质选择对象。很明显,光纤到桌面的成本要远远高于非屏蔽双绞线的成本。一般来说,前者无源部件的成本就是后者的 3 倍多,如果再加上有源设备的成本,如集线器和网络接口卡,则成本差异会进一步加大。

距离限制使得在楼层连接和园区内互联时需要选择光纤。另外,带宽需求的爆炸性增长,要求网络布线必须考虑未来的平滑升级。因此,在结构化布线中,由于主干安装条件有限,网络规划人员必须考虑使用最高容量的线缆。在园区网建设中,一般要求使用光纤到小区和光纤到大楼。

由于光纤布线的成本开始明显下降,使得多模光纤和单模光纤性价比提升。现在许多建筑物中都在安装复合线缆(即同时采用多模光纤和单模光纤),这标志着布线的一种新的发展趋势。

2. 链路层技术

千兆以太网可以提供 1Gbps 的通信带宽,而且具有以太网的简易性。它采用同样的 CSMA/CD 协议,同样的帧格式和同样的帧长,同样支持全双工。对于广大的网络用户来说,这就意味着现有的投资可以延续到千兆以太网。这样,千兆以太网在当前以太网基础之上可以平滑过渡,综合平衡了现有的端点工作站、管理工具和培训基础等各种因素,致使总体开销非常低。

千兆以太网的物理层与以太网和快速以太网一样,只定义了物理层和介质访问控制层。实现上,物理层是千兆以太网的关键组成,在 IEEE 802.3z 中定义了 3 种传输介质:多模光纤、单模光纤和同轴线缆。IEEE 802.3ab 则定义了非屏蔽双绞线介质。除了以上几种传输介质外,还有一种多厂商定义的标准 1000Base-lh,它也是一种光纤标准,传输距离最长可达到 100km。千兆以太网物理层的另外一个特点就是采用 8B/10B 编码方式,这与光纤通道技术相同,所带来的好处是,网络设备厂商可以采用已有的 8B/10B 编码/解码芯片,缩短了产品开发周期,降低了生产成本。

3. 多层交换技术

交换技术目前来讲可分为第二层交换和多层交换两种技术。严格说来,交换意味着源地址与目的地址之间的连接,在第二层以上的任何技术都不能说成是交换技术。第二层交换指数据链路层或称 MAC 层的交换。第二层交换机即通常意义上的交换机,其交换技术已相当成熟,由于工作在 OSI 七层模型的数据链路层,其交换以 MAC 地址为基础。

第三层交换也称网络层交换,处于 OSI 协议的第三层,它提供了更高层的服务,如路由功能等。以前通常由路由器通过软件实现网间互联,但路由器价格昂贵,且转发速度慢,已逐渐成为网络的瓶颈。第三层交换借助线速交换技术,把路由功能集成到交换机中,所以采用这种技术的交换机称为路由交换机(或第三层交换机)。第三层交换在各个网络层次上都能实现线速交换,性能有大幅度的提高。同时,它保留了第三层上的网络拓扑结构和服务。这些结构和服务在网络分段、安全性、可管理性和抑制广播等方面具有很大的优势。第三层交换机的目标是取代现有的路由器,提供子网间信息流的通信功能,并使通信速度从数百个数据包每秒提高到数百万个数据包每秒。第三层交换旨在高速转发多种协议,或提供防火墙以保护网络资源,或实现带宽的预留。因此,局域网骨干交换机都将采用第三层交换机。

第四层交换技术利用第三层和第四层包头中的信息来识别应用数据流会话。利用这些信息,第四层交换机可以做出向何处转发会话传输流的智能决定。由于做到了这点,用户的请求可以根据不同的规则被转发到"最佳"的服务器上。因此,第四层交换技术是用于传输数据和实现多台服务器间负载均衡的理想机制。

目前有很多产品支持多层交换技术,如 Cisco Catalyst 5509/6509、Extreme Diamond 系列、Foundry Bigiron 系列和 Alteon Ace-180e 等。

现在,许多企业级用户把多层交换技术描述成能够支持各种局域网体系结构的一个集成的、完整的解决方案,它将交换技术和路由技术智能化地有机结合起来,具有比传统的基于路由器的局域网主干更高的性能价格比,更强大的灵活性,是构建高速局域网的基础。

3.3.2 需要考虑的问题

高速局域网的组网模式非常简单,基本上是以千兆以太网为主干,以高性能的第二、三层交换机为核心。在网络布线方面,主干和交换机间建议用多模或单模光纤连接,水平布线可以采用超 5 类非屏蔽双绞线。依照前面所述,这种结构容易扩展和升级。交换机产品有华为 md5500、Cisco 6509/6509 osr、Foundry Bigiron 8000/4000、Extreme Black Diamond 6816/6808、Alcatel Powerrail 5200/2200、Lucent Cajun p880、Riverstone rs32000/rs8600、巨龙 rs6006g/rs6004g 和创想 ar8000 等。

但是,一个网络建设得是否成功还必须考虑以下几个问题:

(1)业务的可开展性。业务能否开展与网络功能是否受到限制是对所采用技术的评判标准。现在,构建高速信息网络都要求面向包括语音、视频和数据在内的综合业务,因此,是否支持各种 VLAN 和是否支持 IP 组播成为产品选型时必须考虑的问题。

(2)技术成熟。包括千兆局域网和高速路由器在内的计算机网络技术均存在不完备控制域的问题,哪些厂商提供的产品解决方案更加完善必须有事例证明,不成熟的网络技术不要轻易使用。

(3)网络互通性。网络互通性是实现网络价值最重要的体现。网络互通性不仅表现在地理覆盖区域方面,还表现在和其他网络的互联互通方面。高速局域网的互通性主要体现在与原有网络的互通和与更上一级网络的互通。

(4)网络可靠性。网络可靠性必须通过网络协议、设备备份以及路由备份来支持,特别是网络协议本身的控制和管理体系,一定要考虑它们是否具有高可靠性。

3.4 无线局域网

无线局域网(Wireless Local Area Networks,WLAN)是十分便利的数据传输系统,它利用射频(Radio Frequency,RF)的技术,使用电磁波,取代旧式双绞铜线所构成的局域网络,在空中进行通信连接,使得无线局域网能利用简单的存取架构让用户透过它,达到"信息随身化、便利走天下"的理想境界。

3.4.1 无线局域网概述

1. 无线局域网的定义

WLAN 是利用无线通信技术在一定的局部范围内建立的网络,是计算机网络与无线通信技术相结合的产物。它以无线多址信道作为传输媒介,提供传统有线局域网 LAN 的功能,能够使用户真正实现随时、随地、随意的宽带网络接入。

2. 无线局域网的特点

无线局域网的优点是:

(1) 灵活性和移动性。在有线网络中,网络设备的安放位置受网络位置的限制,而无线局域网在无线信号覆盖区域内的任何一个位置都可以接入网络。无线局域网另一个最大的优点在于其移动性,连接到无线局域网的用户可以移动且能同时与网络保持连接。

(2) 安装便捷。无线局域网可以免去或最大限度地减少网络布线的工作量,一般只要安装一个或多个接入点设备,就可建立覆盖整个区域的局域网络。

(3) 易于进行网络规划和调整。对于有线网络来说,办公地点或网络拓扑的改变通常意味着重新建网。重新布线是一个昂贵、费时、浪费和琐碎的过程,无线局域网可以避免或减少以上情况的发生。

(4) 故障定位容易。有线网络一旦出现物理故障,尤其是由于线路连接不良而造成的网络中断,往往很难查明,而且检修线路需要付出很大的代价。无线网络则很容易定位故障,只需更换故障设备即可恢复网络连接。

(5) 易于扩展。无线局域网有多种配置方式,可以很快从只有几个用户的小型局域网扩展到上千用户的大型网络,并且能够提供节点间"漫游"等有线网络无法实现的特性。

无线局域网的缺点是:

(1) 性能不可靠。无线局域网是依靠无线电波进行传输的,这些电波通过无线发射装置进行发射,而建筑物、车辆、树木和其他障碍物都可能阻碍电磁波的传输,所以会影响网络的性能。

(2) 速率低。无线信道的传输速率与有线信道相比要低得多。目前,无线局域网的最大传输速率为 54Mbps,只适合于个人终端和小规模网络应用。

(3) 安全性差。本质上讲无线电波不要求建立物理的连接通道,无线信号是发散的。从理论上讲,很容易侦听到无线电波广播范围内的任何信号,造成通信信息泄露。

3. 无线局域网的组成

一般无线局域网的组成图如图 3.16 所示。

可以看出,无线局域网由站点、接入点和分布式系统组成。

（1）站点（STA）。STA 在 WLAN 中一般为客户端，可以是装有无线网卡的计算机，也可以是有 WiFi 模块的智能手机。

（2）接入点（AP）。AP 类似蜂窝结构中的基站，通常位于基本服务区（Basic Service Area，BSA）中心，是有线网络与无线局域网的节点，实现 STA 对分布式系统的接入和 STA 之间的通信。

图 3.16   无线局域网的组成

（3）分布式系统（DS）。WLAN 的物理层覆盖范围决定了一个 AP 所能支持的 STA 与 STA 之间的直接通信距离。一个无线 AP 以及与其关联的 STA 称为一个基本服务集（Basic Service Set，BSS），多个 BSS 可以进行组网，连接多个 BSS 的网络构件称为分布式系统。

3.4.2   无线局域网的组网模式

无线局域网的组网模式可以分为两种：Ad-Hoc 模式（点对点无线网络）和 Infrastructure 模式（集中控制式网络）。

1. Ad-Hoc 模式

Ad-Hoc 网络中所有节点的地位平等，无须设置任何的中心控制节点。网络中的节点不仅具有普通移动终端所需的功能，而且具有报文转发能力。与普通的移动网络和固定网络相比，它具有以下特点：

（1）无中心。Ad-Hoc 网络没有严格的控制中心，所有节点的地位平等，即是一个对等式网络。节点可以随时加入和离开网络。任何节点的故障不会影响整个网络的运行，具有很强的抗毁性，如图 3.17 所示。

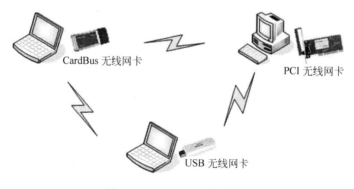

图 3.17   Ad-Hoc 网络结构

（2）自组织。网络的布设或展开无须依赖于任何预设的网络设施。节点通过分层协议和分布式算法协调各自的行为，节点开机后就可以快速、自动地组成一个独立的网络。

（3）多跳路由。当节点要与其覆盖范围之外的节点进行通信时，需要中间节点的多跳转发。与固定网络的多跳不同，Ad-Hoc 网络中的多跳路由是由普通的网络节点完成的，而不是由专用的路由设备（如路由器）完成的。

（4）动态拓扑。Ad-Hoc 网络是一个动态的网络，网络节点可以随处移动，也可以随时开机和关机，这些都会使网络的拓扑结构随时发生变化。

这些特点使得 Ad-Hoc 网络在体系结构、网络组织、协议设计等方面都与普通的蜂窝移动通信网络和固定通信网络有着显著的区别。

由于省去了无线 AP,Ad-Hoc 无线局域网的网络架设过程十分简单,不过一般的无线网卡在室内环境下传输距离通常为 40m 左右,当超过此有效传输距离,就不能实现彼此之间的通信。因此该种模式非常适合一些简单甚至是临时性的无线互联需求。

2. Infrastructure 模式

Infrastructure 模式是一种整合有线与无线局域网架构的应用模式。在这种模式中,无线网卡与无线 AP 进行无线连接,再通过无线 AP 与有线网络建立连接。

Infrastructure 模式定义了基本服务集 BSS,如图 3.18 所示。一个 BSS 由一个基站和若干个移动站组成,一个 BSS 覆盖的范围称为一个基本服务区 BSA。一个 BSA 的范围可以有几十米的直径。

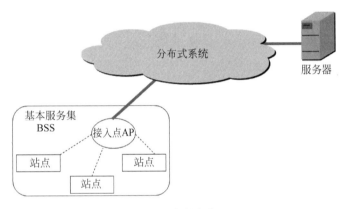

图 3.18　基本服务集 BSS

Infrastructure 模式还定义了扩展服务集(Extended Service Set,ESS),如图 3.19 所示。一个 ESS 由多个 BSS 通过一个分布式系统互联而成,就像一个逻辑上的局域网。一般来说,分布式系统是一个有线主干局域网,通常表现为以太网。BSS 之间的通信将通过分布式系统实现,BSS 在 LLC 子层上相统一,至此,一个移动主机可以漫游在不同的 BSS 之间。

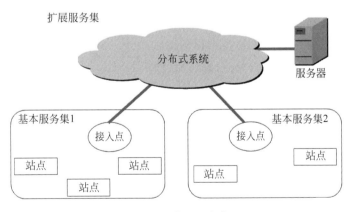

图 3.19　扩展服务集

3.5　虚拟局域网

随着网络的不断扩展,接入设备逐渐增多,网络结构也日趋复杂,必须使用更多的路由器才能将不同的用户划分到各自的广播域中,在不同的局域网之间提供网络互联。

但这样做存在两个缺陷:

(1)随着网络中路由器数量的增多,网络延时逐渐加长,从而导致网络数据传输速度的下降。这主要是因为数据在从一个局域网传递到另一个局域网时,必须经过路由器的路由操作,路由器根据数据包中的相应信息确定数据包的目标地址,然后再选择合适的路径转发出去。

(2)用户是按照其物理连接被自然地划分到不同的用户组(广播域)中,这种划分方式并不是根据工作组中所有用户的共同需要和带宽的需求来进行的。因此,尽管不同的工作组或部门对带宽的需求有很大的差异,但它们却被机械地划分到同一个广播域中争用相同的带宽。

鉴于上述原因,发展起来了虚拟局域网(Virtual Local Area Network,VLAN)。

3.5.1　虚拟局域网的概念

虚拟局域网(VLAN)是一组逻辑上的设备和用户,这些设备和用户并不受物理位置的限制,可以根据功能、部门及应用等因素将它们组织起来,相互之间的通信就好像它们在同一个网段中一样,由此得名虚拟局域网。VLAN是一种比较新的技术,工作在OSI参考模型的第二层和第三层,一个VLAN就是一个广播域,VLAN之间的通信是通过第三层的路由器来完成的。与传统的局域网技术相比较,VLAN技术更加灵活。

VLAN技术的出现,使得管理员可以根据实际应用需求,把同一物理局域网内的不同用户逻辑地划分成不同的广播域,每一个VLAN都包含一组有着相同需求的计算机工作站,与物理上形成的LAN有着相同的属性。由于是从逻辑上划分,而不是从物理上划分,所以同一个VLAN内的各个工作站没有限制在同一个物理范围中,即这些工作站可以在不同物理LAN网段。由VLAN的特点可知,一个VLAN内部的广播和单播流量都不会转发到其他VLAN中,从而有助于控制流量,减少设备投资,简化网络管理,提高网络的安全性。

VLAN网络可以由混合的网络类型设备组成,比如10M以太网、100M以太网、令牌环网、FDDI等,也可以是工作站、服务器、集线器、网络上行主干等。

VLAN除了能将网络划分为多个广播域,从而有效地控制"广播风暴"的发生,以及使网络的拓扑结构变得非常灵活外,还可以用于控制网络中不同部门、不同站点之间的互相访问。

3.5.2　虚拟局域网的分类

定义VLAN成员的方法有很多,由此也就分成了几种不同类型的VLAN。从技术角度讲,VLAN的划分可依据不同原则,一般有以下三种划分方法:基于端口的VLAN、基于MAC地址的VLAN、基于路由的VLAN。

1. 基于端口的 VLAN

基于端口的 VLAN 的划分是最简单、有效的 VLAN 划分方法,它按照局域网交换机端口来定义 VLAN 成员。VLAN 从逻辑上把局域网交换机的端口划分开来,从而把终端系统划分为不同的部分,各部分相对独立,在功能上模拟了传统的局域网。基于端口的 VLAN 又分为在单交换机端口和多交换机端口定义 VLAN 两种情况。

1) 单交换机端口定义 VLAN

如图 3.20 所示,交换机的 1、2、6、7、8 端口组成 VLAN1,3、4、5 端口组成了 VLAN2。这种 VLAN 只支持一个交换机。

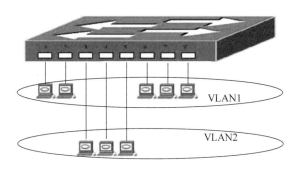

图 3.20　单交换机端口定义 VLAN

2) 多交换机端口定义 VLAN

如图 3.21 所示,交换机 1 的 1、2、3 端口和交换机 2 的 4、5、6 端口组成 VLAN1,交换机 1 的 4、5、6、7、8 端口和交换机 2 的 1、2、3、7、8 端口组成 VLAN2。

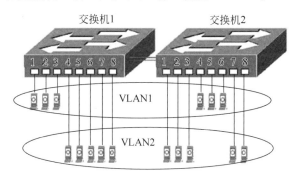

图 3.21　多交换机端口定义 VLAN

基于端口的 VLAN 的划分简单、有效,但其缺点是当用户从一个端口移动到另一个端口时,网络管理员必须对 VLAN 成员进行重新配置。

2. 基于 MAC 地址的 VLAN

基于 MAC 地址的 VLAN 是用终端系统的 MAC 地址定义的 VLAN。MAC 地址其实就是指网卡的标识符,每一块网卡的 MAC 地址都是唯一的。

这种划分 VLAN 方法的最大优点就是当用户物理位置移动时,即从一个交换机换到其他的交换机时,VLAN 不用重新配置。因此,在网络规模较小时,该方案可以说是一个好的方法。然而,随着网络规模的扩大,网络设备、用户的增加,则会在很大程度上加大管理的难度。另外,如果网络规模较大,在初始化时,所有的用户都必须进行配置,如果有几百个甚至上千个用户,配置是非常麻烦的。而且这种划分方法也导致了交换机执行效率的降低,因为在每一个交换机的端口都可能存在很多个 VLAN 组的成员,这样就无法限制广播包了。另外,对于使用笔记本电脑的用户来说,他们的网卡可能经常更换,这样,VLAN 就必须不停地配置。

3. 基于路由的 VLAN

路由协议工作在七层协议的第三层,即网络层,比如基于 IP 和 IPX 的路由协议,这类设备包括路由器和路由交换机。在按 IP 划分的 VLAN 中,很容易实现路由,即将交换功能和路由功能融合在 VLAN 交换机中。这种方式既达到了作为 VLAN 控制"广播风暴"的最基本目的,又不需要外接路由器。但这种方式对 VLAN 成员之间的通信速度不是很理想。

本章小结

(1) 局域网的名字本身就隐含了这种网络地理范围的局域性。由于较小的地理范围的局限性,局域网通常要比广域网具有高得多的传输速率。局域网的拓扑结构常用的是总线型和环形,这是由有限地理范围决定的,这两种结构很少在广域网环境下使用。

(2) 局域网专用性非常强,具有比较稳定和规范的拓扑结构。

(3) 以太网是建立在 CSMA/CD 机制上的广播型网络。冲突的产生是限制以太网性能的重要因素,早期的以太网设备如集线器是物理层设备,不能隔绝冲突扩散,限制了网络性能的提高。而交换机(网桥)作为一种能隔绝冲突的二层网络设备,极大地提高了以太网的性能,正逐渐替代集线器成为主流的以太网设备。

(4) 高速局域网的传输速率大于或等于 100Mbps,常见的高速局域网有 FDDI 光纤环网、100Base-T 高速以太网、千兆以太网、10Gbps 以太网等。

(5) WLAN 的实现协议有很多,其中最为著名也是应用最为广泛的当属无线保真技术 WiFi,它实际上提供了一种能够将各种终端都使用无线进行互联的技术,为用户屏蔽了各种终端之间的差异性。

(6) 将网络划分为虚拟网络 VLAN 网段,可以强化网络管理和网络安全,控制不必要的数据广播。

习题

一、单选题

1. 下列不属于网络拓扑结构形式的是(　　　)。

    A. 星形　　　　　　　B. 环形　　　　　　　C. 总线　　　　　　　D. 分支

2. 目前网络传输介质中传输速率最高的是(　　　)。

    A. 双绞线　　　　　　B. 同轴线缆　　　　　C. 光纤　　　　　　　D. 电话线

3. 关于局域网的特点,以下不正确的一项是(　　　)。

    A. 较小的地域范围

    B. 高传输速率和低误码率

    C. 一般侧重共享位置准确无误及传输的安全

    D. 一般为一个单位所建

4. 100Base-T 使用(　　)传输介质。

　　A. 同轴线缆线路　　　B. 双绞线　　　　　　C. 光纤　　　　　　D. 红外线

5. 各种局域网的 LLC 子层是(　　),MAC 子层是(　　)。

　　A. 相同的、不同的　　　　　　　　　　B. 相同的、相同的

　　C. 不同的、相同的　　　　　　　　　　D. 不同的、不同的

6. 在网吧组建局域网时,通常采用(　　)网络拓扑结构。

　　A. 总线型　　　　　　B. 星形　　　　　　C. 树形　　　　　　D. 环形

7. 对令牌总线网,下列说法正确的是(　　)。

　　A. 它不可能产生冲突

　　B. 冲突可以避免,但依然存在

　　C. 它一定产生冲突

　　D. 轻载时不产生冲突,重载时必产生冲突

8. CSMA/CD 是 IEEE 802.3 所定义的协议标准,它适用于(　　)。

　　A. 令牌环网　　　　　　　　　　　　B. 令牌总线网

　　C. 网络互联　　　　　　　　　　　　D. 以太网

9. 在一个以太网中,有 A、B、C、D 四台主机,如果 A 向 B 发送数据,那么(　　)。

　　A. 只有 B 可以接收到数据　　　　　　B. 数据能够瞬间到达 B

　　C. 数据传输存在延迟　　　　　　　　D. 其他主机也可以同时发送数据

10. 对令牌环网,下列说法正确的是(　　)。

　　A. 轻载时不产生冲突,重载时产生冲突

　　B. 轻载时产生冲突,重载时不产生冲突

　　C. 轻载时性能好,重载时性能差

　　D. 轻载时性能差,重载时性能好

11. FDDI 采用的是(　　)的物理连接结构。

　　A. 总线型　　　　　　B. 环形　　　　　　C. 星形　　　　　　D. 网状形

12. 快速以太网的帧结构与传统以太网的帧结构(　　)。

　　A. 完全相同　　　　　　　　　　　　B. 完全不同

　　C. 仅头部相同　　　　　　　　　　　D. 仅校验方式相同

二、填空题

1. IEEE 802 模型的局域网参考模型只对应于 OSI 参考模型的_____层和_____层。

2. 局域网可采用多种有线通信介质,如_____、_____或同轴线缆等。

3. 局域网的体系结构中_____子层和_____子层相当于 OSI 参考模型的数据链路层。

4. 无线局域网的组网模式可以分为_____和_____。

三、简答题

1. 简述 CSMA/CD 的工作原理。

2. 简述令牌环网的工作过程。

3. 高速局域网建设需要考虑哪些问题?

4. 什么是虚拟局域网? 它的特点是什么?

第4章

计算机广域网

本章将讨论计算机广域网的相关内容,包括广域网的概念、特征、组成和常用的广域网技术,旨在揭示计算机广域网的基本原理和构建方法。

4.1 广域网的基本概念

广域网(Wide Area Network,WAN)也称远程网(Long Haul Network),通常跨接很大的物理范围,所覆盖的范围从几十千米到几千千米,它能连接多个城市或国家,或横跨几个洲并能提供远距离通信,形成国际性的远程网络,如图 4.1 所示。广域网的主要功能是使在地域上相隔很远的用户既可共享公共信息,又可相互传递信息。

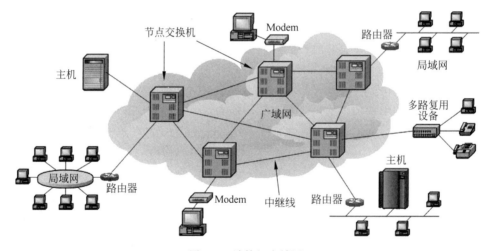

图 4.1　计算机广域网

4.1.1 广域网的特点

1. 数据传输方面

通常广域网的数据传输速率比局域网高,而信号的传播延迟却比局域网要大得多。广域网的典型速率是从 56kbps 到 155Mbps,已有 622Mbps、2.4Gbps 甚至更高速率的广域网,传播延迟可从几毫秒到几百毫秒(使用卫星信道时)。

广域网适应大容量与突发性通信的要求,也适应综合业务服务的要求,它具有开放的设备接口与规范化的协议,以及完善的通信服务与网络管理。

2．连接设备

广域网连接相隔较远的设备,这些设备包括:

(1) 路由器(routers):提供局域网互联、广域网接口等多种服务。

(2) 交换机(switches):连接到广域网上,进行语音、数据及视频通信。

(3) 调制解调器(modems):提供语音级服务的接口,信道服务单元是T1/E2服务的接口,终端适配器是综合业务数字网的接口。

(4) 通信服务器(communication server):汇集用户拨入和拨出的连接。

3．广域网与 OSI 参考模型

广域网主要工作于 OSI 参考模型的下面三层,即物理层、数据链路层和网络层,图4.2给出了广域网和 OSI 参考模型之间的关系。但是,由于目前网络层普遍采用了 IP,所以广域网技术或标准也开始转向主要关注物理层和数据链路层的功能及其实现。因此,与局域网技术相似,不同广域网技术的差异也在于它们在物理层和数据链路层实现方式的不同。

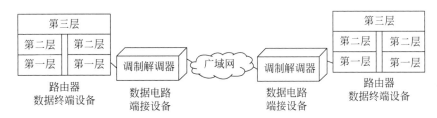

图 4.2　广域网和 OSI 参考模型之间的关系

4．服务模式

广域网可以提供面向连接和无连接两种服务模式,对应于两种服务模式,广域网有两种组网方式:虚电路(Virtual Circuit)方式和数据报(Data Gram)方式。

5．与局域网的区别

广域网不同于局域网,它的范围更广,超越一个城市、一个国家甚至达到全球互联,因此具有与局域网不同的特点:

(1) 覆盖范围广,通信距离远,可达数千千米以至全球。

(2) 不同于局域网的一些固定结构,广域网没有固定的拓扑结构,通常使用高速光纤作为传输介质。

(3) 主要提供面向通信的服务,支持用户使用计算机进行远距离的信息交换。

(4) 局域网通常作为广域网的终端用户与广域网相连。

(5) 广域网的管理和维护相对局域网较为困难。

(6) 广域网一般由电信部门或公司负责组建、管理和维护,并向全社会提供面向通信的有偿服务、流量统计和计费问题。

4.1.2　广域网的类型

广域网根据网络使用类型的不同可以分为公共传输网络、专用传输网络和无线传输网络。

1. 公共传输网络

公共传输网络一般是由政府电信部门组建、管理和控制,网络内的传输和交换装置可以提供(或租用)给任何部门和单位使用。

公共传输网络大体可以分为两类:

(1) 电路交换网络,主要包括公共交换电话网(PSTN)和综合业务数字网(ISDN)。

(2) 分组交换网络,主要包括 X.25 分组交换网、帧中继和交换式多兆位数据服务(SMDS)。

2. 专用传输网络

专用传输网络是由一个组织或团体自己建立、使用、控制和维护的私有通信网络。一个专用网络起码要拥有自己的通信和交换设备,可以建立自己的线路服务,也可以向公用网络或其他专用网络进行租用。

专用传输网络主要是数字数据网(DDN)。DDN 可以在两个端点之间建立一条永久的、专用的数字通道。它的特点是在租用该专用线路期间,用户独占该线路的带宽。

3. 无线传输网络

无线传输网络主要是移动无线网,典型的有 GSM 和 GPRS 技术等。

在我国,广域网包括以下三种通信网:公用电话网、公用分组交换数据网、数字数据网。

(1) 公用电话网。用电话网传输数据,用户终端从连接到切断,要占用一条线路,所以又称电路交换方式,其收费按照用户占用线路的时间而决定。在数据网普及以前,电路交换方式是最主要的数据传输手段。

(2) 公用分组交换数据网。将信息分"组",按规定路径由发送者将分组的信息传送给接收者,数据分组的工作可在发送终端进行,也可在交换机进行。每一组信息都含有信息目的地址。分组交换网可对信息的不同部分采取不同的路径传输,以便最有效地使用通信网络。在接收点上,必须对各类数据组进行分类、监测以及重新组装。

(3) 数字数据网。它是利用光纤(或数字微波和卫星)数字电路和数字交叉连接设备组成的数字数据业务网,主要为用户提供永久、半永久型出租业务。数字数据网可根据需要定时租用或定时专用,一条专线既可通话与发传真,也可以传送数据,且传输质量高。

4.1.3　广域网的组网方式

广域网的组网方式有两种:虚电路和数据报。

1. 虚电路

对于采用虚电路方式的广域网,源节点要与目的节点进行通信之前,首先必须建立一条从源节点到目的节点的虚电路(即逻辑连接),然后通过该虚电路进行数据传送,最后当数据传输结束时,释放该虚电路。在虚电路方式中,每个交换机都维持一个虚电路表,用于记录经过该交换机的所有虚电路的情况,每条虚电路占据其中的一项。在虚电路方式中,其数据报文在其报头中除了序号、校验和以及其他字段外,还必须包含一个虚电路号。

在虚电路方式中,当某台机器试图与另一台机器建立一条虚电路时,首先选择本机还未使用的虚电路号作为该虚电路的标识,同时在该机器的虚电路表中填上一项。由于每台机器(包括交换机)独立选择虚电路号,所以虚电路号仅仅具有局部意义,也就是说报文在通过虚电路传送的过程中,报文头中的虚电路号会发生变化。

一旦源节点与目的节点建立了一条虚电路,就意味着在所有交换机的虚电路表上都登记有该条虚电路的信息。当两台建立了虚电路的机器相互通信时,可以根据数据报文中的虚电路号,通过查找交换机的虚电路表而得到它的输出线路,进而将数据传送到目的端。

当数据传输结束时,必须释放所占用的虚电路表空间,具体做法是由任一方发送一个撤除虚电路的报文,清除沿途交换机虚电路表中的相关项。

需要指出的是,虚电路的概念不同于前面电路交换技术中电路的概念。后者对应着一条实实在在的物理线路,该线路的带宽是预先分配好的,是通信双方的物理连接。而虚电路的概念是指在通信双方建立了一条逻辑连接,该连接的物理含义是指明收发双方的数据通信应按虚电路指示的路径进行。虚电路的建立并不表明通信双方拥有一条专用通路,即不能独占信道带宽,到来的数据报文在每个交换机上仍需要缓存,并在线路上进行输出排队。

虚电路方式主要的特点:

(1) 在每次分组传输前,都需要在源节点和目的节点之间建立一条逻辑连接。由于连接源节点与目的节点的物理链路已经存在,因此不需要真正建立一条物理链路。

(2) 一次通信的所有分组都通过虚电路顺序传送,因此分组不必自带目的地址、源地址等信息。分组到达节点时不会出现丢失、重复与乱序的现象。

(3) 分组通过虚电路上的每个节点时,节点只需要进行差错检测,而不需要进行路由选择。

(4) 通信子网中每个节点可以与任何节点建立多条虚电路连接。

2. 数据报

数据报是报文分组存储转发的一种形式。其原理是:分组传输前不需要预先在源主机与目的主机之间建立"线路连接"。源主机发送的每个分组都可以独立选择一条传输路径,每个分组在通信子网中可能通过不同的传输路径到达目的主机。即:交换机不必登记每条打开的虚电路,它们只需要用一张表来指明到达所有可能的目的端交换机的输出线路。由于数据报方式中每个报文都要单独寻址,因此要求每个数据报包含完整的目的地址。

数据报方式的主要特点:

(1) 同一报文的不同分组可以经过不同的传输路径通过通信子网。

(2) 同一报文的不同分组到达目的节点时可能出现乱序、重复与丢失现象。

(3) 每个分组在传输过程中都必须带有目的地址与源地址。

(4) 传输过程延迟大,适用于突发性通信,不适用于长报文、会话式通信。

3. 虚电路与数据报方式的比较

虚电路方式与数据报方式之间的最大差别在于:虚电路方式为每一对节点之间的通信预先建立一条虚电路,后续的数据通信沿着建立好的虚电路进行,交换机不必为每个报文进行路由选择;而在数据报方式中,每一个交换机为每一个进入的报文进行一次路由选择,也就是说,每个报文的路由选择独立于其他报文。而且数据报方式不能保证分组报文的丢失、发送报文分组的顺序性和对时间的限制。

广域网是采用虚电路方式还是数据报方式,涉及的因素比较多。在广域网内部,虚电路和数据报之间有两个因素需要考虑。一个因素是交换机的内存空间与线路带宽的权衡。虚电路方式允许数据报文只含位数较少的虚电路号,而并不需要完整的目的地址,从而节省交换机输入/输出线路的带宽。虚电路方式的代价是在交换机中占用内存空间用于存放虚电路表,而同时交换机仍然要保存路由表。第二个因素是虚电路建立时间和路由选择时间的比较。在虚电路方式中,虚电路的建立需要一定的时间,这个时间主要用于各个交换机寻找输出线路和填写虚电路表,而在数据传输过程中,报文的路由选择却比较简单,仅仅查找虚电路表即可。数据报方式不需要连接建立过程,每一个报文的路由选择单独进行。另外,虚电路可以进行拥塞避免,原因是虚电路方式在建立虚电路时已经对资源进行了预先分配(如缓冲区)。而数据报广域网要实现拥塞控制就比较困难,原因是数据报广域网中的交换机不存储广域网状态。

目前,数据报广域网无论在性能、健壮性以及实现的简单性方面都优于虚电路方式。

4.2 常用的广域网技术

常用的广域网,包括公用电话交换网(PSTN)、综合业务数据网(ISDN)、X.25 分组交换数据网、帧中继(Frame Relay,FR)、数字数据网(DDN)、数字用户线(xDSL)、异步传输模式(ATM)。

4.2.1 公用电话交换网

公共交换电话网(Public Switched Telephone Network,PSTN)是一种常用旧式电话系统,即我们日常生活中常用的电话网。它是一种全球语音通信电路交换网络,包括商业的和政府拥有的。

PSTN 是一种以模拟技术为基础的电路交换网络。在众多的广域网互联技术中,通过 PSTN 进行互联所要求的通信费用最低,但其数据传输质量及传输速度也最差,同时 PSTN 的网络资源利用率也比较低。

另外,它也指简单老式电话业务(Plain Old Telephone Service,POTS),它是自贝尔发明电话以来所有的电路交换式电话网络的集合。如今,除了使用者和本地电话总机之间的最后连接部分,公共交换电话网络在技术上已经实现了完全的数字化。在和 Internet 的关系上,PSTN 提供了 Internet 相当一部分的长距离基础设施。Internet 服务供应商(ISP)为了使用 PSTN 的长距离基础设施,以及在众多使用者之间通过信息交换来共享电路,需要付给设备拥有者费用。这样 Internet 的用户就只需要对 Internet 服务供应商付费。

1. PSTN 采用的技术

公共交换电话网是基于标准电话线路的电路交换服务,用来作为连接远程端点的连接方法。典型的应用有远程端点和本地 LAN 之间的连接以及远程用户拨号上网。

PSTN 提供的是一个模拟的专有通道,通道之间经由若干个电话交换机连接。当两个主机或路由器设备需要通过 PSTN 连接时,在两端的网络接入侧(即用户回路侧)必须使用调制解调器(Modem)实现信号的模/数、数/模转换。从 OSI 七层模型的角度来看,PSTN 可以看成是物理层的一个简单的延伸,没有向用户提供流量控制、差错控制等服务。而且,由于 PSTN 是一种电路交换的方式,所以一条通路自建立直至释放,其全部带宽仅能被通路两端的设备使用,即使它们之间并没有任何数据需要传送。因此,这种电路交换的方式不能实现对网络带宽的充分利用。图 4.3 是通过 PSTN 进行网络互联的例子。在这两个局域网中,各有一个路由器,每个路由器均有一个串行端口与 Modem 相连,Modem 再与 PSTN 相连,从而实现了这两个局域网的互联。

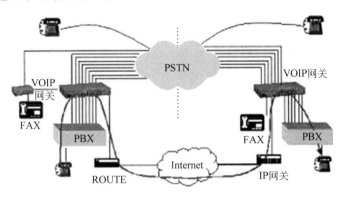

图 4.3　基于 PSTN 的网络互联

2. 入网方式

PSTN 的入网方式比较简便灵活,通常有以下几种:

(1)通过普通拨号电话线入网。只要在通信双方原有的电话线上并接 Modem,再将 Modem 与相应的上网设备相连即可。大多数上网设备(比如 PC 或者路由器)均提供有若干个串行端口,串行口和 Modem 之间采用 RS-232(图 4.4)等串行接口规范。这种连接方式的费用比较经济,收费价格与普通电话的收费相同,可适用于通信不太频繁的场合。

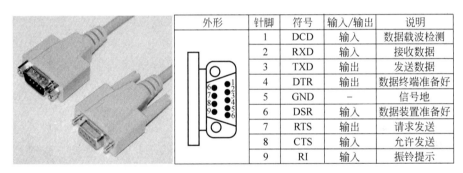

外形	针脚	符号	输入/输出	说明
	1	DCD	输入	数据载波检测
	2	RXD	输入	接收数据
	3	TXD	输出	发送数据
	4	DTR	输出	数据终端准备好
	5	GND	－	信号地
	6	DSR	输入	数据装置准备好
	7	RTS	输出	请求发送
	8	CTS	输入	允许发送
	9	RI	输入	振铃提示

(a) RS-232接口　　　　　　　　　　(b) RS-232引脚功能

图 4.4　RS-232 接口及引脚功能

(2)通过租用电话专线入网。与普通拨号电话线方式相比,租用电话专线可以提供更高的通信速率和数据传输质量,但相应的费用也较前一种方式高。使用专线的接入方式与使用普通拨号线的接入方式没有太大的区别,但是省去了拨号连接的过程。通常,当决定使用专线方式时,用户必须向所在地的电信局提出申请,由电信局负责架设和开通。

(3)经普通拨号或租用专用电话线方式由 PSTN 转接入公共数据交换网(X. 25 或 Frame Relay 等)的入网方式。利用该方式实现与远地的连接是一种较好的远程方式,因为公共数据交换网为用户提供可靠的面向连接的虚电路服务,其可靠性与传输速率都比 PSTN 强得多。

3. PSTN 的特点

PSTN 使用方便,只需有效的电话线及自带 Modem 的 PC 就可完成接入。但是其速率低,无法实现一些高速率要求的网络服务;另外,其费用较高。具体来说,PSTN 的特点是:

（1）电路交换,有拨号连接过程,连接后独占信道。

（2）既可传输模拟信息,也可传输数字信息。

（3）用户环路为模拟传输。

（4）数据通信时需要使用 Modem。

（5）收发双方传输速率必须相同,最高为 56kbps。

（6）无差错控制能力。

4.2.2　综合业务数据网

综合业务数字网(Integrated Service Digital Network,ISDN)是一种新型的广域网交换技术,是以综合数字网(Integrated Digital Network,IDN)为基础发展而成的,它能够提供端到端的数字连接。普通模拟电话网采用数字传输和交换以后就变成了 IDN,但是在 IDN中,从用户终端(如电话机)到电话局交换机之间仍是模拟传输,需要配备调制解调器才能传送数字信号。而作为全数字化网络技术的 ISDN 能将用户和电话局之间的用户线变成数字连接,这样它就可以使从一个用户终端到另一个用户终端之间的传输全部数字化,而不再需要调制解调器。

1. ISDN 的种类

ISDN 有窄带和宽带两种。

1) 窄带综合业务数字网(N-ISDN)

N-ISDN 是以电话线为基础发展起来的,可以在一条普通电话线上提供语音、数据、图像等综合性业务,为社会提供经济、高速、多功能、覆盖范围广、接入简单的通信手段。它的最大优点是能把多种类型的电信业务(比如电话、传真、可视电话、会议电视等)综合在一个网内实现。凡加入这个网的用户,都可实现只用一对电话线连接不同的终端,进行不同类型的高速、高质的业务通信。

N-ISDN 是用于速率在 2Mbps 以下业务的综合业务数字网。它提供用户之间端对端的数字连接,能同时承担电话和多种非话业务。我国对 N-ISDN 业务称为"一线通",意思是指用户只通过一条电话用户线就可用来传送电话和多种补充业务,例如主叫号码显示、被叫号码显示、呼叫转移、传真通信等,还可以用作用户接入数据网、Internet 等的手段,并且可以用作窄带多媒体桌面系统通信的手段。

2) 宽带综合业务数字网(B-ISDN)

B-ISDN 要求采用光纤及宽带线缆,其传输速率可从 155Mbps 到几兆比特,能提供各种连接形态,允许在最高速率之内选择任意速率,允许以固定速率或可变速率传送。B-ISDN可用于音频及数字化视频信号传输,可提供电视会议服务。各种业务都能以相同的方式在网络中传输。其目标是实现 4 个层次上的综合,即综合接入、综合交换、综合传输、综合管理。

B-ISDN 是用户线上的传输速率在 2Mbps 以上的 ISDN。它是在 N-ISDN 的基础上发展起来的数字通信网络,其核心技术是采用 ATM(异步传输模式)。B-ISDN 的业务范围比N-ISDN 更加广泛,这些业务在特性上的差异较大。如果用恒定的速率传输所有的业务信息,很容易降低 QoS(服务质量)和浪费网络资源。

2. 入网方式

用户-网络接口是 ISDN 用户访问 ISDN 的入口。在这个接口上必须满足业务综合化的要求,即要求接口具有通用性,能够接纳不同速率的电路交换业务和分组业务。一个 ISDN 用户-网络接口可以支持多个终端,用户接入 ISDN 的系统模型可用用户-网络接口的参考模型来定义。在参考模型配置中使用了用户功能群的概念。功能群是接口上具有的一组功能的组合,可以是接口上所需的物理功能部件,也可以是一个抽象的概念。ISDN 用户网络接口上包括以下几个功能群:

(1) 终端设备(TE)。终端设备分为两类:符合 ISDN 用户-网络接口标准要求的数字终端为 TE1,不符合用户-网络接口标准要求的终端为 TE2,如模拟电话机、X.25 终端等。

(2) 终端适配器(Terminal Adaptor,TA)。其功能是把非 ISDN 的终端(TE2)接入到 ISDN 网络中。TA 的功能包括速率适配和协议转换等。

(3) 网络终端设备(NT)。网络设备也分为两类:NT1 和 NT2。NT1 为用户线传输服务,功能包括线路维护、监控、定时、馈电和复用等。NT2 执行用户交换机(PBX)、局域网和中段控制设备的功能。

(4) 线路终端设备(LT)。LT 是用户环路与交换局端连接的接口设备,实现交换设备与线路传输端之间的接口功能。

不同用户功能群之间的连接点称为接入参考点。ISDN 用户网络接口中定义的参考点包括 R、S、T、U 等,如图 4.5 所示。通常在不使用 PBX 时,S 和 T 参考点可以合并,称为 S/T 参考点。在用户-网络接口上,ISDN 定义了不同的信道用于传输信息。其中 B 信道是用于传输用户信息,信道带宽为 64kbps;D 信道用于传输电路交换所需的控制信令,也用于传输分组交换的信息;H 信道用于传输大于 64kbps 的高带宽用户信息,根据其传输速率又可分为 H0、H1(2.048Mbps)、H3、H4(130.264Mbps)等。ISDN 中定义的标准接口主要包括基本速率接口(BRI)和基群接口等。基本速率接口由两条 64kbps 的 B 信道和一条 16kbps 的 D 信道组成,通常称为 2B+D。其中 B 信道用来传输语音或其他类型的数据业务;D 信道用来传输信令或分组数据。基群接口用于大业务量用户的通信,通常由多个 B、D 及 H 信道组合而成,例如 30B+D(其中 D 信道带宽为 64kbps)。

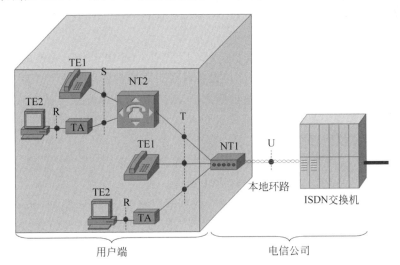

图 4.5 ISDN 用户接入结构示意图

3. ISDN 的特点

ISDN 是一个全数字的网络,实现了端到端的数字连接。现代电话网络中采用了数字程控交换机和数字传输系统,在网络内部的处理已全部数字化,但是在用户接口上仍然用模拟信号传输语音业务。而在 ISDN 中,用户环路也被数字化,不论原始信息是语音、文字还是图像,都先由终端设备将信息转换为数字信号,再由网络进行传送。

由于 ISDN 实现了端到端的数字连接,它能够支持包括语音、数据、图像在内的各种业务,所以是一个综合业务网络。从理论上说,任何形式的原始信号,只要能够转变为数字信号,都可以利用 ISDN 来进行传送和交换,实现用户之间的信息交换。

各类业务终端使用一个标准接口接入 ISDN。同一个接口可以连接多个用户终端,并且不同终端可以同时使用。这样,用户只要一个接口就可以使用各类不同的业务。

ISDN 具有很多优点,但也存在一些缺点。

优点:

(1) 综合的通信业务。利用一条用户线路,就可以在上网的同时拨打电话、收发传真,就像两条电话线一样。

(2) 传输质量高。由于采用端到端的数字传输,传输质量明显提高。

(3) 使用灵活方便。只需一个入网接口,使用一个统一的号码,就能从网络得到所需要使用的各种业务。用户在这个接口上可以连接多个不同种类的终端,而且有多个终端可以同时通信。

缺点:

(1) 相对于 LAN 等接入方式来说,速度不够快。

(2) 长时间在线费用会很高。

(3) 设备费用并不便宜。

4.2.3   X.25 分组交换数据网

X.25 分组交换数据网(X.25 Packet Switched Data Network)指采用国际电联制定的 X.25 协议的分组交换数据网。

X.25 协议是国际电报电话咨询委员会(CCITT)提出的用于分组交换的协议。它描述了在数据终端设备(DTE)和数据电路终接设备(DCE)之间的链路建立与控制,以及在 DTE 与 DCE 之间的任何格式的数据的无差错传送。X.25 利用分组交换方式工作,并通过专用线路和公用数据网连接终端使用的 DTE 与 DCE 之间的接口规程,它与网络内部无关。

1. X.25 分组交换数据网的结构

如图 4.6 所示,在 X.25 分组交换数据网中,有三类设备:

(1) DTE:数据终端设备,如计算机、路由器等。

(2) DCE:数据电路设备。其中又分为:数据电路终端设备,比如 Modem;数据电路交换设备,比如数字传输设备、分组交换机 PSE 等。PSE 采用存储转发的方法交换分组。为了保证通信可靠性,每个 PSE 至少与另外两个 PSE 相连接,使得一个 PSE 故障时,还能通过其他路由继续传输信息。

(3) PAD:分组封包/解封包器。PAD 用于将非分组设备接入 X.25 网。位于 DTE 与 DCE 之间,实现三个功能:缓冲、打包、拆包。

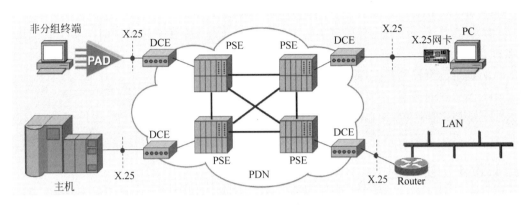

图 4.6 X.25 分组交换数据网的结构

2. X.25 通信方式

X.25 之所以在国际上得到比较广泛的应用,因为它有一个最重要的特点:它能把设置分布在广阔地区内的不同速率、不同类型和不同制造商生产的计算机互联起来并在它们之间提供无差错的通信。其通信方式按照目前实用情况,可大致分为以下几种:

1) 分组终端连入方式

分组终端(PT)又称 X.25 终端,它包括能处理 X.25 三层协议的计算机主机、微型机、专用终端、规程转换器、智能用户电报终端等。它连入 X.25 分组交换网 PSDN 的方式有两种:

(1) 直入式:通过专线直接接入 PSDN。

(2) 非直入式:通过公用电话网 PSTN(必须符合 X.32 建议)或 CSDN、xSDN 接入 PSDN。经 PSTN 接入 PSDN 的 X.32/V.24 端口,最高速率可达 9.6kbps。在这种方式下,分组终端又称 X.32 终端。

2) 非分组终端连入方式

非分组终端(NPT)又称异步字符式终端,它包括带有异步通信口的计算机主机、微型机、键盘打印机、键盘显示器、电传机和可视图文终端等。这种终端不能按分组方式操作,不像 PT 那样有能力实现 X.25 协议。因此,当这种类型的终端要接入 X.25 分组交换网时,必须提供附加的设备,依靠这些附加设备来实现 X.25 各个协议层。

目前,较普遍使用的将 NPT 接入 X.25 分组交换网的方法是利用邮局向用户提供的分组装卸设备——PAD。PAD 的作用是将来自本地 NPT 的单个字符组装成分组,以便发给远端目的地 DTE。另外,当 PAD 接收到远端 DTE 发送来的分组时,就将分组拆卸成字符,并将其送往本地 NPT。异步字符式终端和 PAD 之间采用 CCITT 的 X.28 协议。另外,为了接纳分组终端入网,CCITT 又提出了分组终端与 PAD 之间连接的 X.29 协议。接入 PAD 的方式有两种:

(1) 直入式:通过专线直接接入 PAD。

(2) 非直入式:通过 PSTN 接入 PAD。

这样,本地 DTE 通过 PAD 接入 X.25 公用分组交换网,实现与远地 DTE 的连接。

3. X.25 分组交换数据网的特点

X.25 分组交换数据网具有以下特点:

（1）可靠性高。网络提供了高可靠性的传输服务。

（2）多路复用。同一物理信道上的多条虚电路允许一个用户设备同时与多个其他用户设备通信。

（3）提供流量控制和拥塞控制能力。

（4）点对点的通信，不支持广播，适用于网状拓扑。

（5）支持多种协议，比如 TCP/IP、IPX/SPX、AppleTalk、DECnet 等。对于其他协议来说，X.25 起到了数据链路层的作用。

4.2.4　帧中继

帧中继（Frame Relay，FR）是一种用于连接计算机系统的面向分组的通信方法。它主要用在公共或专用网上的局域网互联以及广域网连接。大多数公共电信局都提供帧中继服务，把它作为建立高性能虚拟广域连接的一种途径。帧中继是进入带宽范围 56kbps～1.544Mbps 的广域分组交换网的用户接口。

帧中继是 20 世纪 80 年代初发展起来的一种数据通信技术，它是从 X.25 分组交换数据网演变而来的。帧中继对 X.25 分组交换作了简化，又称"快速分组交换"技术。"帧"在数据通信中是指一个包括开始和结束标志的连续的二进制比特序列，是数据通信中传输链路传送时所用的基本单位。"帧中继"就是在传输链路中以"帧"为单位进行的中继传送。帧中继也是一种网络与数据终端设备（DTE）接口标准。

由于光纤网的误码率（小于 10^{-9}）比早期的电话网误码率（$10^{-4}\sim10^{-5}$）低得多，因此，可以减少 X.25 的某些差错控制过程，从而可以减少节点的处理时间，提高网络的吞吐量。帧中继就是在这种环境下产生的。帧中继提供的是数据链路层和物理层的协议规范，任何高层协议都独立于帧中继协议，因此，大大简化了帧中继的实现。

帧中继的主要应用之一是局域网互联，特别是在局域网通过广域网进行互联时，使用帧中继更能体现它的低网络时延、低设备费用、高带宽利用率等优点。帧中继是一种先进的广域网技术，实质上也是分组通信的一种形式，只不过它将 X.25 分组网中分组交换机之间的恢复差错、防止阻塞的处理过程进行了简化。

帧中继网络的组成如图 4.7 所示。

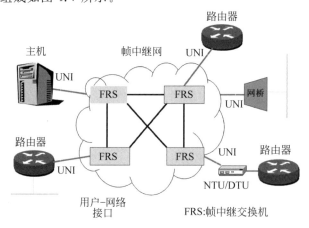

图 4.7　帧中继网络的组成

1. 帧中继控制技术

帧中继的带宽控制技术既是帧中继技术的特点,更是帧中继技术的优点。帧中继的带宽控制通过 CIR(承诺的信息速率)、B_c(承诺的突发量)和 B_e(超过的突发量)3 个参数设定完成。T_c(承诺时间间隔)和 EIR(超过的信息速率)与此 3 个参数的关系是:$T_c = B_c/\text{CIR}$,$\text{EIR} = B_e/T_c$。

在传统的数据通信业务中,如果用户申请了一条 64kbps 的电路,那么他只能以 64kbps 的速率来传送数据;而在帧中继技术中,用户向帧中继业务运营商申请的是承诺的信息速率(CIR),而实际使用过程中用户可以以高于 CIR 的速率发送数据,却不必承担额外的费用。

比如,某用户申请了 CIR 为 64kbps 的帧中继电路,并且与电信运营商签定了另外两个指标,即 B_c(承诺的突发量)、B_e(超过的突发量),当用户以等于或低于 64kbps 的速率发送数据时,网络将确保以此速率传送,当用户以大于 64kbps 的速率发送数据时,只要网络不拥塞,且用户在承诺时间间隔(T_c)内发送的突发量小于 $B_c + B_e$ 时,网络还会传送,当突发量大于 $B_c + B_e$ 时,网络将丢弃帧。所以帧中继用户虽然支付了 64kbps 的信息速率费(收费依 CIR 来定),却可以传送高于 64kbps 的数据,这是帧中继吸引用户的主要原因之一。

随着帧中继技术、信元中继和 ATM 技术的发展,帧中继交换机的内部结构也在逐步改变,业务性能进一步完善,并向 ATM 过渡。

市场上的帧中继交换产品大致有三类:

(1) 改装型 X.25 分组交换机。改装型 X.25 分组交换机在帧中继发展初期比较普遍。主要是通过改装 X.25 交换机、增加软件使交换机具有接收和发送帧中继的能力,但仍然保留分组层的一些功能,时延较大。

(2) 以全新的帧中继结构设计为基础的新型交换机。这是专门设计的设备,具备帧中继的全部必备功能。

(3) 采用信元中继、ATM 技术、支持帧中继接口的 ATM 交换机。这是最新型的交换机,采用信元中继或 ATM 交换,具有帧中继接口和 ATM 接口,内部完成 FR 和 ATM 之间的互通。在以 ATM 为骨干的网络中,起着用户接入的作用。我国帧中继网所采用的帧中继交换机一般都采用了 ATM 技术,即用户终端设备采用帧中继接口来接入帧中继节点机,帧中继节点机的中继口为 ATM 接口,交换机将以帧为单位的用户数据转换为 ATM 信元在网上传送,在终端侧再将信元变换为帧中继的帧格式传送给用户。

2. 帧中继的接入方式

帧中继的接入方式有三种:

(1) NTU/DTU+专线接入。这种方式仅有部分厂家支持。对于 128kbps 及以下速率的用户,可以使用 NTU/DTU 方式接入帧中继网络。NTU 是网络终端单元,DTU 是数据终端单元,两者配对使用,DTU 放置在用户侧,NTU 集成在局端的帧中继交换机上。用户端常用接口有 X.21、V.24、V.35 等。

(2) Modem+专线接入。对于 2Mbps 及以下的其他速率的用户,均可用 Modem 方式接入,两者配对使用。低速率的应用(64kbps 以下)可以用频带 Modem,高速率的应用(64kbps～2Mbps)可以用基带 Modem 或 xDSL,接入范围为 3～5km,常用接口有 V.24、V.35、G.703 等。

（3）利用 DDN 网络延伸接入。对于帧中继网络暂时没有覆盖到的用户，可以利用 DDN 网络进行延伸接入，DDN 节点机和帧中继交换机通过互联中继实现业务互通。

3. 帧中继的特点

帧中继是继 X.25 后发展起来的数据通信方式。从原理上看，帧中继与 X.25 都同属于分组交换。其与 X.25 协议的主要差别有：

（1）帧中继带宽较宽；

（2）帧中继的层次结构中只有物理层和链路层，舍去了 X.25 的分组层；

（3）帧中继采用 D 通道链路接入规程 LAPD，X.25 采用 HDLC 的平衡链路接入规程 LAPB；

（4）帧中继可以不用网络层而只使用链路层来实现复用和转接；

（5）与 X.25 相比，帧中继在操作处理上做了大量的简化，不需要考虑传输差错问题，其中间节点只做帧的转发操作，不需要执行接收确认和请求重发等操作，差错控制和流量均交由高层端系统完成，大大缩短了节点的时延，提高了网内数据的传输速率。

在传输方面，帧中继有以下特点：

（1）使用光纤作为传输介质，因此误码率极低，能实现近似无差错传输，减少了进行差错校验的开销，提高了网络的吞吐量，它的数据传输速率和传输时延比 X.25 网络要分别高或低至少一个数量级。

（2）因为采用了基于变长帧的异步多路复用技术，帧中继主要用于数据传输，而不适合语音、视频或其他对时延时间敏感的信息传输。

（3）仅提供面向连接的虚电路服务。

（4）仅能检测到传输错误，而不试图纠正错误，而只是简单地将错误帧丢弃。

（5）帧长度可变，允许最大帧长度在 1600B 以上。

（6）帧中继是一种宽带分组交换，使用复用技术时，其传输速率可高达 44.6Mbps。

4. 帧中继技术应用

当前主要的数据通信技术都基于分组交换技术，如分组交换、帧中继（FR）、异步转移模式（ATM）。起初我国大力发展 ATM 技术，但随着时间的推移，帧中继技术才显示出它强大的生命力。首先，帧中继技术的接入技术比较成熟，实现较为简单，适于满足 64kbps～2Mbps 速率范围内的数据业务。而 ATM 的接入技术较为复杂，实现起来比较困难。其次，ATM 设备与帧中继设备相比，价格昂贵，普通用户难以接受。所以，帧中继与 ATM 相辅相成，成为用户接入 ATM 的最佳机制。

帧中继网络是由许多帧中继交换机通过中继电路连接组成。加拿大北电、新桥，美国朗讯、FORE 等公司都能提供各种容量的帧中继交换机。一般来说，FR 路由器（或 FRAD）是放置在离局域网相近的地方，路由器可以通过专线电路接到电信局的交换机。用户只要购买一个带帧中继封装功能的路由器（一般的路由器都支持），再申请一条接到电信局帧中继交换机的 DDN 专线电路或 HDSL 专线电路，就具备开通长途帧中继电路的条件。

4.2.5 数字数据网

随着数据通信业务的发展，相对固定的用户之间业务量比较大，并要求时延稳定、实时性较高。在市场需求的推动下，介于永久性连接和交换式连接之间的半永久性连接方式的数字数据网（Digital Data Network，DDN）产生了。

数字数据网的基础是数字传输网,它必须以光纤、数字微波、数字卫星电路为基础,才能建立起数字传输网。而过去传统的明线、线缆、同轴线缆、模拟微波、短波等很难建立起数字传输网。利用数字信道传输数据信号与传统的模拟信道相比,具有传输质量高、速度快、带宽利用率高等一系列优点。

DDN 向用户提供的是半永久性的数字连接,沿途不进行复杂的软件处理,因此延时较小,避免了分组交换网中传输时延大且不固定的缺点;DDN 采用数字交叉连接装置,可根据用户需要,在约定的时间内接通所需带宽的线路,信道容量的分配和接续在计算机控制下进行,具有较大的灵活性。DDN 的示意图如图 4.8 所示。

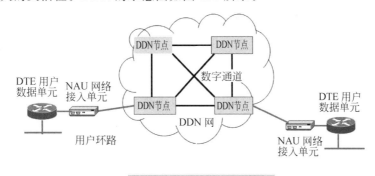

图 4.8　DDN 的结构示意图

1. DDN 的组成

数字数据传输系统主要由本地传输系统、复用及交叉连接系统、局间传输系统及同步时钟系统、网同步系统和网络管理系统五部分组成。

(1) 本地传输系统。指从终端用户至数字数据网的本地局之间的传输系统,即用户线路,一般采用普通的市话用户线,也可使用电话线上复用的数据设备(DOV)。

(2) 复用及交叉连接系统。复用是将低于 64kbps 的多个用户的数据流按时分复用的原理复合成 64kbps 的集合数据信号,通常称为零次群信号(DS0),然后再将多个 DS0 信号按数字通信系统的体系结构进一步复用成一次群,即 2.048Mbps 或更高次信号。交叉连接是将符合一定格式的用户数据信号与零次群复用器的输入或者将一个复用器的输出与另一复用器的输入交叉连接起来,实现半永久性的固定连接,如何交叉由网管中心的操作员实施。

(3) 局间传输及同步时钟系统。局间传输多数采用已有的数字信道来实现。在一个DDN 网内各节点必须保持时钟同步极为重要。通常采用数字通信网的全网同步时钟系统,例如采用铯原子钟,其精度可达 $n \times 10^{-12}$,下接若干个铷钟,其精度应与母钟一致。也可采用多卫星覆盖的全球定位系统(GPS)来实施。

(4) 网同步系统。网同步系统的任务是提供全网络设备工作的同步时钟,确保 DDN 全网设备的同步工作。网同步分为准同步、主从同步和互同步三种方式。DDN 通常采用主从同步方式。

(5) 网路管理系统。无论是全国骨干网,还是一个地区网应设网络管理中心,对网上的传输通道,用户参数的增删改、监测、维护与调度实行集中管理。

2. DDN 的特点

数字数据网与传统的模拟数据网相比具有以下优点：

（1）传输质量好。一般模拟信道的误码率在 $10^{-5} \sim 10^{-6}$，并随着距离和转接次数的增加而质量下降；而数字传输则是分段再生不产生噪声积累，通常光纤的误码率会优于 10^{-8}。

（2）利用率高。一条脉码调制（PCM）数字话路的典型速率为 64kbps，用于传输数据时，实际可用达 48kbps 或 56kbps，通过同步复用可以传输 5 个 9.6kbps 或更多的低速数据电路；而一条 $300 \sim 3400$ Hz 标准的模拟话路通常只能传输 9.6kbps 速率，即使采用复杂的调制解调器（Modem）也只能达到 14.4kbps 和 28.8kbps。

（3）不需要价格昂贵的调制解调器。对用户而言，只需一种功能简单的基带传输的调制解调器，价格只有模拟数据网的 1/3 左右。

3. DDN 的应用

1）在计算机联网中的应用

数字数据网作为计算机数据通信联网传输的基础，提供点对点、一点对多点的大容量信息传送通道。如利用全国数字数据网组成的海关、外贸系统网络，各省的海关、外贸中心首先通过省级数字数据网，出长途中继，到达国家数字数据网骨干核心节点。由国家网管中心按照各地所需通达的目的地分配路由，建立一个灵活的全国性海关、外贸数据信息传输网络，并可通过国际出口局与海外公司互通信息，足不出户就可进行外贸交易。

此外，通过数字数据网线路进行局域网互联的应用也较广泛。一些海外公司设立在全国各地的办事处在本地先组成内部局域网络，通过路由器、网络设备等经本地、长途数字数据网与公司总部的局域网相连，实现资源共享和文件传送、事务处理等业务。

2）在金融业的应用

数字数据网不仅适用于气象、公安、铁路、医院等行业，也涉及证券业、银行、"金卡"工程等实时性较强的数据交换。

通过数字数据网将银行的自动提款机连接到银行系统大型计算机主机。银行一般租用 64kbps 数字数据网线路把各个营业点的 ATM 机进行全市乃至全国联网。在用户提款时，对用户的身份验证、提取款额、余额查询等工作都是由银行主机来完成的。这样就形成一个可靠、高效的信息传输网络。

通过数字数据网发布证券行情，也是许多券商采取的方法。证券公司租用数字数据网专线与证券交易中心实行联网，大屏幕上的实时行情随着证券交易中心的证券行情变化而动态地改变，而远在异地的股民们也能在当地的证券公司同步操作，来决定自己的资金投向。

3）在其他领域的应用

数字数据网作为一种数据业务的承载网络，不仅可以实现用户终端的接入，而且可以满足用户网络的互联，扩大信息的交换与应用范围。如无线移动通信网利用数字数据网联网后，提高了网络的可靠性和快速自愈能力。七号信令网的组网，高质量的电视电话会议，今后增值业务的开发，都是以数字数据网为基础的。

4.2.6　数字用户线

xDSL 是各种类型数字用户线（Digital Subscribe Line，DSL）的总称，包括 ADSL、RADSL、VDSL、SDSL、IDSL 和 HDSL 等。xDSL 是一种新的传输技术，在现有的铜质电话

线路上采用较高的频率及相应调制技术,即利用在模拟线路中加入或获取更多的数字数据的信号处理技术来获得高传输速率(理论值可达到 52Mbps)。

各种 DSL 技术最大的区别体现在信号传输速率和距离的不同,以及上行信道和下行信道的对称性不同两个方面。

1. xDSL 的特征

迄今,xDSL 采用的调制解调技术仍未形成较为集中的统一标准,无论是国际上还是国内,均未得到大规模的发展和推广,仍仅应用于特殊场合下,如专线大用户要求高速(2Mbps以上)接入附近的电信局端。由于 xDSL 是以现有的铜质电话线路为基础,其采用了更好的调制解调传输码型,故 xDSL 具有以下特征:

(1)语音工作于不同频段,基本不影响电话的正常使用,语音所占频带为 $0\sim4\text{kHz}$;xDSL 调制频带为 $4.4\text{kHz}\sim1\text{MHz}$。

(2)在以办公室和家庭为中心一定距离范围内可以提供较高的数据传输速率。

(3)铜线的具体条件、天气和片断对话可能将影响传输性能。

根据以上特性可以看出,采用 xDSL 优点有:用户可以花费比较低的费用获得较高的通信带宽;降低企事业单位中心办公室交换机上的负载;允许服务提供商为用户提供新网络服务等。但 xDSL 要求电信服务提供商有更大和更有效的骨干网数据网络支持,需要定义新的服务模式和价位。

2. xDSL 的分类和应用

xDSL 中"x"表示任意字符或字符串,根据采取不同的调制方式,获得的信号传输速率和距离不同以及上行信道和下行信道的对称性不同,xDSL 可以分为若干类型。

1) ADSL(不对称数字用户线路)

ADSL 是一种上行和下行传输速率不对称的技术。在一条电话线上,从电信网络提供商到用户的下行速率可以达到 $1.5\sim8\text{Mbps}$,而反方向的上行速率为 $16\sim640\text{kbps}$。ADSL最大传输距离为 5.5km,主要适用于用户远程通信、中央办公室连接。以上特性使得 ADSL技术将成为网上冲浪(Net Surfing)、视频点播(VOD)和远程局域网的理想方式,对于大部分 Interent 和 Intranet 应用,用户下载的数据量远大于上传量。

ADSL 系统的构成如图 4.9 所示。整个系统由两部分组成:用户端设备和局端设备。

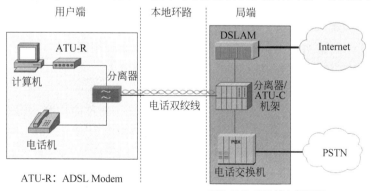

图 4.9 ADSL 系统的构成

用户端设备包括 ATU-R（ADSL Transmission Unit）和分离器。

局端设备包括 DSL 接入复用器（DSL Access Multiplexer，DSLAM）和分离器/ATU-C 机架。

另外，ADSL 利用频分复用技术，使得语音和数据同时传输，互不干扰。其中语音的频率范围为 0～4kHz，数据传输的频率范围为 30kHz～1.1MHz。ASDL 的频谱分配如图 4.10 所示。

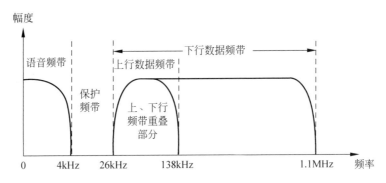

图 4.10　ASDL 的频谱分配

ADSL 技术的优势是其以标准形式出现，只使用一对电话线路，传输距离长；其不足为目前调制解调器昂贵不便推广、传输速率和距离相互制约。

2）RADSL（速率自适应数字用户线路）

RADSL 除能与线路条件自适应外，提供的传输速率及距离范围和 ADSL 基本相同。RADSL 能够根据双绞铜线质量的好坏和传输距离的远近动态地调节用户的访问速率，这使得用户可以用不同的速率将不同的铜线连接起来，最大限度地利用现有的通信资源。

3）HDSL（高速率数字用户线路）

HDSL 技术提供的传输速率是对称的，即为上行和下行通信提供相等的带宽，传输速率可达到 T1/E1，一般采用两对电话线进行全双工通信，有效传输距离只有 5km，其典型的应用是代替现有的 T1 方式将远程办公室连接起来。与一般的基带调制解调器相比，HDSL 是各种 DSL 技术中最成熟的一种，互联性好，传输距离较远，设备价格较低，故 HDSL 技术已经在一些电信公司和校园内联网使用。虽然 HDSL 的有效传输距离只有 5km，但是可以通过安装信号转发器来扩展其传输距离。由于 HDSL 使用两对电话线进行双向传输，故它很适合连接 PBX 系统、数字局域环路、Internet 服务商和校园网等应用场合。HDSL 的缺点是用户需要第二条电话线，并且目前产品可选厂商比较少。

4）VDSL（极高速率数字用户线路）

VDSL 和 ADSL 一样也是一种上行和下行传输速率不对称的技术。VDSL 使用一条电话线，获得下行传输速率可达到 13～52Mbps，上行速率为 1.5～2.3Mbps，同时传输距离不超过 1.5km，其主要用于视频和多媒体等相关场合。可以看出，VDSL 最大的优点是可以得到极高的数据传输速率；但其传输距离短，传输速率不稳定，并且没有标准。

5）SDSL（单对线路/对称数字用户线路）

SDSL 可以说是 HDSL 的分支，SDSL 只使用一条电话线（即一对铜线）进行全双工通信，支持传输速率达到 T1/E1 对称的上行和下行信道，同时传输距离可达到 3km。SDSL

技术的特性基本与 HDSL 相同,其标准正在制定中。

6) IDSL(基于 ISDN 数字用户线路)

IDSL 可以认为是 ISDN 技术的一种扩充,它用于为用户提供基本速率 BRI(128kbps)的 ISDN 业务,但其传输距离可达 5km,其主要应用场合有远程通信和远程办公室连接。

4.2.7　异步传输模式

异步传输模式(Asynchronous Transfer Mode,ATM)是一项数据传输技术。它适用于局域网和广域网,具有高速数据传输率,支持许多种类型如声音、数据、传真、实时视频、CD 质量音频和图像的通信。

ATM 是在 LAN 或 WAN 上传送声音、视频图像和数据的宽带技术。它是一项信元中继技术,数据分组大小固定。它将信元视为一种运输设备,能够把数据块从一个设备经过 ATM 交换设备传送到另一个设备。与帧中继和局域网系统数据分组大小不定不同,ATM 中所有信元具有同样的大小。使用相同大小的信元可以预计和保证应用所需要的带宽。

1. ATM 技术

ATM 是建立在电路交换和分组交换基础上的一种面向连接的快速分组交换技术。它吸取了电路交换实时性好、分组交换灵活性强的优点,其基本思想是以小的定长分组来传输所有类型的信息。ATM 的传输单元长度为 53 字节的短分组,称为信元,其中 5 字节为信元头,48 字节为有效载荷。

ATM 能够高速传输数据、语音、视频和多媒体,目前最高速率为 10Gbps,即将达到 40Gbps。它具有优秀的 QoS(服务质量)保证,传输时延和抖动极小,信元丢失率极低。

ATM 的一般入网方式,与网络直接相连的可以是支持 ATM 协议的路由器或装有 ATM 卡的主机,也可以是 ATM 子网。在一条物理链路上,可同时建立多条承载不同业务的虚电路,如语音、图像、文件传输等。图 4.11 是一个最简单的 ATM 网络,适用于规模较小的网络。而图 4.12 是大规模 ATM 网络示意图。

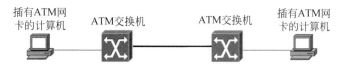

图 4.11　简单的 ATM 网络

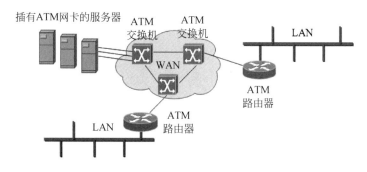

图 4.12　大规模 ATM 网络

2. ATM 的特点

ATM 是一种关于信息传递模式的技术,其最为突出的特点在于其异步方式,ATM 技术具有以下一些特征。

(1) 面向分组方式。ATM 中采用一种小型分组(信元)来承载用户数据。ATM 的各种操作都是围绕信元的交换和处理来设计的。

(2) 采用异步时分复用方式。ATM 采用了异步时分复用方式。用户信息对带宽的占用是动态分配的,各个用户共享传输带宽,因此适用于突发业务。为了防止由于异步的工作方式而导致资源访问产生混乱,ATM 中大量采用了队列来换出暂时无法获得服务的用户信息。

(3) 不提供逐段链路的差错控制和流量控制。在链路(包括交换节点中的内部链路)上出现差错时,ATM 交换节点不会进行任何方式的差错恢复。ATM 假定网络中的链路质量都很高,差错控制功能的实现依赖于端到端的协议,这一点与电路交换是相同的。ATM 交换节点也不支持链路上的流(Flow)的控制,系统中的队列有可能因为信息的突发而溢出,导致信元丢失。为了防止这种丢失,ATM 提供了预防性措施,即面向连接,并在连接建立时检查和分配资源,使这种信元丢失概率控制在很小的范围内。

(4) 信元头功能简化。由于不需要逐段链路的差错控制和流量控制,ATM 信元头的功能很少,主要功能是根据一个标识符来识别虚连接;另一项功能是检查信元头中的差错,防止错误路由导致的信元丢失或误插。由于信元头功能有限,交换节点的处理十分简单,能以很高的速率(几百兆比特每秒以上)运行,且只有很小的处理和排队时延。

(5) 信元的有效载荷长度较小。为了降低交换节点内部缓冲器的容量,限制信息在这些缓冲区中的排队时延,ATM 信元中的有效载荷(信息字段)相对来说定义得比较小,以保证业务传输中的较小时延和抖动。

本章小结

(1) 计算机广域网连接范围广,应用环境复杂,采用点对点连接的网状拓扑结构。

(2) 计算机广域网由节点交换机、中继线和用户设备组成,协议体系涉及 OSI 的最低 3 层。

(3) 各种 WAN 连接:

PSTN 属于电路交换,常用于拨号上网;

ADSL 属于专线连接,其速率非对称性特别适合 Internet 接入;

ISDN 属于电路交换,可支持数据、图像、声音的传输;

DDN 属于专线连接,可支持任何类型的业务;

X. 25 属于分组交换,各种协议均可封装在 X.25 的分组中进行传输;

FR 在链路层上实现分组交换,提高了速度和效率;

ATM 结合了电路交换和分组交换的优点,是 B-ISDN 的首选传输技术。

习题

一、单选题

1. ADSL 是一种宽带接入技术,这种技术使用的传输介质是(　　)。

A. 电话线　　　　　　B. CATV 线缆　　　　C. 基带同轴线缆　　D. 无线通信网

2. 哪种广域网技术是在 X.25 分组交换网的基础上发展起来的？（　　　）

A. ATM　　　　　　B. 帧中继　　　　　C. ADSL　　　　　D. ATM

3. ISDN 的 B 信道提供的带宽以（　　　）为单位。

A. 16kbps　　　　　B. 64kbps　　　　　C. 56kbps　　　　　D. 128kbps

4. 在我国开展的以达到高速访问 Internet 的"一线通"业务中,窄带 ISDN 的目的是所有信道可以合并成一个信道,它的速率为（　　　）。

A. 16kbps　　　　　B. 64kbps　　　　　C. 128kbps　　　　D. 144kbps

5. X.25 数据交换网使用的是（　　　）。

A. 分组交换技术　　　　　　　　B. 报文交换技术

C. 帧交换技术　　　　　　　　　D. 电路交换技术

6. ATM 采用的线路复用方式为（　　　）。

A. 频分多路复用　　　　　　　　B. 同步时分多路复用

C. 异步时分多路复用　　　　　　D. 独占信道

二、简答题

1. ISDN 标准定义了哪两种类型的信道？并说明其两种速率接口的信道组成情况。

2. 为什么 X.25 分组交换网会发展到帧中继？帧中继有什么优点？从层次结构上以及节点交换机需要进行的处理过程进行讨论。

3. ATM 的主要优点是什么？

第 5 章

网络互联技术

网络互联是指将不同的网络连接起来,以构成更大规模的网络系统,实现网络间的数据通信、资源共享和协同工作。

本章介绍网络互联的相关概念、TCP/IP、网络设备选型和常用的网络传输介质,提供一个全面理解计算机网络互联技术的视图。

5.1 网络互联的概念

网络互联:将分布在不同地理位置的网络、设备连接起来,以构成更大规模的网络,最大限度地实现网络资源的共享。

三个基本的网络概念:

(1) 网络连接。网络连接是指网络在应用级的互联。它是一对同构或异构的端系统,通过由多个网络或中间系统所提供的接续通路来进行连接,目的是实现系统之间端到端的通信。因此,网络连接是对连接于不同网络的各种系统之间的互联,它主要强调协议的接续能力,以便完成端到端系统间数据传递。

(2) 网络互联。网络互联是指不同的子网间借助于相应的网络设备,如网桥、路由器等,来实现各子网间的互相连接,目的是解决子网间的数据交互,涉及网络产品、处理过程和技术。

(3) 网络互通。各系统在连通的条件下,为支持应用间的相互作用而创建的协议环境。

5.1.1 网络互联的类型

1. LAN-LAN 互联

根据 LAN 使用的协议不同,LAN-LAN 互联可分为以下两类:

(1) 同构网的互联。符合相同协议的局域网的互联称为同构网的互联。例如,两个 Ethernet 网络的互联或者两个 Token Ring 网络的互联,都属于同构网的互联。同构网的互联比较简单,常用的设备有中继器、集线器、交换机、网桥(Bridge)等,而网桥则可以将分散在不同地理位置的多个局域网互联起来。

(2) 异构网的互联。异构网的互联是指两种不同协议的局域网的互联。例如,一个 Ethernet 网络与一个 Token Ring 网络的互联。异构网的互联可以使用网桥、路由器等设备。

2. LAN-WAN 互联

LAN-LAN 互联是解决一个小区域范围内相邻的几个楼层或楼群之间以及在一个组织机构内部的网络互联,而 LAN-WAN 互联扩大了数据通信网络的连通范围,可以使不同单位或机构的 LAN 联入范围更大的网络体系中,其扩大的范围可以超越城市、国界或洲界,从而形成世界范围的数据通信网络。

LAN-WAN 互联的设备主要包括网关和路由器,其中路由器最为常用,它提供了若干个使用不同通信协议的端口,可以连接不同的局域网和广域网,如以太网、令牌环网、FDDI、DDN、X.25、帧中继等。

3. WAN-WAN 互联

WAN 与 WAN 互联一般在政府的电信部门或国际组织间进行。它主要是将不同地区的网络互联以构成更大规模的网络,如全国范围内的公共电话交换网 PSTN、数字数据网 DDN、分组交换网 X.25、帧中继网、ATM 网等。除此之外,WAN-WAN 的互联还涉及网间互联,即将不同的广域网互联。WAN-WAN 互联主要使用路由器来实现。

5.1.2 网络互联的层次

网络互联从通信协议的角度来看可以分成 4 个层次。

1. 物理层的互联

物理层的互联解决在不同的线缆段之间复制位信号。

物理层的连接设备主要是中继器,用于在局域网中连接几个网段,只起简单的信号放大作用,用于延伸局域网的长度,如图 5.1 所示。随着集线器等互联设备的功能拓展,中继器的使用正在逐渐减少。

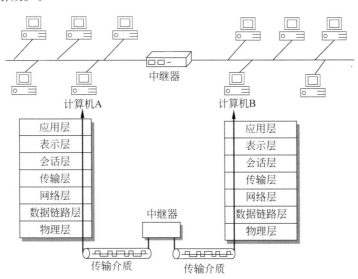

图 5.1 物理层的互联

2. 数据链路层的互联

数据链路层互联要解决的问题是在物理网段之间存储转发数据帧。互联的主要设备是网桥,如图 5.2 所示。

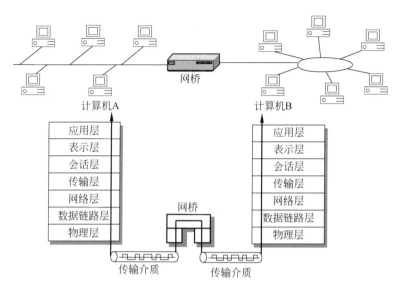

图 5.2 数据链路层的互联

3. 网络层的互联

网络层互联要解决的问题是在不同的网络之间存储转发分组。互联的主要设备是路由器，如图 5.3 所示。

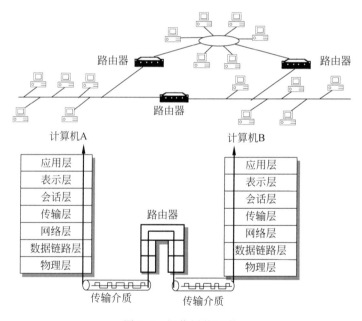

图 5.3 网络层的互联

4. 高层互联（传输层以上）

传输层及以上各层协议不同的网络之间的互联属于高层互联。

实现高层互联的设备是网关。高层互联使用的网关很多是应用层网关，通常简称为应用网关。如果使用应用网关来实现两个网络高层互联，那么允许两个网络的应用层及以下各层网络协议是不同的，如图 5.4 所示。

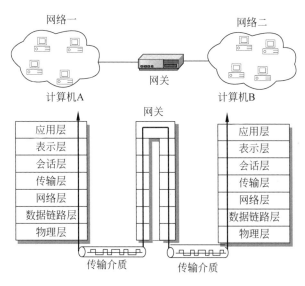

图 5.4　高层互联

5.1.3　网络互联的方式

为将不同网络互联为一个网络,需要利用网间连接器或通过互联网实现互联。

1. 利用网间连接器实现网络互联

网络的主要组成部分是节点和主机。按照互联的级别不同,又可以分为两类:

(1)节点级互联。这种连接方式较适合于具有相同交换方式的网络互联,常用的连接设备有网卡和网桥。

(2)主机级互联。这种互联方式主要适用于在不同类型的网络间进行互联的情况,常见的网间连接器如网关。

2. 通过互联网进行网络互联

在两个计算机网络中,为了连接各种类型的主机,需要多个通信处理机构成一个通信子网,然后将主机连接到子网的通信处理设备上。当要在两个网络间进行通信时,源网可将分组发送到互联网上,再由互联网把分组传送给目标网。

3. 两种转换方式的比较

当利用网关把 A 和 B 两个网络进行互联时,需要两个协议转换程序,其中之一用于 A 网协议转换为 B 网协议,另一程序则进行相反的协议转换。用这种方法来实现互联时,所需协议转换程序的数目与网络数目 n 的平方成比例,即程序数为 $n(n-1)$;但利用互联网来实现网络互联时,所需的协议转换程序数目与网络数目成比例,即程序数为 $2n$。当所需互联的网络数目较多时,后一种方式可显著减少协议转换程序的数目。

5.2　网络设备选型

一个大型的网络系统可能涉及各种各样的网络设备,根据网络需求分析和扩展性要求,选择合适的网络设备,是构建一个完整的计算机网络系统非常关键的一环。

5.2.1 网络接口卡

网络接口卡(Network Interface Card,NIC)也叫网络适配器或网卡,是局域网中最基本的部件之一,它是连接计算机与网络的硬件设备。网卡上面装有处理器和存储器(包括RAM 和 ROM)。网卡和局域网之间的通信是通过线缆或双绞线以串行传输方式进行的,而网卡和计算机之间的通信则是通过计算机主板上的 I/O 总线以并行传输方式进行。

当网卡接收到一个有差错的帧时,它就将这个帧丢弃而不必通知它所插入的计算机。当网卡接收到一个正确的帧时,它就使用中断功能来通知该计算机并交付给协议栈中的网络层。当计算机要发送一个 IP 数据报时,它就由协议栈向下交给网卡,由网卡组装成帧后发送到局域网。

1. 网卡的功能

虽然现在各厂家生产的网卡种类繁多,但其功能大同小异。网卡的主要功能有以下三个:

(1) 数据的封装与解封。发送时将上一层交下来的数据加上首部和尾部,封装成以太网的帧,并通过网线(对无线网络来说就是电磁波)将数据发送到网络上。接收时将以太网的帧剥去首部和尾部,然后送交上一层。

(2) 链路管理,主要是 CSMA/CD 协议的实现。

(3) 编码与译码,即曼彻斯特编码与译码。

对于网卡而言,每块网卡都有一个唯一的网络节点地址,它是网卡生产厂家在生产时烧入 ROM(只读存储芯片)中的,通常称为 MAC 地址(物理地址),且保证绝对不会重复。网卡接收所有在网络上传输的信号,但只接收发送到该计算机的帧和广播帧,其余的帧将丢弃。网卡处理这些帧后,传送到系统 CPU 做进一步处理。当需要发送数据时,网卡等待合适的时间将分组插入到数据流中,接收系统通知计算机信息是否完整到达,如果出现问题,将要求对方重新发送。

2. 网卡的分类

1) 按总线接口类型划分

按网卡的总线接口类型来分一般可分为 ISA 接口网卡、PCI 接口网卡以及在服务器上使用的 PCI-X 接口网卡、PCI Express 1X 接口网卡,笔记本电脑所使用的网卡是 PCMCIA 接口类型的。

(1) ISA 接口网卡。ISA 是早期网卡使用的一种总线接口,ISA 网卡采用程序请求 I/O 方式与 CPU 进行通信,这种方式的网络传输速率低,CPU 资源占用大,其多为 10M 网卡,如图 5.5 所示。目前市面上已基本看不到 ISA 总线类型的网卡。

(2) PCI 接口网卡。PCI(Peripheral Component Interconnect)总线插槽仍是目前主板上最基本的接口。其基于 32 位数据总线,可扩展为 64 位,它的工作频率为 33MHz/66MHz,数据传输率为每秒 132MB(32×33MHz/8)。目前 PCI 接口网卡仍是家用消费级市场上的绝对主流,如图 5.6 所示。

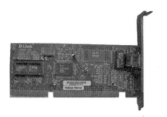

图 5.5　ISA 接口网卡

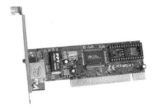

图 5.6　PCI 接口网卡

（3）PCI-X 接口网卡。PCI-X 是 PCI 总线的一种扩展架构，与 PCI 总线不同的是，PCI 总线必须频繁地在目标设备与总线之间交换数据，而 PCI-X 则允许目标设备仅与单个 PCI-X 设备进行数据交换。同时，如果 PCI-X 设备没有任何数据传送，总线会自动将 PCI-X 设备移除，以减少 PCI 设备间的等待周期。所以，在相同的频率下，PCI-X 将能提供比 PCI 高 30% 左右的性能。目前服务器网卡经常采用此类接口的网卡，如图 5.7 所示。

（4）PCI Express 接口网卡。PCI Express 接口已成为目前主流主板的必备接口。PCI Express 接口采用点对点的串行连接方式。PCI Express 接口根据总线接口对位宽的要求不同而有所差异，分为 PCI Express 1X（标准 250MBps，双向 500MBps）、2X（标准 500MBps）、4X（1GBps）、8X（2GBps）、16X（4GBps）、32X（8GBps）等几种。采用 PCI-E 接口的网卡多为千兆网卡，如图 5.8 所示。

图 5.7　PCI-X 接口网卡

图 5.8　PCI Express 接口网卡

（5）PCMCIA 接口网卡。PCMCIA 接口的网卡是笔记本电脑的专用网卡，这种网卡具有易于安装、小巧玲珑、支持热插拔等特点，如图 5.9 所示。

（6）USB 接口网卡。作为一种新型的总线技术，USB（Universal Serial Bus，通用串行总线）不仅在一些外置设备中得到广泛的应用，如 Modem、打印机、数码相机等，在网卡中也不例外。如图 5.10 所示为 D-Link DSB-650TX USB 接口网卡。

图 5.9　PCMCIA 接口网卡

图 5.10　USB 接口网卡

2）按网络接口划分

网卡除了可以按总线接口类型划分外，还可以按网卡的网络接口类型来划分。网卡最终是要与网络进行连接，所以也就必须有一个接口使网线通过它与其他网络设备连接起来。不同的网络接口适用于不同的网络类型，常见的接口主要有以太网的 RJ-45 接口、SC 型光纤接口、细同轴线缆的 BNC 接口和粗同轴电缆的 AUI 接口、FDDI 接口、ATM 接口等。

其中，由于 BNC 接口网卡和 AUI 接口网卡主要应用于以细同轴线缆和粗同轴线缆为传输介质的以太网或令牌环网中，FDDI 接口网卡和 ATM 接口网卡主要适应于 FDDI 网络和 ATM 网络中，因此这 4 种接口的网卡在现代局域网中很少使用，目前最为常用的网卡主要是 RJ-45 接口的以太网卡和光纤接口的以太网卡。

3）按带宽划分

随着网络技术的发展，网络带宽也在不断提高，这样就出现了适用于不同网络带宽环境下的网卡产品，常见的网卡主要有 10Mbps 网卡、100Mbps 网卡、10Mbps/100Mbps 自适应网卡、1000Mbps 网卡 4 种。

其中，100Mbps 网卡和 10Mbps/100Mbps 自适应网卡是目前最为流行的网卡；千兆以太网卡主要应用于高速以太网中，它能够在铜线上提供 1Gbps 的带宽。千兆网卡的网络接口有两种主要类型：一种是普通的双绞线 RJ-45 接口，另一种是多模 SC 型标准光纤接口。

4）按网卡应用领域划分

如果根据网卡所应用的计算机类型来分，可以将网卡分为应用于工作站的网卡和应用于服务器的网卡。在大型网络中，服务器通常采用专门的网卡。服务器网卡相对于工作站网卡来说，在带宽、接口数量、稳定性、纠错等方面都有比较明显的提高。此外，服务器网卡通常都支持冗余备份、热插拔等功能。

当然，如果按网卡是否提供有线传输介质接口，还可以分为有线网卡和无线网卡。

3. 网卡的选择

（1）选择性价比高的网卡。由于网卡属于技术含量较低的产品，品牌网卡和普通网卡在性能方面并不会相差太多。因此，对于普通用户来说没有必要非去购买 Intel、3Com 等品牌网卡。

（2）根据组网类型选择网卡。用户在选购网卡之前，最好应明确需要组建的局域网是通过什么介质来连接各个工作站的，工作站之间数据传输的容量和要求高不高等因素。现在大多数局域网都使用双绞线来连接工作站，因此 RJ-45 接口的网卡就成为普通用户的首选产品。此外，如果局域网对数据传输的速度要求很高时，还必须选择合适带宽的网卡。一般个人用户和家庭组网时因传输的数据信息量不是很大，主要可选择 10M/100M 自适应网卡。

（3）根据工作站选择合适总线类型的网卡。由于网卡要插在计算机的插槽中，这就要求所购买的网卡总线类型必须与装入机器的总线相符。目前市场上应用最为广泛的网卡通常为 PCI 总线网卡。

（4）根据使用环境选择网卡。为了能使选择的网卡与计算机协同高效地工作，还必须根据使用环境来选择合适的网卡。在普通的工作站中，选择常见的 10Mbps/100Mbps 自适应网卡即可。相反，服务器中的网卡就应该选择带有自动功能处理器的高性能网卡；另外，还应该让服务器网卡实现高级容错、带宽汇聚等功能，这样服务器就可以通过增插几块网卡

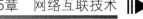

提高系统的可靠性。

（5）根据特殊要求选择网卡。不同的服务器实现的功能和要求也是不一样的,用户应该根据局域网实现的功能和要求来选择网卡。例如,如果需要对网络系统进行远程控制,则应该选择一款带有远程唤醒功能的网卡;如果想要组建一个无盘工作站网络,就应该选择一款具有远程启动芯片(BOOTROM 芯片)的网卡。

5.2.2　集线器

集线器(Hub)的主要功能是对接收到的信号进行再生整形放大,以扩大网络的传输距离。它工作于 OSI 参考模型第一层,即物理层。集线器与网卡、网线等传输介质一样,属于局域网中的基础设备,采用 CSMA/CD 介质访问控制机制。集线器每个接口简单地收发比特,收到 1 就转发 1,收到 0 就转发 0,不进行冲突检测。

集线器属于纯硬件网络底层设备,基本上不具有记忆能力和学习能力。它也不具备交换机所具有的 MAC 地址表,所以它发送数据时都是没有针对性的,而是采用广播方式发送。也就是说,当它要向某节点发送数据时,不是直接把数据发送到目的节点,而是把数据包发送到与集线器相连的所有节点。

1. 集线器的分类

集线器是一个多端口的转发器,当以集线器为中心设备时,网络中某条线路产生了故障,并不影响其他线路的工作,所以集线器在局域网中得到了广泛的应用。大多数时候它用在星形与树形网络拓扑结构中,以 RJ-45 接口与各主机相连(也有 BNC 接口)。集线器按照不同的结构和功能,可分为未管理的集线器、堆叠式集线器和底盘集线器 3 类。

（1）未管理的集线器。最简单的集线器通过以太网总线提供中央网络连接,以星形的形式连接起来,称为未管理的集线器,只用于很小型的至多 12 个节点的网络中(在少数情况下,可以更多一些),如图 5.11 所示。未管理的集线器没有管理软件或协议来提供网络管理功能,这种集线器可以是无源的,也可以是有源的,有源集线器使用得更多。

图 5.11　未管理的集线器

（2）堆叠式集线器。堆叠式集线器是稍微复杂一些的集线器。堆叠式集线器最显著的特征是多个转发器可以直接彼此相连,如图 5.12 所示。这样只需简单地添加集线器并将其连接到已经安装的集线器上就可以扩展网络。这种方法不仅成本低,而且简单易行。

（3）底盘集线器。底盘集线器是一种模块化的设备,如图 5.13 所示,在其底板电路板上可以插入多种类型的模块。有些集线器带有冗余的底板和电源。同时,有些模块允许用户不必关闭整个集线器便可替换那些失效的模块。集线器的底板给插入模块准备了多条总线,这些插入模块可以适应不同的段,如以太网、快速以太网、FDDI 和 ATM 中。有些集线器还包含有网桥、路由器或交换模块。有源的底盘集线器还可能会有重定时的模块,用来与放大的数据信号关联。

图 5.12　堆叠式集线器　　　　　　　　图 5.13　底盘集线器

2. 集线器的特点

依据 IEEE 802.3 协议,集线器的功能是随机选出某一端口的设备,并让它独占全部带宽,与集线器的上联设备(交换机、路由器或服务器等)进行通信。由此可以看出,集线器在工作时具有以下两个特点。

(1) 集线器只是一个多端口的信号放大设备,工作中当一个端口接收到数据信号时,由于信号在从源端口到集线器的传输过程中已有了衰减,所以集线器便将该信号进行整形放大,使被衰减的信号恢复到发送时的状态,紧接着转发到其他所有处于工作状态的端口。从集线器的工作方式可以看出,它在网络中只起到信号放大和重发作用,其目的是扩大网络的传输范围,而不具备信号的定向传送能力,是一个标准的共享式设备。

不过,随着技术的发展和需求的变化,许多集线器在功能上进行了拓展,不再受这种工作机制的影响。由集线器组成的网络是共享式网络,同时集线器也只能够在半双工模式下工作。

(2) 集线器主要用于共享网络的组建,是解决从服务器直接到桌面最经济的方案。在交换式网络中,集线器直接与交换机相连,将交换机端口的数据传送到桌面。使用集线器组网灵活,它处于网络的一个星形节点,对节点相连的工作站进行集中管理,不让出问题的工作站影响整个网络的正常运行,并且用户的加入和退出也很自由。

5.2.3　交换机

交换机(Switch)是集线器的换代产品,其作用也是将传输介质的线缆汇聚在一起,以实现计算机的连接。但集线器工作在 OSI 模型的物理层,而交换机工作在 OSI 模型的数据链路层。

1. 交换机的功能

交换机在网络中的作用主要体现在以下几方面:

(1) 提供网络接口。交换机在网络中最重要的应用就是提供网络接口,所有网络设备的互联都必须借助交换机才能实现。主要包括:连接交换机、路由器、防火墙和无线接入点等网络设备;连接计算机、服务器等计算机设备;连接网络打印机、网络摄像头、IP 电话等其他网络终端。

（2）扩充网络接口。尽管有的交换机拥有较多数量的端口（如48口），但是当网络规模较大时，一台交换机所能提供的网络接口数量往往不够。此时，就必须将两台或更多台交换机连接在一起，从而成倍地扩充网络接口。

（3）扩展网络范围。交换机与计算机或其他网络设备是依靠传输介质连接在一起的，而每种传输介质的传输距离都是有限的，根据网络技术不同，同一种传输介质的传输距离也是不同的。当网络覆盖范围较大时，必须借助交换机进行中继，以成倍地扩展网络传输距离，增大网络覆盖范围。

2. 交换机的分类

根据不同的标准，可以对交换机进行不同的分类。不同种类的交换机，其功能特点和应用范围也有所不同，应当根据具体的网络环境和实际需求进行选择。

1）固定端口交换机和模块化交换机

以交换机的结构为标准，交换机可分为固定端口交换机和模块化交换机两种不同的结构。

（1）固定端口交换机。固定端口交换机只能提供有限数量的端口和固定类型的接口（如100Base-T、1000Base-T或GBIC、SFP插槽）。一般的端口标准是8端口、16端口、24端口、48端口等。固定端口交换机通常作为接入层交换机，为终端用户提供网络接入，或作为汇聚层交换机，实现与接入层交换机之间的连接，如图5.14所示为Cisco Catalyst 3560系列固定端口交换机。如果交换机拥有GBIC、SFP插槽，那么也可以通过采用不同类型的GBIC、SFP模块（如1000Base-SX、1000Base-LX、1000Base-T等）来适应多种类型的传输介质，从而拥有一定程度的灵活性。

（2）模块化交换机。模块化交换机也称机箱交换机，拥有更大的灵活性和可扩充性。用户可任意选择不同数量、不同速率和不同接口类型的模块，以适应千变万化的网络需求，如图5.15所示为Cisco Catalyst 4503模块化交换机。模块化交换机大都具有很高的性能（如背板带宽、转发速率和传输速率等）、很强的容错能力，支持交换模块的冗余备份，并且往往拥有可插拔的双电源，以保证交换机的电力供应。模块化交换机通常用于核心交换机或骨干交换机，以适应复杂的网络环境和网络需求。

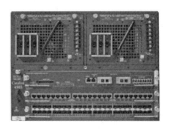

图5.14　固定端口交换机　　　　图5.15　模块化交换机

2）接入层交换机、汇聚层交换机和核心层交换机

以交换机的应用规模为标准，交换机被划分为接入层交换机、汇聚层交换机和核心层交换机。

在构建满足中小型企业需求的LAN时，通常采用层次化网络设计，以便于网络管理、网络扩展和网络故障排除。层次化网络设计需要将网络分成相互分离的层，每层提供特定的功能,这些功能界定了该层在整个网络中扮演的角色。

(1) 接入层交换机。部署在接入层的交换机称为接入层交换机,也称工作组交换机,通常为固定端口交换机,用于实现终端计算机的网络接入。接入层交换机可以选择拥有 1~2 个 1000Base-T 端口或 GBIC、SFP 插槽的交换机,用于实现与汇聚层交换机的连接,如图 5.16 所示为 Cisco Catalyst 2960 系列交换机。

(2) 汇聚层交换机。部署在汇聚层的交换机称为汇聚层交换机,也称骨干交换机、部门交换机,是面向楼宇或部门接入的交换机。汇聚层交换机首先汇聚接入层交换机发送的数据,再将其传输给核心层,最终发送到目的地。汇聚层交换机可以是固定端口交换机,也可以是模块化交换机,一般配有光纤接口。与接入层交换机相比,汇聚层交换机通常全部采用 1000Mbps 端口或插槽,拥有网络管理的功能。如图 5.17 所示为 Cisco WS-C3750G-24T-S 交换机。

图 5.16　接入层交换机

图 5.17　汇聚层交换机

(3) 核心层交换机。部署在核心层的交换机称为核心层交换机,也称中心交换机。核心层交换机属于高端交换机,一般全部采用模块化结构的可网管交换机,作为网络骨干构建高速局域网。如图 5.18 所示为 Cisco WS-C6509 交换机。

3. 交换机的性能指标

(1) 转发速率。转发速率是交换机一个非常重要的参数。转发速率通常以 Mpps(Million Packet Per Second,每秒百万包数)来表示,即每秒能够处理的数据包的数量。转发速率体现了交换引擎的转发功能,该值越大,交换机的性能越强劲。

(2) 端口吞吐量。端口吞吐量反映交换机端口的分组转发能力,通常可以通过两个相同速率的端口进行

图 5.18　核心层交换机

测试。吞吐量是指在没有帧丢失的情况下,设备能够接受的最大速率。

(3) 背板带宽。背板带宽是交换机接口处理器或接口卡和数据总线间所能吞吐的最大数据量。背板带宽也叫交换带宽,体现了交换机总的数据交换能力,单位为 Gbps。一台交换机的背板带宽越高,处理数据的能力就越强,但同时设计成本也会越高。

(4) 端口种类。交换机按其所提供的端口种类不同主要包括三种类型的产品,分别是纯百兆端口交换机、百兆和千兆端口混合交换机、纯千兆端口交换机。每一种产品所应用的网络环境各不相同,核心骨干网络上最好选择千兆产品,上联骨干网络一般选择百兆/千兆混合交换机,边缘接入一般选择纯百兆交换机。

（5）MAC 地址数量。每台交换机都维护着一张 MAC 地址表，记录 MAC 地址与端口的对应关系，交换机就是根据 MAC 地址将访问请求直接转发到对应端口上的。存储的 MAC 地址数量越多，数据转发的速度和效率也就越高，抗 MAC 地址溢出供给能力也就越强。

（6）缓存大小。交换机的缓存用于暂时存储等待转发的数据。如果缓存容量较小，当并发访问量较大时，数据将被丢弃，从而导致网络通信失败。只有缓存容量较大，才可以在组播和广播流量很大的情况下，提供更佳的整体性能，同时保证最大可能的吞吐量。目前，几乎所有的廉价交换机都采用共享内存结构，由所有端口共享交换机内存，均衡网络负载并防止数据包丢失。

（7）支持网管功能。网管功能是指网络管理员通过网络管理程序对网络上的资源进行集中化管理的操作，包括配置管理、性能和记账管理、问题管理、操作管理和变化管理等。一台设备所支持的管理程度反映了该设备的可管理性及可操作性，现在交换机的管理通常是通过厂商提供的管理软件或通过第三方管理软件来实现的。

（8）VLAN 支持。一台交换机是否支持 VLAN 是衡量其性能好坏的一个重要指标。通过将局域网划分为虚拟网络 VLAN 网段，可以强化网络管理和网络安全，控制不必要的数据广播，减少"广播风暴"的产生。由于 VLAN 是基于逻辑上而不是物理上的连接，因此网络中工作组的划分可以突破共享网络中的地理位置限制，而完全根据管理功能来划分。目前，好的产品可提供功能较为细致丰富的虚拟网络划分功能。

（9）支持的网络类型。一般情况下，固定配置式不带扩展槽的交换机仅支持一种类型的网络，机架式交换机和固定配置式带扩展槽的交换机则可以支持一种以上类型的网络，如支持以太网、快速以太网、千兆以太网、ATM、令牌环及 FDDI 等。一台交换机所支持的网络类型越多，其可用性、可扩展性就越强。

（10）冗余支持。冗余强调了设备的可靠性，也就是当一个部件失效时，相应的冗余部件能够接替工作，使设备继续运转。冗余组件一般包括管理卡、交换结构、接口模块、电源、机箱风扇等。对于提供关键服务的管理引擎及交换结构模块，不仅要求冗余，还要求这些部件具有自动切换的特性，以保证设备冗余的完整性。

5.2.4 路由器

路由器是一种连接多个网络或网段的网络设备，它能将不同网络或网段之间的数据信息进行转发，使不同的网络或网段能够相互识别对方的数据，从而构成一个更大的网络。

路由器有两大主要功能，即数据通道功能和控制功能。数据通道功能包括转发决定、背板转发以及输出链路调度等，一般由特定的硬件来完成；控制功能一般用软件来实现，包括与相邻路由器之间的信息交换、系统配置、系统管理等。

路由器是 OSI 七层网络模型中的第三层设备，路由器接收到任何一个来自网络中的数据包（包括广播包在内）后，首先要将该数据包第二层（数据链路层）的信息去掉（称为"拆包"），并查看第三层信息。然后，根据路由表确定数据包的路由，再检查安全访问控制列表；若被通过，则再进行第二层信息的封装（称为"打包"），最后将该数据包转发。如果在路由表中查不到对应 MAC 地址的网络，则路由器将向源地址的站点返回一个信息，并把这个数据包丢掉。

1. 路由器的分类

为了满足各种应用需求,相继出现了各式各样的路由器,而且有多种分类方法。

1) 按性能档次划分

按性能档次不同可以将路由器分为高档、中档和低档路由器,不过不同厂家的划分方法并不完全一致。通常将背板交换能力大于 40Gbps 的路由器称为高档路由器,背板交换能力在 25～40Gbps 的路由器称为中档路由器,低于 25Gbps 的当然就是低档路由器了。

当然这只是一种宏观上的划分标准,实际上路由器档次的划分不应只按背板带宽进行,而应根据各种指标综合进行考虑。以市场占有率最大的 Cisco 公司为例,12000 系列为高端路由器,7500 以下系列路由器为中低端路由器。如图 5.19(a)、(b)、(c)所示分别为 Cisco 的高、中、低三种档次的路由器产品。

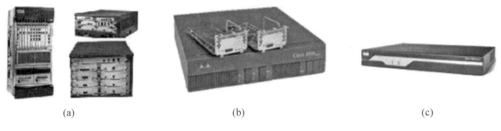

(a)　　　　　　　　　(b)　　　　　　　　(c)

图 5.19　高、中、低档次的路由器

2) 按结构划分

从结构上划分,路由器可分为模块化和非模块化两种结构。模块化结构可以灵活地配置路由器,以适应企业不断增加的业务需求,非模块化结构只能提供固定的端口。通常中高端路由器为模块化结构,低端路由器为非模块化结构。如图 5.20(a)、(b)所示分别为非模块化结构和模块化结构路由器产品。

(a)　　　　　　　(b)

图 5.20　非模块化结构和模块化结构路由器

3) 按功能划分

从功能上划分,可将路由器分为核心层(骨干级)路由器、分发层(企业级)路由器和访问层(接入级)路由器。

(1) 骨干级路由器。骨干级路由器是实现企业级网络互联的关键设备,其数据吞吐量较大,在企业网络系统中起着非常重要的作用。对骨干级路由器的基本性能要求是高速率和高可靠性。为了获得高可靠性,网络系统普遍采用热备份、双电源、双数据通路等传统冗余技术,骨干级路由器的可靠性一般不成问题。骨干级路由器的主要瓶颈在于如何快速地通过路由表查找某条路由信息,通常是将一些访问频率较高的目的端口放到 Cache 中,从而达到提高路由查找效率的目的。

（2）企业级路由器。企业或校园级路由器连接许多终端系统,连接对象较多,但系统相对简单,且数据流量较小。对这类路由器的要求是以尽量方便的方法实现尽可能多的端点互联,同时还要求能够支持不同的服务质量。使用路由器连接的网络系统因能够将机器分成多个广播域,所以可以方便地控制一个网络的大小。此外,路由器还可以支持一定的服务等级(服务的优先级别)。由于路由器的每端口造价相对较贵,在使用之前还要求用户进行大量配置工作,因此,企业级路由器的成败就在于是否可提供一定数量的低价端口、是否容易配置、是否支持 QoS、是否支持广播和组播等多项功能。

（3）接入级路由器。接入级路由器主要应用于连接家庭或 ISP 内的小型企业客户群体。接入路由器要求能够支持多种异构的高速端口,并能在各个端口上运行多种协议。

2. 路由器的性能指标

（1）吞吐量。吞吐量是指核心路由器的数据包转发能力。吞吐量与路由器的端口数量、端口速率、数据包长度、数据包类型、路由计算模式(分布或集中)以及测试方法有关,一般泛指处理器处理数据包的能力,高速路由器的数据包转发能力至少能够达到 20Mpps。吞吐量包括整机吞吐量和端口吞吐量两个方面,整机吞吐量通常小于核心路由器所有端口吞吐量之和。

（2）路由表能力。路由器通常依靠所建立及维护的路由表来决定包的转发。路由表能力是指路由表内所容纳路由表项数量的极限。由于在 Internet 上执行 BGP 的核心路由器通常拥有数十万条路由表项,所以该项目也是路由器能力的重要体现。一般而言,高速核心路由器应该能够支持至少 25 万条路由,平均每个目的地址至少提供 2 条路径,系统必须支持至少 25 个 BGP 对等以及至少 50 个 IGP 邻居。

（3）背板能力。背板指的是输入与输出端口间的物理通路,背板能力通常是指路由器背板容量或者总线带宽能力,这个性能对于保证整个网络之间的连接速度是非常重要的。如果所连接的两个网络速率都较快,而由于路由器的带宽限制,将直接影响整个网络之间的通信速度。所以一般来说,如果是连接两个较大的网络,且网络流量较大,此时就应格外注意路由器的背板容量。但如果是在小型企业网之间,这个参数就不太重要了,因为一般来说路由器在这方面都能满足小型企业网之间的通信带宽要求。

背板能力主要体现在路由器的吞吐量上,传统路由器通常采用共享背板,但是作为高性能路由器不可避免地会遇到拥塞问题,其次也很难设计出高速的共享总线,所以现有高速核心路由器一般都采用可交换式背板的设计。

（4）丢包率。丢包率是指核心路由器在稳定的持续负荷下,由于资源缺少而不能转发的数据包在应该转发的数据包中所占的比例。丢包率通常用作衡量路由器在超负荷工作时核心路由器的性能。丢包率与数据包长度以及包发送频率相关,在一些环境下,可以加上路由抖动或大量路由后进行测试模拟。

（5）时延。时延是指数据包第一个比特进入路由器到最后一个比特从核心路由器输出的时间间隔。该时间间隔是存储转发方式工作的核心路由器的处理时间。时延与数据包的长度以及链路速率都有关系,通常是在路由器端口吞吐量范围内进行测试。时延对网络性能影响较大,作为高速路由器,在最差的情况下,要求对 1518 字节及以下的 IP 包时延必须小于 1ms。

（6）时延抖动。时延抖动是指时延变化。数据业务对时延抖动不敏感，所以该指标通常不作为衡量高速核心路由器的重要指标。当网络上需要传输语音、视频等数据量较大的业务时，该指标才有测试的必要性。

（7）背靠背帧数。背靠背帧数是指以最小帧间隔发送最多数据包而不引起丢包时的数据包数量。该指标用于测试核心路由器的缓存能力。对具有线速全双工转发能力的核心路由器来说，该指标值无限大。

（8）服务质量能力。服务质量能力包括队列管理控制机制和端口硬件队列数两项指标。其中，队列管理控制机制是指路由器拥塞管理机制及其队列调度算法，常见的方法有RED、WRED、WRR、DRR、WFQ、WF2Q 等。

端口硬件队列数指的是路由器所支持的优先级是由端口硬件队列来保证的，而每个队列中的优先级又是由队列调度算法进行控制的。

（9）网络管理能力。网络管理是指网络管理员通过网络管理程序对网络上的资源进行集中化管理的操作，包括配置管理、计账管理、性能管理、差错管理和安全管理。设备所支持的网络管理程度体现设备的可管理性与可维护性，通常使用 SNMPv2 协议进行管理。网络管理能力指示路由器管理的精细程度，如管理到端口、到网段、到 IP 地址、到 MAC 地址等，管理能力可能会影响路由器的转发能力。

（10）可靠性和可用性。路由器的可靠性和可用性主要是通过路由器本身的设备冗余程度、组件热插拔、无故障工作时间以及内部时钟精度四项指标来提供保证的。

① 设备冗余程度：设备冗余可以包括接口冗余、插卡冗余、电源冗余、系统板冗余、时钟板冗余等。

② 组件热插拔：组件热插拔是路由器 24 小时不间断工作的保障。

③ 无故障工作时间：即路由器不间断可靠工作的时间，该指标可以通过主要器件的无故障工作时间计算或者大量相同设备的工作情况计算。

④ 内部时钟精度：拥有 ATM 端口做电路仿真或者 POS 口的路由器互联通常需要同步，在使用内部时钟时，其精度会影响误码率。

5.2.5　防火墙

防火墙是一种设置在不同网络（如可信任的企业内部网和不可信的公共网）或网络安全域之间的一系列部件的组合。它是不同网络或网络安全域之间信息的唯一出入口，能根据企业的安全策略控制（允许、拒绝、监测）出入网络的信息流，且本身具有较强的抗攻击能力。在逻辑上，防火墙是一个分离器、一个限制器，也是一个分析器，它可以有效地监控内部网和Internet 之间的任何活动，进而保证内部网络的安全。

1. 防火墙的功能

对于普通用户来说，防火墙就是一种被放置在自己的计算机与外界网络之间的防御系统，从网络发往计算机的所有数据都要经过防火墙的判断处理后，才会决定能不能把这些数据交给计算机，一旦发现有害数据，防火墙就会拦截下来，从而实现对计算机的必要保护。防火墙的具体功能主要表现在如下几个方面：

（1）防火墙是网络安全的屏障。防火墙（作为阻塞点、控制点）能极大地提高一个内部网络的安全性，并通过过滤不安全的服务而降低风险。由于只有经过精心选择的应用协议才能通过防火墙,所以网络环境变得更安全。如防火墙可以禁止不安全的 NFS 协议进出受保护网络,这样外部的攻击者就不可能利用这些脆弱的协议来攻击内部网络。同时,防火墙还可以保护网络免受基于路由的攻击,如 IP 选项中的源路由攻击和 ICMP 的重定向攻击。

(2) 防火墙可以强化网络安全策略。通过以防火墙为中心的安全方案配置,能将所有安全软件(如密码、加密、身份认证、审计等)配置在防火墙上。与将网络安全问题分散到各个主机上相比,防火墙的集中安全管理更经济。例如,在网络访问时,一次一密密码系统和其他的身份认证系统完全可以不必分散在各个主机上,而集中在防火墙中统一实现。

(3) 对网络存取和访问进行监控审计。如果所有的访问都经过防火墙,那么,防火墙就能记录下这些访问并作出日志记录,同时也能提供网络使用情况的统计数据。当发现可疑动作时,防火墙能进行适当的报警,并提供网络是否受到监测和攻击的详细信息。另外,收集一个网络的使用和误用情况也是非常重要的,管理员既能了解防火墙是否能够抵挡攻击者的探测和攻击,还能了解防火墙的控制是否充足,同时通过网络使用统计可以很方便地对网络需求和威胁进行分析。

(4) 防止内部信息的外泄。利用防火墙对内部网络的划分,可以实现对内部网重点网段的隔离,从而限制了局部重点或敏感网络安全问题对全局网络造成的影响。另外,隐私是内部网络非常关心的问题,一个内部网络中不引人注意的细节可能包含了有关安全的线索而引起外部攻击者的兴趣,甚至因此而暴露了内部网络的某些安全漏洞。使用防火墙就可以隐蔽那些透露内部信息的细节,如 Finger、DNS 等服务。

(5) VPN 支持。除了安全作用,防火墙还支持具有 Internet 服务特性的企业内部网络技术体系 VPN。通过 VPN,将企事业单位分布在世界各地的 LAN 或专用子网有机地连成一个整体。这样,不仅省去了专用通信线路,而且为信息共享提供了技术保障。

2. 防火墙的分类

目前,防火墙产品种类繁多,其分类方法也各不相同。常见的分类方法主要包括如下几种:

1) 按防火墙的物理特性进行分类

防火墙按其物理特性进行分类,可分为硬件防火墙、软件防火墙以及芯片级防火墙。

(1) 硬件防火墙。硬件防火墙是一种以物理形式存在的专用设备,通常架设于两个网络的接驳处,直接从网络设备上检查、过滤有害的数据报文,位于防火墙设备后端的网络或者服务器接收到的是经过防火墙处理的相对安全的数据,不必另外分出 CPU 资源去进行基于软件架构的 NDIS 数据检测,从而大大提高工作效率。

硬件防火墙一般是通过网线连接于外部网络接口与内部服务器或企业网络之间的设备,由于硬件防火墙的主要作用是把传入的数据报文进行过滤处理后转发到位于防火墙后面的网络中,因此它自身的硬件规格也是分档次的。尽管硬件防火墙足以实现比较高的信息处理效率,但是在一些对数据吞吐量要求很高的网络里,档次低的防火墙仍然会形成瓶颈,所以对于一些大企业而言,芯片级的硬件防火墙才是他们的首选。

传统硬件防火墙一般至少应具备三个端口,分别连接内网、外网和 DMZ 区(非军事化区)。现在一些新的硬件防火墙往往扩展了端口,常见的四端口防火墙一般将第四个端口作为配置管理端口。如图 5.21 所示为 Cisco ASA5520-BUN-K8 防火墙。

图 5.21　硬件防火墙

（2）软件防火墙。软件防火墙是一种安装在负责内外网络转换的网关服务器或者独立的个人计算机上的特殊程序，它以逻辑形式存在，防火墙程序跟随系统启动，通过运行在Ring0级别的特殊驱动模块把防御机制插入系统关于网络的处理部分和网络接口设备驱动之间，形成一种逻辑上的防御体系。软件防火墙就像其他的软件产品一样需要先在计算机上安装并做好配置才可以使用。使用软件防火墙，需要网络管理人员对所工作的操作系统平台比较熟悉。

（3）芯片级防火墙。芯片级防火墙基于专门的硬件平台，设有操作系统。专有的 ASIC 芯片促使它们比其他种类的防火墙速度更快、处理能力更强、性能更高。这类防火墙最出名的厂商有 NetScreen、FortiNet、Cisco 等。这类防火墙由于使用专用操作系统，因此防火墙本身的漏洞比较少，不过价格相对比较昂贵。

2）按防火墙所采用的技术进行分类

防火墙按其所采用的技术进行分类，可分为包过滤技术防火墙、应用代理型防火墙、状态监视技术防火墙。

（1）包过滤技术防火墙。包过滤技术防火墙工作在 OSI 网络参考模型的网络层和传输层，它根据数据报文中的源地址、目的地址、端口号和协议类型等标志确定是否允许通过。只有满足过滤条件的报文才被转发到相应的目的地，其余报文则被丢弃。

在整个防火墙技术的发展过程中，包过滤技术出现了两种不同版本，称为"第一代静态包过滤"和"第二代动态包过滤"。

① 第一代静态包过滤防火墙：这类防火墙几乎是与路由器同时产生的，它是根据定义好的过滤规则审查每个数据报文，以便确定其是否与某一条包过滤规则相匹配。过滤规则基于数据包的报头信息进行制定，报头信息中包括 IP 源地址、IP 目标地址、传输协议（TCP、UDP、ICMP 等）、TCP/UDP 目标端口、ICMP 消息类型等。包过滤类型的防火墙要遵循的一条基本原则是"最小特权原则"，即明确允许那些管理员希望通过的数据包，禁止其他的数据包。

② 第二代动态包过滤防火墙：这类防火墙采用动态设置包过滤规则的方法，避免了静态包过滤所存在的问题。动态包过滤功能在保持原有静态包过滤技术和过滤规则的基础上，会对已经成功与计算机连接的报文传输进行跟踪，并且判断该连接发送的数据包是否会对系统构成威胁，一旦触发其判断机制，防火墙就会自动产生新的临时过滤规则或者对已经存在的过滤规则进行修改，从而阻止该有害数据的继续传输。现代的包过滤防火墙均为动态包过滤防火墙。

基于包过滤技术的防火墙是依据过滤规则的实施来实现包过滤的，不能满足建立精细规则的要求，而且只能工作于网络层和传输层，不能判断高层协议中的数据是否有害，但价格较低，容易实现。

（2）应用代理型防火墙。由于包过滤技术无法提供完善的数据保护措施，而且一些特殊的报文攻击仅仅使用过滤的方法并不能消除危害（如 SYN 攻击、ICMP 洪水等），因此人们需要一种更全面的防火墙保护技术，这就是采用"应用代理"（Application Proxy）型的防火墙。

应用代理型防火墙工作在 OSI 的最高层，即应用层。其特点是完全"阻隔"了网络通信流，通过对每种应用服务编制专门的代理程序，实现监视和控制应用层通信流的作用。

应用代理型防火墙也叫应用层网关(Application Gateway)防火墙。这种防火墙通过一种代理(Proxy)技术参与到一个 TCP 连接的全过程,从内部发出的数据包经过这样的防火墙处理后,就好像是源于防火墙外部网卡,从而可以达到隐藏内部网结构的作用,其核心技术就是代理服务器技术。

所谓代理服务器,是指代表客户在服务器上处理用户连接请求的程序。当代理服务器接收到一个客户的连接请求时,服务器将核实该客户请求,并经过特定的安全化的代理应用程序处理连接请求,将处理后的请求传递到真实的服务器上,然后接收服务器应答,并做进一步处理,最后将答复交给发出请求的最终客户。

在代理型防火墙技术的发展过程中,也经历了两个不同的版本,即第一代应用网关型代理防火墙和第二代自适应代理防火墙。

代理型防火墙最突出的优点就是安全。由于每一个内外网络之间的连接都要通过代理的介入和转换,通过专门为特定的服务如 HTTP 编写的安全的应用程序进行处理,然后由防火墙本身提交请求和应答,没有给内外网络的计算机以任何直接会话的机会,从而避免了入侵者使用数据驱动类型的攻击方式入侵内部网。

(3) 状态监视技术防火墙。状态监视技术是继包过滤技术和应用代理技术后发展的防火墙技术,这种防火墙技术通过一种被称为"状态监视"的模块,在不影响网络安全正常工作的前提下采用抽取相关数据的方法对网络通信的各个层次实行监测,并根据各种过滤规则做出安全决策。

状态监视技术在保留了对每个数据包的头部、协议、地址、端口、类型等信息进行分析的基础上,进一步发展了"会话过滤"功能,在每个连接建立时,防火墙会为这个连接构造一个会话状态,其中包含了这个连接数据包的所有信息,以后这个连接都基于这个状态信息进行。这种检测的高明之处是能对每个数据包的内容进行监视,一旦建立了一个会话状态,则此后的数据传输都要以此会话状态作为依据。状态监视可以对数据包的内容进行分析,从而摆脱了传统防火墙仅局限于几个包头部信息的检测弱点;而且这种防火墙不必开放过多端口,进一步杜绝了可能因为开放端口过多而带来的安全隐患。

3) 按防火墙的结构进行分类

防火墙按其结构进行分类,可分为单一主机防火墙、路由器集成式防火墙和分布式防火墙。

(1) 单一主机防火墙。单一主机防火墙是最为传统的防火墙,独立于其他网络设备,它位于网络边界。这种防火墙其实与一台计算机结构差不多,同样包括主板、CPU、内存、硬盘等基本组件。它与一般计算机最主要的区别就是一般防火墙都集成了两个以上的以太网卡,用来连接一个以上的内部或外部网络。其中的硬盘用来存储防火墙所用的基本程序,如包过滤程序和代理服务器程序等,有的防火墙还把日志记录也记录在硬盘上。

(2) 路由器集成式防火墙。随着防火墙技术的发展及应用需求的提高,原来作为单一主机的防火墙已发生了许多变化。最明显的变化就是在许多中高档的路由器中已集成了防火墙的功能。

(3) 分布式防火墙。分布式防火墙不仅位于网络边界,而且还渗透于网络的每一台主机,对整个内部网络的主机实施保护。在网络服务器中,通常会安装一个用于管理防火墙系统的软件,在服务器及各主机上安装有集成网卡功能的 PCI 防火墙卡,一块防火墙卡同时兼有网卡和防火墙的双重功能,这样一个防火墙系统就可以彻底保护内部网络。各主机把任何其他主机发送的通信连接都视为"不可信"的,都需要严格过滤,而不是像传统边界防火墙那样,仅对外部网络发出的通信请求"不信任"。

5.2.6 服务器

服务器(Server)是网络环境下为客户提供各种服务的专用计算机。在网络环境中,服务器承担着数据的存储、转发、发布等关键任务,是网络中不可或缺的重要组成部分。因为服务器在网络中是连续不断地工作的,且网络数据流又可能在这里形成一个瓶颈,所以服务器的数据处理速度和系统可靠性要比普通的计算机高得多。

服务器的硬件结构由 PC 发展而来,也包括处理器、芯片组、内存、存储系统以及 I/O 设备等部分。但是和普通 PC 相比,服务器硬件中包含着专门的服务器技术,这些专门的技术保证了服务器能够承担更高的负载,具有更高的稳定性和扩展能力。

1. 服务器的要求

与普通 PC 相比,服务器应该具有如下特殊要求:

1) 较高的稳定性

服务器用来承担企业应用中的关键任务,需要长时间地无故障稳定运行。在某些需要不间断服务的领域,如银行、医疗、电信等领域,需要服务器长年 24 小时不间断运行,一旦出现服务器宕机,后果是非常严重的。这些关键领域的服务器从开始运行到报废可能只开一次机,这就要求服务器具备极高的稳定性,这是普通 PC 无法达到的。

为了实现如此高的稳定性,服务器的硬件结构需要进行专门设计。例如机箱、电源、风扇这些在 PC 上要求并不苛刻的部件,在服务器上就需要进行专门的设计,并且提供冗余。服务器处理器的主频、前端总线等关键参数一般低于主流消费级处理器,这也是为了降低处理器的发热量,提高服务器工作的稳定性。服务器内存技术如 ECC、Chipkill、内存镜像、在线备份等也提高了数据的可靠性和稳定性。服务器硬盘的热插拔技术、磁盘阵列技术也是为了保证服务器稳定运行和数据的安全可靠而设计的。

2) 较高的性能

除了稳定性之外,服务器对于性能的要求同样很高。因为服务器是在网络计算环境中提供服务的计算机,承载着网络中的关键任务,维系着网络服务的正常运行,所以为了实现提供服务所需的高处理能力,服务器的硬件采用与 PC 不同的专门设计。

服务器的处理器相对 PC 处理器具有更大的二级缓存,高端的服务器处理器甚至集成了远远大于 PC 的三级缓存,并且服务器一般采用双路甚至多路处理器,以提供强大的运算能力。

服务器的芯片组不同于 PC 芯片组,服务器芯片组提供了对双路、多路处理器的支持。同时,服务器芯片组对于内存容量和内存数据带宽的支持高于 PC,如 5400 系列芯片组的内存最大可以支持 128GB,并且支持四通道内存技术,内存数据读取带宽可以达到 21GBps 左右。

服务器的内存和 PC 内存也有不同。为了实现更高的数据可靠性和稳定性,服务器内存集成了 ECC、Chipkill 等内存检错纠错功能。近年来内存全缓冲技术的出现,使数据可以通过类似 PCI-E 的串行方式进行传输,显著提升了数据传输速度,提高了内存性能。

在存储系统方面,服务器硬盘为了能够提供更高的数据读取速度,一般采用 SCSI 接口和 SAS 接口,转速通常都在 15 000 转以上。此外,服务器上一般会应用 RAID 技术,来提高磁盘性能并提供数据冗余容错。

3) 较高的扩展性能

服务器在成本上远高于 PC,并且承担企业关键任务,一旦更新换代需要投入很大的资金和维护成本,所以相对来说服务器更新换代比较慢。企业信息化的要求也不是一成不变的,所以服务器要留有一定的扩展空间。相对于 PC 来说,服务器上一般提供了更多的扩展插槽,并且内存、硬盘扩展能力也高于 PC,如主流服务器上一般会提供 8 个或 12 个内存插槽,提供 6 个或 8 个硬盘托架。

2. 服务器的分类

服务器在网络系统中的应用范围非常广泛,用途各种各样,环境要求、性能要求也各不相同,因此服务器的分类方法也有很多,常见的分类方法如下:

1) 按应用层次划分

服务器按其应用层次划分,可分为入门级服务器、工作组级服务器、部门级服务器和企业级服务器 4 类。

(1) 入门级服务器。入门级服务器通常只使用一块 CPU,并根据需要配置相应的内存和大容量 IDE 硬盘,必要时也会采用 IDE RAID(一种磁盘阵列技术,主要目的是保证数据的可靠性和可恢复性)进行数据保护。入门级服务器主要是针对基于 Windows 、Linux 等网络操作系统的用户,可以满足中小型网络用户的文件共享、打印服务、数据处理、Internet接入及简单数据库应用的需求,也可以在小范围内完成诸如 E-mail、Proxy、DNS 等服务。

(2) 工作组级服务器。工作组级服务器一般支持 1 或 2 个处理器,可支持大容量的ECC(一种内存技术,多用于服务器内存)内存,功能全面、可管理性强,且易于维护,具备了小型服务器所必备的各种特性,如采用 SCSI 总线的 I/O 系统、SMP 对称多处理器结构、可选装 RAID、热插拔硬盘、热插拔电源等,具有较高的可用性。适用于为中小企业提供 Web、Mail 等服务,也能够用于学校等教育部门的数字校园网、多媒体教室的建设等。

(3) 部门级服务器。部门级服务器通常可以支持 2～4 个处理器,具有较高的可靠性、可用性、可扩展性和可管理性。首先,部门级服务器集成了大量的监测及管理电路,具有全面的服务器管理能力,可监测温度、电压、风扇、机箱等状态参数。此外,结合服务器管理软件,可以使管理人员及时了解服务器的工作状况。同时,大多数部门级服务器具有优良的系统扩展性,当业务量迅速增大时能够及时在线升级系统,可保护用户的投资。目前,部门级服务器是企业网络中分散的各基层数据采集单位与最高层数据中心保持顺利联通的必要环节,适合中型企业(如金融、邮电等行业)作为数据中心、Web 站点等。

(4) 企业级服务器。企业级服务器属于高档服务器,普遍可支持 4～8 个处理器,拥有独立的双 PCI 通道和内存扩展板设计,具有高内存带宽、大容量热插拔硬盘和热插拔电源,具有超强的数据处理能力。这类产品具有高度的容错能力、优异的扩展性能和系统性能、极长的系统连续运行时间,能在很大程度上保护用户的投资,可作为大型企业级网络的数据库服务器。

目前,企业级服务器主要适用于需要处理大量数据、高处理速度和对可靠性要求极高的大型企业和重要行业(如金融、证券、交通、通信等行业),可用于提供 ERP(企业资源配置)、电子商务、OA(办公自动化)等服务。

2) 按服务器的处理器架构划分

服务器按其处理器的架构(即服务器 CPU 所采用的指令系统)划分,可以分为 CISC 架构服务器、RISC 架构服务器和 VLIW 架构服务器 3 种。

(1) CISC 架构服务器。CISC(Complex Instruction Set Computer)即"复杂指令系统计算机",从计算机诞生以来,人们一直沿用 CISC 指令集方式。早期的桌面软件是按 CISC 设计的,并一直延续到现在,所以,微处理器(CPU)厂商一直在走 CISC 的发展道路,包括 Intel、AMD,还有其他一些现在已经更名的厂商,如 TI(得州仪器)、Cyrix 以及 VIA(威盛)等。在 CISC 微处理器中,程序的各条指令是按顺序串行执行的,每条指令中的各个操作也是按顺序串行执行的。顺序执行的优点是控制简单,但计算机各部分的利用率不高,执行速度慢。CISC 架构的服务器主要以 IA-32 架构(Intel Architecture,英特尔架构)为主,而且多数为中低档服务器采用。

如果企业的应用都是基于 Windows 或 Linux 平台的应用,那么服务器的选择基本上就定位于 IA 架构(CISC 架构)的服务器。如果应用必须是基于 Solaris 的,那么服务器只能选择 SUN 服务器。如果应用基于 AIX(IBM 的 UNIX 操作系统)的,那么只能选择 IBM UNIX 服务器(RISC 架构服务器)。

(2) RISC 架构服务器。RISC(Reduced Instruction Set Computing)即"精简指令集",它的指令系统相对简单,只要求硬件执行很有限且最常用的那部分指令,大部分复杂的操作则使用成熟的编译技术,由简单指令合成。目前在中高档服务器中普遍采用这一指令系统的 CPU,如 Compaq(康柏,即新惠普)公司的 Alpha、HP 公司的 PA-RISC、IBM 公司的 Power PC 和 MIPS 公司的 MIPS。

(3) VLIW 架构服务器。VLIW(Very Long Instruction Word)即"超长指令集架构",简称为"IA-64 架构"。VLIW 架构采用了先进的 EPIC(清晰并行指令)设计,指令运行速度非常快(每时钟周期 IA-64 可运行 20 条指令,CISC 可运行 1~3 条指令,RISC 可运行 4 条指令)。VLIW 的最大优点是简化了处理器的结构,删除了处理器内部许多复杂的控制电路,从而使 VLIW 的结构变得简单,芯片制造成本降低,能耗少,性能显著提高。目前基于这种指令架构的微处理器主要有 Intel 的 IA-64 和 AMD 的 x86-64 两种。

3) 按服务器的用途划分

服务器按其用途不同,可分为通用型服务器和专用型服务器两类。

(1) 通用型服务器。通用型服务器是可以提供各种服务功能的服务器,当前大多数服务器均是通用型服务器。这类服务器因为不是专为某一功能而设计,所以在设计时就要兼顾多方面的应用需要,服务器的结构相对较为复杂,而且要求性能较高,当然在价格上也就更贵。

(2) 专用型服务器。专用型(或称"功能型")服务器是针对某一种或某几种功能专门设计的服务器,如光盘镜像服务器主要是用来存放光盘镜像文件的,需要配备大容量、高速的硬盘以及光盘镜像软件;FTP 服务器主要用于在网上(包括 Intranet 和 Internet)进行文件传输,这就要求服务器在硬盘稳定性、存取速度、I/O 带宽方面具有明显优势;而 E-mail 服务器则主要是要求服务器配置高速宽带上网工具,硬盘容量要大等。这些功能型服务器的性能要求比较低,因为它只需要满足某些需要即可,所以结构比较简单,采用单 CPU 结构即可;在稳定性、扩展性等方面要求不高,价格也便宜许多,基本上相当于 2 台的高性能计算机价格。

4）按服务器的结构划分

服务器按其结构不同,可分为塔式服务器、机架式服务器和刀片式服务器 3 种类型。

(1) 塔式服务器。塔式服务器是目前应用最为广泛、最为常见的一种服务器。塔式服务器从外观上看就像一台体积比较大的 PC,机箱一般比较牢固,非常沉重。

塔式服务器由于机箱很大,可以提供良好的散热性能和扩展性能,并且可以配置多个处理器、多根内存条和多块硬盘,当然也可以配置多个冗余电源和散热风扇。如图 5.22 所示为 IBM x3800 服务器,该服务器可以支持 4 个处理器,提供了 16 个内存插槽,内存最大可以支持 64GB,并且可以安装 12 个热插拔硬盘。

图 5.22 塔式服务器

塔式服务器由于具备良好的扩展能力,配置上可以根据用户需求进行升级,所以可以满足企业大多数应用的需求。塔式服务器是一种通用型服务器,可以集多种应用于一身,非常适合服务器采购数量要求不高的用户。塔式服务器在设计成本上要低于机架式和刀片式服务器,所以价格通常也较低,目前主流应用的工作组级服务器一般都采用塔式结构,当然部门级和企业级服务器也可以采用这一结构。

塔式服务器虽然具备良好的扩展能力,但是即使扩展能力再强,一台服务器的扩展升级也会有个限度,而且塔式服务器需要占用很大的空间,不利于服务器的托管,所以在需要服务器密集部署、实现多机协作的领域,塔式服务器并不占优势。

(2) 机架式服务器。顾名思义,机架式服务器就是“可以安装在机架上的服务器”。机架式服务器相对塔式服务器大大节省了空间占用和机房的托管费用,并且随着技术的不断发展,机架式服务器有着不逊色于塔式服务器的性能。机架式服务器是一种平衡了性能和空间占用的解决方案,如图 5.23 所示。

图 5.23 机架式服务器

机架式服务器是按照机柜的规格进行设计的,可以统一安装在 19 英寸的标准机柜中。机柜的高度以 U 为单位,1U 是一个基本高度单元,为 1.75 英寸。机柜的高度有多种规格,如 10U、24U、42U 等,机柜的深度没有特别要求。通过机柜安装服务器可以使管理、布线更为方便整洁,也可以方便地与其他网络设备连接。

机架式服务器由于机身受到限制,在扩展能力和散热能力上不如塔式服务器,这就需要对机架式服务器的系统结构专门进行设计,如主板、接口、散热系统等,这就得使机架式服务器的设计成本提高,所以其价格一般也要高于塔式服务器。

(3) 刀片式服务器。刀片式结构是一种比机架式更为紧凑的服务器结构,它是专门为特殊行业和高密度计算环境所设计的。刀片式服务器在外形上比机架式服务器更小,只有机架式服务器的 1/3~1/2,这样就可以使服务器密度更加集中,大大节省了空间,如图 5.24 所示。

一个刀片就是一台独立的服务器,具有独立的 CPU、内存、I/O 总线,通过外置磁盘可以独立地安装操作系统,可以提供不同的网络服务,相互之间并不影响。刀片式服务器也可以像机架式服务器那样,安装到服务器机柜中,形成一个刀片式服务器系统,可以实现更为密集的计算机部署,如图 5.25 所示。

图 5.24　刀片式服务器

图 5.25　刀片式服务器系统

虽然刀片式服务器在空间节省、集群计算、扩展升级、集中管理、总体成本等方面相对于另外两种结构的服务器具有很大优势,但是至今还没有形成一个统一的标准,刀片式服务器的几大巨头厂商(如 IBM、HP、Sun)各自有不同的标准,之间互不兼容,这导致了刀片式服务器用户选择的空间很狭窄,制约了刀片式服务器的发展。

3. 服务器的性能指标

服务器的性能指标主要是以系统响应速度和作业吞吐量为代表。响应速度是指用户从输入信息到服务器完成任务给出响应的时间。作业吞吐量是整个服务器在单位时间内完成的任务量。假定用户不间断地输入请求,则在系统资源充裕的情况下,单个用户的吞吐量与响应时间成反比,即响应时间越短,吞吐量越大。

影响服务器性能指标的主要因素包括服务器的 CPU 占用率、服务器的可用内存数以及物理磁盘读写时间等。

5.3　网络传输介质

网络传输介质是指在网络中传输信息的载体,常用的传输介质分为有线传输介质和无线传输介质两大类,其中常用的有线传输介质包括双绞线、同轴线缆、光纤。不同的传输介质,其特性也各不相同,其不同的特性对网络中数据通信质量和通信速度有较大影响。

5.3.1　双绞线

双绞线(Twisted Pair,TP)由两根具有绝缘保护层的铜导线组成。把两根绝缘的铜导线按一定密度互相绞在一起,每一根导线在传输中辐射出来的电波会被另一根线上发出的电波抵消,从而有效降低信号干扰。

双绞线一般由两根 22～26 号绝缘铜导线相互缠绕而成,"双绞线"的名字也是由此而来。实际使用时,双绞线是将多对双绞线一起包在一个绝缘线缆套管里的。如果把一对或多对双绞线放在一个绝缘套管中便成为双绞线线缆,但日常生活中一般把"双绞线线缆"直接称为"双绞线"。

与其他传输介质相比,双绞线在传输距离、信道宽度和数据传输速度等方面均受到一定限制,但价格较为低廉。

1. 双绞线的分类

1) 按有无屏蔽层划分

根据有无屏蔽层,双绞线分为非屏蔽双绞线(Unshielded Twisted Pair,UTP)与屏蔽双绞线(Shielded Twisted Pair,STP)。

非屏蔽双绞线是一种数据传输线,由 4 对不同颜色的传输线组成,广泛用于以太网和电话线中。非屏蔽双绞线线缆具有以下优点:无屏蔽外套,直径小,节省所占用的空间,成本低;重量轻,易弯曲,易安装;将串扰减至最小或加以消除;具有阻燃性;具有独立性和灵活性,适用于结构化综合布线。因此,在综合布线系统中,非屏蔽双绞线得到广泛应用。

屏蔽双绞线在双绞线与外层绝缘封套之间有一个金属屏蔽层。屏蔽双绞线分为 STP 和 FTP(Foil Twisted-Pair),STP 指每条线都有各自的屏蔽层,而 FTP 只在整个线缆有屏蔽装置,并且两端都正确接地时才起作用,所以要求整个系统是屏蔽器件,包括线缆、信息点、水晶头和配线架等,同时建筑物需要有良好的接地系统。屏蔽层可减少辐射,防止信息被窃听,也可阻止外部电磁干扰的进入,这使得屏蔽双绞线比同类的非屏蔽双绞线具有更高的传输速率。

UTP、STP 和 FTP 如图 5.26 所示。

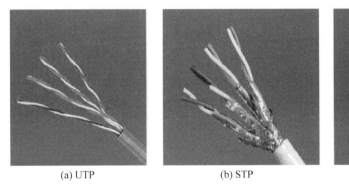

(a) UTP　　　　　　　(b) STP　　　　　　　(c) FTP

图 5.26　非屏蔽双绞线和屏蔽双绞线

2) 按频率和信噪比划分

目前双绞线常见的有 3 类线:五类线、超五类线,以及六类线,前者线径细而后者线径粗,具体型号如下:

一类线(CAT1)——线缆最高频率带宽是 750kHz,用于报警系统,或只适用于语音传输(1 类标准主要用于 20 世纪 80 年代初之前的电话线缆),不用于数据传输。

二类线(CAT2)——线缆最高频率带宽是 1MHz,用于语音传输和最高传输速率 4Mbps 的数据传输,常见于使用 4Mbps 规范令牌传递协议的旧的令牌环网。

三类线（CAT3）——指在 ANSI 和 EIA/TIA568 标准中指定的线缆，该线缆的频带带宽为 16MHz，最高传输速率为 10Mbps，主要应用于语音、10Mbps 以太网（10Base-T）和 4Mbps 令牌环，最大网段长度为 100m，采用 RJ 形式的连接器，已淡出市场。

四类线（CAT4）——该类线缆的频带带宽为 20MHz，用于语音传输和最高传输速率 16Mbps（指的是 16Mbps 令牌环）的数据传输，主要用于基于令牌的局域网和 10Base-T/100Base-T。最大网段长为 100m，采用 RJ 形式的连接器，未被广泛采用。

五类线（CAT5）——该类线缆增加了绕线密度，外套一种高质量的绝缘材料，线缆频带带宽为 100MHz，最高传输速率为 100Mbps，用于语音传输和最高传输速率为 100Mbps 的数据传输，主要用于 100Base-T 和 1000Base-T 网络，最大网段长为 100m，采用 RJ 形式的连接器。这是最常用的以太网线缆。在双绞线线缆内，不同线对具有不同的绞距长度。通常 4 对双绞线绞距周期在 38.1mm 长度内，按逆时针方向扭绞，一对线对的扭绞长度在 12.7mm 以内。

超五类线（CAT5e）——衰减小，串扰少，并且具有更高的衰减与串扰的比值（ACR）和信噪比（SNR）、更小的时延误差，性能得到很大提高。超五类线主要用于千兆以太网（1000Mbps）。

六类线（CAT6）——该类线缆的频带带宽为 1～250MHz，六类布线系统在 200MHz 时综合衰减串扰比（PS-ACR）应该有较大的余量，它提供 2 倍于超五类线的带宽。六类布线的传输性能远远高于超五类线标准，最适用于传输速率高于 1Gbps 的应用。六类与超五类线的一个重要的不同点在于：改善了在串扰以及回波损耗方面的性能。对于新一代全双工的高速网络应用而言，优良的回波损耗性能是极重要的。六类标准中取消了基本链路模型，布线标准采用星形拓扑结构，要求的布线距离为：永久链路的长度不能超过 90m，信道长度不能超过 100m。

超六类或 6A（CAT6A）——此类产品传输带宽介于六类和七类之间，频带带宽为 500MHz，传输速率为 10Gbps，标准外径 6mm。

七类线（CAT7）——频带带宽为 600MHz，传输速率为 10Gbps，单芯线标准外径 8mm，多芯线标准外径 6mm。

类型数字越大、版本越新、技术越先进、带宽也越宽，当然价格也越昂贵。这些不同类型的双绞线标注方法是这样规定的：如果是标准类型则按 CATx 方式标注，如常用的五类线和六类线，则在线的外皮上标注为 CAT5、CAT6；而如果是改进版，就按 xe 方式标注，如超五类线就标注为 5e（字母是小写，而不是大写）。

无论哪一种线，衰减都随频率的升高而增大。在设计布线时，要保证衰减后的信号仍然有足够大的振幅，以便在有噪声干扰的条件下能够在接收端正确地被检测出来。双绞线能够以多大速率传输数据还与数字信号的编码方法有很大关系。

2. 性能指标

对于双绞线，使用者最关心的是表征其性能的几个指标，包括衰减、近端串扰、直流环路电阻、特性阻抗、衰减串扰比、线缆特性等。

（1）衰减（Attenuation）。衰减是沿链路的信号损失度量。衰减与线缆的长度有关，随着长度的增加，信号衰减也随之增加。衰减用"dB"作单位，表示源传送端信号到接收端信号强度的比率。由于衰减随频率而变化，因此，应测量在应用范围内的全部频率上的衰减。

（2）近端串扰。串扰分近端串扰（NEXT）和远端串扰（FEXT），测试仪主要是测量NEXT，由于存在线路损耗，因此FEXT量值的影响较小。近端串扰损耗是测量一条非屏蔽双绞线链路中从一对线到另一对线的信号耦合。对于非屏蔽双绞线链路，NEXT是一个关键的性能指标，也是最难精确测量的一个指标。随着信号频率的增加，其测量难度将加大。NEXT并不表示在近端点所产生的串扰值，它只是表示在近端点所测量到的串扰值。这个量值会随线缆长度不同而变，线缆越长，其值变得越小。同时发送端的信号也会衰减，对其他线对的串扰也相对变小。实验证明，只有在40m内测量得到的NEXT才是较真实的。如果另一端是远于40m的信息插座，那么它会产生一定程度的串扰，但测试仪可能无法测量到这个串扰值。因此，最好在两个端点都进行NEXT测量。大部分测试仪都配有相应设备，使得在链路一端就能测量出两端的NEXT值。

（3）直流环路电阻。直流环路电阻会消耗一部分信号，并将其转变成热量。它是指一对导线电阻之和，11801规格的双绞线的直流电阻不得大于19.2Ω。每对导线电阻间的差异不能太大（小于0.1Ω），否则表示接触不良，必须检查连接点。

（4）特性阻抗。与环路直流电阻不同，特性阻抗包括电阻及频率为1~100MHz的电感阻抗及电容阻抗，它与一对导线之间的距离及绝缘体的电气性能有关。各种传输线有不同的特性阻抗，双绞线则有100Ω、120Ω及150Ω几种。

（5）衰减串扰比（ACR）。在某些频率范围，串扰与衰减量的比例关系是反映线缆性能的另一个重要参数。ACR有时也以信噪比（Signal-Noise Ratio，SNR）表示，它由最差的衰减量与NEXT量值的差值计算。ACR值较大，表示抗干扰的能力更强。一般系统要求ACR至少大于10dB。

（6）线缆特性。通信信道的品质是由它的线缆特性描述的。SNR是在考虑到干扰信号的情况下，对数据信号强度的一个度量。如果SNR过低，将导致数据信号在被接收时，接收器不能分辨数据信号和噪声信号，最终引起数据错误。因此，为了将数据错误限制在一定范围内，必须定义一个最小的可接受的SNR。

5.3.2　同轴线缆

同轴线缆（Coaxial Cable）也是局域网中最常见的传输介质之一，常用于设备与设备之间的连接，或应用在总线型网络拓扑中。

同轴线缆中心轴线是一条铜导线，外加一层绝缘材料，在这层绝缘材料外边由一根空心的圆柱网状铜导体包裹，最外一层是绝缘层。它由一根空心的外圆柱导体（铜网）和一根位于中心轴线的内导线（线缆铜芯）组成，并且内导线和圆柱导体及圆柱导体和外界之间都是用绝缘材料隔开。与双绞线相比，同轴线缆的

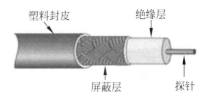

图5.27　同轴线缆

抗干扰能力强，屏蔽性能好，传输数据稳定，价格也便宜，而且它不用连接在集线器或交换机上即可使用。同轴线缆的得名与它的结构相关。它用来传递信息的一对导体是按照一层圆筒式的外导体套在内导体（一根细芯）外面，两个导体间用绝缘材料互相隔离的结构制成的，外导体和中心轴芯线的圆心在同一个轴上，所以称为同轴线缆。同轴线缆之所以设计成这样，也是为了防止外部电磁波干扰异常信号的传递，如图5.27所示。

1. 同轴线缆的分类

同轴线缆的特点是抗干扰能力好,传输性能稳定,价格也便宜,因此被广泛使用,如作为闭路电视线等。

根据传输频带的不同,同轴线缆可分为基带同轴线缆和宽带同轴线缆两种类型。根据直径的不同,基带同轴线缆又可分为细缆(RG-58)(图 5.28)和粗缆(RG-11)(图 5.29)两种。

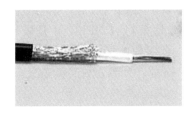

图 5.28 细缆

图 5.29 粗缆

1) 细缆

细缆的直径为 0.26cm,最大传输距离 185m,使用时与 50Ω 终端电阻、T 型连接器、BNC 接头与网卡相连,线材和连接头成本都比较低,而且不需要购置集线器等设备,十分适合架设终端设备较为集中的小型以太网络。缆线总长不要超过 185m,否则信号将严重衰减。细缆的阻抗是 50Ω。

2) 粗缆

粗缆的直径为 1.27cm,最大传输距离达到 500m。由于直径相当粗,因此它的弹性较差,不适合在室内狭窄的环境内架设,而且 RG-11 连接头的制作方式也相对要复杂许多,并不能直接与计算机连接,它需要通过一个转接器转成 AUI 接头,然后再接到计算机上。由于粗缆的强度较大,最大传输距离也比细缆长,因此粗缆主要用于网络主干,用来连接数个由细缆所结成的网络。粗缆的阻抗是 75Ω。

3) 宽带同轴线缆

宽带同轴线缆也被称为视频同轴线缆,其特性阻抗是 75Ω。宽带同轴线缆有 75-7、75-5、75-3、75-1 等不同的型号,以适应不同的传输距离。宽带同轴线缆是 CATV 系统使用的标准,既可以发送频分多路复用的模拟信号,也可以发送数字信号。

2. 参数指标

(1) 特性阻抗。同轴线缆的平均特性阻抗为 $(50\pm2)\Omega$,沿单根同轴线缆的阻抗的周期性变化为正弦波,中心平均值 $\pm3\Omega$,其长度小于 2m。

(2) 衰减。一般指 500m 长的线缆段的衰减值。当用 10MHz 的正弦波进行测量时,其值不超过 8.5dB(17dB/km);而用 5MHz 的正弦波进行测量时,其值不超过 6.0dB(12dB/km)。

(3) 传播速度。需要的最低传播速度为 $0.77c$(c 为光速)。

(4) 直流回路电阻。线缆的中心导体的电阻与屏蔽层的电阻之和不超过 10mΩ/m(在 20℃ 下测量)。

5.3.3 光纤

光纤是由一组光导纤维组成的、用来传播光束的、细小而柔韧的传输介质。

与其他传输介质相比较,光纤的电磁绝缘性能好,信号衰减小,频带较宽,传输距离较大。光纤主要用于传输距离较长的主干网的连接。光纤通信由光发送机产生光束,将电信号转变为光信号,再把光信号导入光纤,在光纤的另一端由光接收机接收光纤上传输来的光信号,并将它转变成电信号,经解码后再进行处理。光纤的传输距离远、传输速度快,是局域网传输介质中的佼佼者。光纤的安装和连接需由专业技术人员完成。

1. 光纤的结构

光纤有不同的结构形式。目前,通用的光纤绝大多数是用石英材料做成的横截面很小的双层同心圆柱体,外层的折射率比内层低。光纤的基本结构如图 5.30 所示。折射率高的中心部分称为纤芯,直径为 $2a$;折射率低的外围部分称为包层,直径为 $2b$。

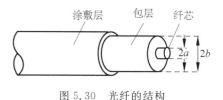

图 5.30 光纤的结构

2. 光纤的特点

与铜质线缆相比,光纤具有明显的优点:

(1) 传输信号的频带宽,通信容量大;信号衰减小,传输距离长;抗干扰能力强,应用范围广。

(2) 抗化学腐蚀能力强,适用于一些特殊环境下的布线。

(3) 不受电磁干扰。光纤中传输的是光束,由于光束不受外界电磁干扰与影响,而且本身也不向外辐射信号,因此它适用于远距离的信息传输以及要求高度安全的场合。由于割开的光纤需要再生和重发信号,因此抽头非常困难。

(4) 中继器的间隔较长。在使用光纤互联多个小型机的应用中,必须考虑光纤的单向特性,如果要进行双向通信,那么就应使用双股光纤。由于要对不同频率的光进行多路传输和多路选择,因此在通信器件市场上又出现了光学多路转换器。

当然,光纤也存在一些缺点,如质地脆,机械强度低;切断和连接中技术要求较高等,这些缺点也限制了光纤的普及。

3. 光纤传输系统的组成

光纤通信的主要部件有光发射机、光接收机和光纤,在进行长距离信息传输时还需要中继器,如图 5.31 所示。

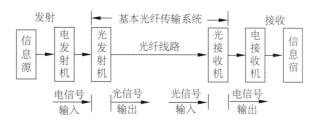

图 5.31 基本光纤传输系统

在通信中,由光发射机产生光束,将表示数字代码的电信号转变成光信号,并将光信号导入光纤,光信号在光纤中传输;在另一端由光接收机负责接收光纤上传来的光信号,并进一步将其还原成为发送前的电信号。

为了防止长距离传输而引起的光能衰减,在大容量、远距离的光纤通信中每隔一定的距离需设置一台中继器。在实际应用中光纤的两端都应安装光纤收发器,光纤收发器集成了光发射机和光接收机的功能,既负责光的发射也负责光的接收。

4. 光纤的种类

光纤的分类方法较多,目前在计算机网络中常根据传输点模数的不同来分类。根据传输点模数的不同,光纤分为单模光纤和多模光纤两种("模"是指以一定的角速度进入光纤的一束光)。

单模光纤采用激光二极管(LD)作为光源,而多模光纤采用发光二极管(LED)为光源。多模光纤的芯线粗,传输速率低、距离短,整体的传输性能差,但成本低,一般用于建筑物内或地理位置相邻的环境中;多模光纤是在给定的工作波长上,能以多个模式同时传输的光纤。与单模光纤相比,多模光纤的传输性能较差;单模光纤的纤芯相应较细,传输频带宽、容量大、传输距离长,但需要激光源,成本较高,通常在建筑物之间或地域分散的环境中使用。

单模光纤的纤芯直径很小,在给定的工作波长上只能以单一模式传输,传输频带宽,传输容量大,是当前计算机网络中研究和应用的重点,多用于通信业。多模光纤多用于网络布线系统。

5.3.4　无线传输介质

无线传输介质一般是指人们看不到、摸不到的传输介质,或者不是人为架设的介质。在这些传输介质中传输的信号是电磁波,本节主要介绍无线电波、微波和红外线。

1. 无线电波

无线电波用于无线电广播和电视的传输。例如,电视频道中的 VHF(甚高频)的播送频率为 30～300MHz,UHF(超高频)的播送频率为 300MHz～3GHz。无线电波也用于 AM 和 PM 广播、业余无线电、蜂窝电话和短波广播。每一种通信都必须向无线电管理委员会申请一个频率波段。

由物理学相关原理可知,地面广播的低频波将以较少的损耗从高层大气中反射回来。通过来回地反弹于大气和地表之间,这些信号可以沿着地球的曲面传播得很远。例如,短波(3～30MHz)设备可以接收到地球背面传来的信号。而频率较高的信号趋向于以较大的损耗进行反射,它们通常无法传播得那么远。

低频波也需要很长的天线。当前,人们也正在讨论这种电磁辐射可能对暴露其中的人体产生潜在的健康危害。

2. 微波

微波传输一般发生在两个地面站之间。微波传输的两个特性限制了它的使用范围:

(1) 微波是直线传播的,它无法像某些低频波那样沿着地球的曲面传播。

(2) 大气条件和固体物将妨碍微波的传播。例如,微波无法穿过建筑物。

微波可以使用很少的额外工作而又能确保非授权节点无法接入网络。微波信道在计算机网络中的使用有两种形式:一种是点对点信道,这种形式多半是和有线通道混合使用,以扩展有线微波信道的连接区域;另一种是广播通信,通过广播传输供网络中的所有其他节点接收,用这种微波信道组成的局部网络,在海上、空中、矿山、油田等的工作环境是非常有利的。微波信道的成本比线缆和光导纤维信道低,只需要在发送方和接收方之间存在一条视线通路,即发送方和接收方之间不能有障碍物;另外,它的误码率比线缆和光纤信道高。

卫星通信中每颗卫星都有几个异频雷达收发机,用来接收某一特定频率范围内的信号,并用另一个不同的频率进行转播。一个地面发射机将(上行)信号发送给一颗卫星,接着卫星上的异频雷达收发机将信号转播到地球上的另一个区域(下行)。如今,卫星通信已普遍用于电话和电视信号的传送,很多人使用自己的接收器接收线缆电视信号。

如果要实现长距离传送,可以在中间设置几个中继站,中继站上的天线依次将信号传递给相邻的站点。这种传递不断持续下去就可以实现视线被地表切断的两个站点间信息的传输。

卫星收发信号的频率范围一般都很宽,每个异频雷达收发机处理一个特定范围内的信号。通常,上行和下行分别使用不同的频率,这样它们才不会相互干扰。

3. 红外线

红外线是波长介于微波与可见光之间的电磁波,波长在 $750nm \sim 1mm$,是波长比红光长的非可见光,覆盖室温下物体所发出的热辐射的波段。其透过云雾能力比可见光强,在通信、探测、医疗、军事等方面有广泛的用途。

红外线局域网采用小于 $1\mu m$ 波长的红外线作为传输介质,有较强的方向性。由于它采用低于可见光的部分频谱作为传输介质,使用不受无线电管理部门的限制。红外信号要求视距传输,并且窃听困难,对邻近区域的类似系统也不会产生干扰。在实际应用中,由于红外线具有很高的背景噪声,受日光、环境照明等影响较大,一般要求的发射功率较高,而采用现行技术,特别是 LED,很难获得高的比特速率($>10Mbps$)。

5.4 TCP/IP

TCP/IP(Transmission Control Protocol/Internet Protocol)指传输控制协议/网际协议,又名网络通信协议,是 Internet 最基本的协议、Internet 国际互联网络的基础,由网络层的 IP 和传输层的 TCP 组成。

TCP/IP 定义了电子设备如何接入 Internet,以及数据如何在它们之间传输的标准。该协议采用了 4 层的层级结构,每一层都呼叫它的下一层所提供的协议来完成自己的需求。一般而言,TCP 负责发现传输的问题,一旦有问题就发出信号,要求重新传输,直到所有数据安全正确地传输到目的地;而 IP 是给 Internet 的每一台联网设备规定一个地址。

5.4.1 TCP/IP 概述

TCP/IP 可划分为 4 个层次,它们与 OSI/RM 的对应关系如表 5.1 所示。TCP/IP 是一个协议簇,由很多协议构成。这些协议都是为了完成某一任务而提出的。随着功能的完善,任务自然越来越多,相关的协议也越来越多,最后形成了一个协议簇。既然这个协议簇是发展而来的,自然还会继续发展下去。

表 5.1 TCP/IP 协议簇与 OSI/RM 的比较

OSI		TCP/IP	
7	应用层	4	应用层
6	表示层		
5	会话层		

续表

OSI		TCP/IP	
4	传输层	3	传输层
3	网络层	2	网络层
2	数据链路层	1	网络接口层
1	物理层		

TCP/IP 协议簇允许同层的协议实体间互相调用,从而完成复杂的控制功能,也允许上层过程直接调用不相邻的下层过程,甚至在有些高层协议中,控制信息和数据分别传输,而不是共享同一协议数据单元。图 5.32 示出了 Internet 主要协议之间的调用关系。

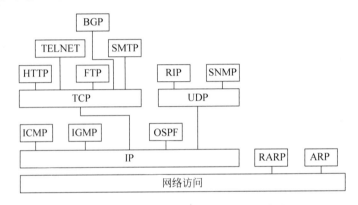

图 5.32 Internet 的主要协议及调用关系

TCP/IP 不包含具体的物理层和数据链路层协议,只定义了 TCP/IP 与各种物理网络之间的网络接口。这些物理网络可以是各种广域网,如 FR、ISDN 等,也可以是局域网,例如 Ethernet、Token Ring、FDDI 等 IEEE 定义的各种标准局域网。网络接口层定义了一种接口规范,任何物理网络只要按照这个接口规范开发网络接口驱动程序,都能够与 TCP/IP 集成起来。网络层提供了专门的协议来解决 IP 地址与网络物理地址的转换问题。

网络层包含 4 个重要的协议,即 IP、ICMP、ARP 和 IGMP。网络层的主要功能是由 IP 提供的。互联网络层的另一个重要服务是在不同的网络之间建立互联网络。在网络互联中,使用路由器(在 TCP/IP 中,有时也称为网关)来连接各个网络,网间的分组通过路由器传送到另一个网络。

5.4.2 IP

IP(Internet Protocol)是 TCP/IP 协议簇的核心协议之一,它提供了无连接的数据报传输和互联网的路由服务。IP 不保证传送的可靠性,在主机资源不足的情况下,它可能丢弃某些数据报,同时 IP 也不检查被数据链路层丢弃的数据报。

在传送时,高层协议将数据传给 IP,IP 将数据封装为 IP 数据报后通过网络接口发送出去。如果目的主机直接连在本地网中,则 IP 直接将数据报传送给本地网中的目的主机;如果目的主机是在远程网络上,那么 IP 将数据报传送给本地路由器,由本地路由器将数据报传送给下一个路由器或目的主机。这样,一个 IP 数据报通过一组互联网络从一个 IP 实体传送到另一个 IP 实体,直至到达目的地。

在互联网体系结构中,每台主机[在 TCP/IP 中,端节点一般称为"主机"(Host)]都要预先分配一个唯一的 32 位地址作为该主机的标识符,这个主机必须使用该地址进行所有通信活动,这个地址称为 IP 地址。IP 地址通常由网络标识和主机标识两部分组成,可标识一个互联网络中任何一个网络中的任何一台主机。

IP 地址是一种在互联网络层用来标识主机的逻辑地址。当数据报在物理网络传输时,还必须把 IP 地址转换成物理地址,由互联网络层的地址解析协议 ARP 提供这种地址映射服务。

1. IP 地址的格式与分类

IP 地址有二进制格式和十进制格式两种表示。十进制格式是由二进制翻译过去的,用十进制表示是为了便于使用和掌握。二进制的 IP 地址共有 32 位,例如,10000011 01101011 00000011 00011000。每 8 位一组可用一个十进制数表示,并用"."进行分隔,上例就变为 131.107.3.24。即点分十进制表示的方法是把整个地址划分为 4 字节,每字节用一个十进制数表示,中间用圆点分隔。

IP 地址一般格式如图 5.33 所示,其中,M 为地址类别号,net-id 为网络号(网络地址),host-id 为主机号(主机地址)。地址类别不同,这 3 个参数在 32 位中所占的位数也不同。需要注意的是,IP 地址为两级结构,M 只是用来区分 IP 地址的类别。

图 5.33　IP 地址的一般格式

IP 地址分为 5 类,图 5.34 中列出了 A、B、C、D 和 E 共 5 类 IP 地址格式,其中 A 类、B 类、C 类是常用地址(可以分配给主机)。

图 5.34　5 类 IP 地址格式

在 A 类地址中,M 字段占 1 位,即第 0 位为 0,表示是 A 类地址,第 1～7 位表示网络地址,第 8～31 位表示主机地址,它所能表示的范围为 0.0.0.0～127.255.255.255。一般来说,网络号全 1、全 0 的地址以及主机号全 1、全 0 的地址有特殊用途,不能分配,则 A 类地址能表示 $2^7-2=126$ 个网络地址,$2^{24}-2=16\,777\,214$ 个主机地址。A 类地址通常用于超大型网络的场合。

在 B 类地址中,M 字段占 2 位,即第 0、1 位为"1 0",表示是 B 类地址,第 2～15 位表示网络地址,第 16~31 位表示主机地址。它所能表示的范围为 128.0.0.0~191.255.255.255,即能表示 16 382(2^{14}−2)个网络地址,65 534(2^{16}−2)个主机地址。B 类地址通常用于大型网络的场合。

在 C 类地址中,M 字段占 3 位,即第 0、1、2 位为"110",表示是 C 类地址,第 3~23 位表示网络地址,第 24~31 位表示主机地址。它所表示的范围为 192.0.0.0~223.255.255.255,即能表示 2 097 150(2^{21}−2)个网络地址,254(2^8−2)个主机地址。C 类地址通常用于校园网或企业网。

此外,还有 D 类和 E 类 IP 地址。前者是多播地址,后者是实验性地址。

在使用 IP 地址时,还要知道下列地址是保留作为特殊用途的,一般不使用:

(1) 全 0 的网络号,表示"本网络"或"不知道号码的这个网络"。

(2) 全 0 的主机号,表示该 IP 地址就是网络的地址。

(3) 全 1 的主机号,表示广播地址,即对该网络上的所有主机进行广播。

(4) 全 0 的 IP 地址,即 0.0.0.0,表示本网络上的本主机。

(5) 网络号码为 127.X.X.X,其中 X 为 0~255 的整数。这样的网络号码用于本地软件进行回送测试(Loopback Test)。

(6) 全 1 地址 255.255.255.255,表示"向该网络上的所有主机广播"。

在 Internet 中,IP 地址不是任意分配的,必须由国际组织统一分配。其组织机构是:

分配 A 类(最高一级)IP 地址的国际组织是国际网络信息中心(Network Information Center,NIC)。它负责分配 A 类 IP 地址,授权分配 B 类 IP 地址的组织,即自治区系统。它有权重新刷新 IP 地址。

分配 B 类 IP 地址的国际组织是 InterNIC、APNIC 和 ENIC。这 3 个自治区系统组织的分工是:ENIC 负责欧洲地址的分配工作;InterNIC 负责北美地区地址的分配工作;APNIC 负责亚太地区地址的分配工作,设在日本东京大学。我国属于 APNIC,由它来分配 B 类地址。例如,APNIC 给中国 CERNET 分配了 10 个 B 类地址。

分配 C 类 IP 地址的组织是国家或地区网络的 NIC。例如,CERNET 的 NIC 设在清华大学,CERNET 各地区的网管中心须向 CERNET NIC 申请分配 C 类地址。

如果不加入 Internet,只是在局域网中使用 TCP/IP,则可以自己设计 4 字节的 IP 地址,只要网络内部不冲突就可以了。

另外,随着私有 IP 网络的发展,为节省可分配的注册 IP 地址,有一组 IP 地址被拿出来专门用于私有 IP 网络,称为私有 IP 地址。私有 IP 地址范围如表 5.2 所列。

表 5.2　私有 IP 地址范围

地 址 类 别	地　　　　　址
A 类	10.0.0.0~10.255.255.255
B 类	172.16.0.0~172.31.255.255
C 类	192.168.0.0~192.168.255.255

这些地址是不会被 Internet 分配的,它们在 Internet 上也不会被路由。虽然它们不能直接和 Internet 连接,但通过技术手段仍旧可以与 Internet 通信(NAT 技术)。可以根据需要来选择适当的地址类,在内部局域网中将这些地址像公用 IP 地址一样地使用。在

Internet 上,有些不需要与 Internet 通信的设备,如打印机、可管理集线器等也可以使用这些地址,以节省 IP 地址资源。

2. 子网划分

1)子网

早期的两级 IP 地址的设计不够合理,原因如下:

(1) IP 地址空间的利用率有时很低。例如,一个 B 类地址网络所连接的主机不到 100 台,而又不愿意申请一个足够使用的 C 类地址。IP 地址的浪费,会导致 IP 地址空间的资源过早用完。

(2) 给每一个物理网络分配一个网络号会使路由表变得过大而导致网络性能变坏。互联网中的网络数越多,路由器的路由表的项目数也就越多。路由器中的路由表的项目数过多不仅增加了路由器的成本,需要更多的存储空间,而且使查找路由时耗费的时间更多,同时也使路由器之间定期交换的路由信息急剧增加,显然,路由器和整个 Internet 的性能都会下降。

(3) 两级 IP 地址不够灵活。如果一个单位需要在新的地点马上开通一个新的网络,两级 IP 地址会造成在申请到一个新的 IP 地址之前,新增加的网络无法连接到 Internet 上。

从 1985 年起在 IP 地址中又增加了一个"子网号字段",使两级 IP 地址变成为三级 IP 地址,它能够较好地解决上述问题。这种做法称为子网划分。子网划分已成为 Internet 的正式标准协议。

划分子网的方法是从网络的主机号借用若干个比特作为子网号 subnet-id(子网地址),而主机号也就相应减少了若干个比特。于是两级 IP 地址在本单位内部就变为 3 级 IP 地址:网络地址、子网地址和主机地址,如图 5.35 所示。

图 5.35 三级 IP 地址结构

应该注意的是,一个拥有许多物理网络的单位,可将所属的物理网络划分为若干个子网(subnet)。划分子网纯属于一个单位内部的事情。

那么如何确定从主机号借了几位呢?需要使用子网掩码。

2)子网掩码

子网掩码通常是由前面连续若干个 1 和后面连续若干个 0 组成的 32 位二进制序列,并规定用 IP 地址和子网掩码相"与"得到子网的网络地址。

现在,再看一下从主机借了多少位,即子网号的位数=从主机号的借位=子网掩码 1 的位数-原网络的网络号位数。划分子网的个数决定了子网号位数。假如子网号的位数为 n,则子网的个数=2^n-2。因为子网号全 0 和全 1 有特殊用途,不能使用,所以要减 2。

现在 Internet 的标准规定:所有的网络都必须有一个子网掩码,同时在路由器的路由表中也必须有子网掩码这一栏。如果一个网络不划分子网,那么该网络的子网掩码就使用默认子网掩码。显然,默认子网掩码中 1 比特的位置和 IP 地址中的网络号字段正好相对应:

A 类地址的默认子网掩码是 255.0.0.0;

B 类地址的默认子网掩码是 255.255.0.0;

C 类地址的默认子网掩码是 255.255.255.0。

因此,凡是从其他网络发送给本网络某个主机的 IP 分组,仍然根据 IP 分组的目的网络号先转发到本网络的路由器上。到本网络后,再按子网掩码和目的 IP 地址转发到目的子网。最后,把 IP 分组交付给目的主机。

3) 子网掩码划分实例

首先,总结子网划分的步骤,具体如下:

(1) 根据实际情况确定划分子网的个数。子网的个数也限制了每个子网的最大主机数。

(2) 根据需要子网的个数确定子网号的位数。假定需要子网数为 m,则子网号的位数 n 需满足: $2^n - 2 \geqslant m$。

(3) 根据网络号和子网号确定子网掩码。

(4) 为每个子网确定主机数,每个子网支持的最大主机数用主机号的剩余位数计算,公式为 $2^n - 2$,其中,n 是剩余的主机号位数,减去 2 的原因是主机号全 0 和全 1 都不能作为主机号,主机号全 0 代表网络号加子网号,主机号全 1 代表这个子网的广播地址。

下面看一个具体的划分实例。

假如某公司拥有一个 C 类网络号 220.10.248.0,现需要将它划分为 4 个子网,每个子网的主机数不超过 30 个,确定子网掩码并计算出每个子网的网络地址。

划分方法如下:

(1) 确定子网号的位数。$2^3 - 2 = 6 > 4$,且 $2^5 - 2 = 30$,满足主机数要求,所以确定子网号的位数为 3,主机号的位数为 5。

(2) 确定子网掩码,显然为

11111111.11111111.11111111.11100000

对应十进制为 255.255.255.224。

(3) 6 个子网的地址:220.10.248.X,其中 X 的二进制形式为:xxx00000,其中 xxx 具体的值为:001,010,011,100,101,110,即 X 的值为:32,64,96,128,160,192。

第 1 个子网,X 为 001+00001~001+11110,即 33~62;

第 2 个子网,X 为 010+00001~010+11110,即 65~94;

第 3 个子网,X 为 011+00001~011+11110,即 97~126;

第 4 个子网,X 为 100+00001~100+11110,即 129~158;

第 5 个子网,X 为 101+00001~101+11110,即 161~190;

第 6 个子网,X 为 110+00001~110+11110,即 193~222。

（4）子网划分结果如下：

网络	可设置的 IP 地址	子网掩码
S1：	220.10.248.33～220.10.248.62	255.255.255.224
S2：	220.10.248.65～220.10.248.94	255.255.255.224
S3：	220.10.248.97～220.10.248.126	255.255.255.224
S4：	220.10.248.129～220.10.248.158	255.255.255.224
S5：	220.10.248.161～220.10.248.190	255.255.255.224
S6：	220.10.248.193～220.10.248.222	255.255.255.224

至此，子网划分完毕。

3. 超网

构建超网是为了使一个网络容纳更多的主机数，旨在更加有效地分配 IPv4 的地址空间，并解决 Internet 主干网上路由表中的项目数过多的问题。

目前一般采用无分类编址方法，即无分类域间路由选择（Classless Inter-Domain Routing，CIDR）。现在 CIDR 已成为 Internet 建议标准协议。

CIDR 最主要的特点有两个：

（1）CIDR 消除了传统的 A 类、B 类和 C 类地址以及划分子网的概念。CIDR 使用各种长度的"网络前缀"来代替分类地址中的网络号和子网号。

CIDR 使用"斜线记法"，又称为 CIDR 记法，即在 IP 地址后面加上一个斜线"/"，然后写上网络前缀所占的比特数，该数值对应于 3 级编址中子网掩码中比特 1 的个数。例如，208.2.55.46/20。

（2）CIDR 将网络前缀都相同的连续的 IP 地址组成 CIDR 地址块。一个 CIDR 地址块是由地址块的起始地址（即地址块中地址数值最小的一个）和地址块中的地址数定义的。

由于一个 CIDR 地址块可以表示很多地址，所以在路由表中就利用 CIDR 地址块来查找目的网络。这种地址的聚合常称为路由聚合（Route Aggregation），它使得路由表中的项目急剧下降。路由聚合也称为构成超网。

例如，在路由表中有如下 4 个目的网络地址：

```
212.56.132.0/24  11010110.00111000.10000100.00000000
212.56.133.0/24  11010110.00111000.10000101.00000000
212.56.134.0/24  11010110.00111000.10000110.00000000
212.56.135.0/24  11010110.00111000.10000111.00000000
```

其下一跳（即分组转发的"下一个路由器"，路由表中的一个关键项）是同一个端口，就可以把这 4 条路由信息聚合成 212.56.132.0/22。

5.4.3 ARP

IP 地址是分配给主机的逻辑地址，这种逻辑地址在互联网络中表示一个唯一的主机。似乎有了 IP 地址就可以方便地访问某个子网中的某个主机，寻址问题也就解决了。其实不然，还必须要考虑主机的物理地址问题。

由于互联的各个子网可能源于不同的组织，运行不同的协议（异构性），因而可能采用不同的编址方法。任何子网中的主机至少都有一个在子网内部唯一的地址，这种地址都是在子网建立时一次性指定的,一般是与网络硬件相关的。这个地址称为主机的物理地址或硬件地址,例如 MAC 地址。

物理地址和逻辑地址的区别可以从两个角度看:从网络互联的角度看,逻辑地址在整个互联网络中有效,而物理地址只是在子网内部有效;从网络协议分层的角度看,逻辑地址由互联网络层使用,而物理地址由介质访问子层使用。

由于有两种主机地址,因而需要一种映射关系把这两种地址对应起来。在 Internet 中是用地址解析协议(Address Resolution Protocol,ARP)来实现逻辑地址到物理地址的映射的。

通常 Internet 应用程序把要发送的报文交给 IP,IP 协议当然知道接收方的逻辑地址,但不一定知道接收方的物理地址。在把 IP 分组向下传给本地数据链路实体之前可以用两种方法得到目的物理地址:

(1) 查本地内存的 ARP 地址映射表。通常 ARP 地址映射表的逻辑结构如表 5.3 所示。可以看出,这是 IP 地址和以太网地址的对照表。

表 5.3 ARP 地址映射表示例

IP 地址	以太网地址
130.130.87.1	08 00 39 00 29 D4
129.129.52.3	08 00 5A 21 17 22
192.192.30.5	08 00 10 99 A1 44

(2) 如果地址映射表查不到,就广播一个 ARP 请求分组,这种分组可经过路由器进一步转发,到达所有联网的主机。它的含义是:"如果你的 IP 地址是这个分组的目的地址,请回答你的物理地址是什么"。收到该分组的主机一方面可以用分组中的两个源地址更新自己的 ARP 地址映射表,另一方面用自己的 IP 地址与目标 IP 地址字段比较,若相符,则发回一个 ARP 响应分组,向发送方报告自己的硬件地址,若不相符则不予回答。

所谓代理 ARP(Proxy ARP)就是路由器"假装"目的主机来回答 ARP 请求,所以源主机必须先把数据帧发给路由器,再由路由器转发给目的主机。这种技术不需要配置默认网关,也不需要配置路由信息,就可以实现子网之间的通信。

用于说明代理 ARP 的例子如图 5.36 所示。设子网 A 上的主机 A(172.14.10.100)需要与子网 B 上的主机 D(172.14.20.200)通信。假设主机 A 的本地内存的 ARP 地址映射表查不到主机 D 的 MAC 地址,则主机 A 在子网 A 上广播 ARP 请求分组,数据如表 5.4 所示。这个请求的含义是要求主机 D(172.14.20.200)回答它的 MAC 地址。这个 ARP 请求分组被封装在以太帧中,其源地址是 A 的 MAC 地址,而目的地址是广播地址(FFFF.FFFF.FFFF)。由于路由器不转发广播帧,所以这个 ARP 请求只能在子网 A 中传播,到达不了主机 D。

如果路由器知道目的地址(172.14.20.200)在另外一个子网中,它就以自己的 MAC 地址回答主机 A,路由器发送的响应分组数据如表 5.5 所列。这个响应分组封装在以太帧中,以路由器的 MAC 地址为源地址,以主机 A 的 MAC 地址为目的地址,ARP 响应帧总是单播传送的。在接收到 ARP 响应后,主机 A 就更新它的 ARP 表,如表 5.6 所列。

从此以后,主机 A 就把所有给主机 D(172.14.20.200)的分组发送给 MAC 地址为

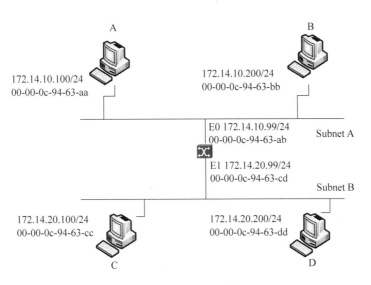

图 5.36 代理 ARP 的例子

00-00-0c-94-63-ab 的主机,这就是路由器的网卡地址。

表 5.4 A 广播的 ARP 请求分组数据

发送者的 MAC 地址	发送者的 IP 地址	目的 MAC 地址	目的 IP 地址
00-00-0c-94-63-aa	172.14.10.100	00-00-00-00-00-00	172.14.20.200

表 5.5 路由器发送的 ARP 响应分组数据

发送者的 MAC 地址	发送者的 IP 地址	目的 MAC 地址	目的 IP 地址
00-00-0c-94-63-ab	172.14.20.200	00-00-0c-94-63-aa	172.14.10.100

表 5.6 主机 A 更新的 ARP 表项

IP 地址	MAC 地址
172.14.20.200	00-00-0c-94-63-ab

通过这种方式,子网 A 中的 ARP 映射表都把路由器的 MAC 地址当作子网 B 中主机的 MAC 地址。多个 IP 地址被映射到一个 MAC 地址这一事实正是代理 ARP 的标志。

5.4.4 网络控制信息协议

网络控制信息协议(Internet Control Message Protocol,ICMP)允许主机或路由器报告差错情况和提供异常情况的报告。ICMP 是 Internet 的标准协议。ICMP 报文是封装在 IP 数据报中发送的。ICMP 报文格式如图 5.37 所示。

ICMP 报文的种类有两种:ICMP 差错报告报文和 ICMP 询问报文。

ICMP 报文的前 4 字节是统一的格式,共有 3 个字段,即类型、代码和校验和。接着的 4 字节的内容与 ICMP 的类型有关。再后面是数据字段,其长度取决于 ICMP 的类型。

ICMP 报文的类型字段的值代表相应的 ICMP 报文类型,如表 5.7 所示。

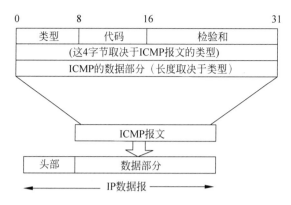

图 5.37　ICMP 报文的格式

表 5.7　ICMP 报文类型

ICMP 报文种类	类 型 的 值	ICMP 报文的类型
差错报告报文	3	终点不可达
	4	源站抑制(Source quench)
	11	时间超过
	12	参数问题
	5	改变路由(Redirect)
询问报文	8 或 0	回送(Echo)请求或回答
	13 或 14	时间戳(Timestamp)请求或回答
	17 或 18	地址掩码(Address mask)请求或回答
	10 或 9	路由器询问(Router solicitation)或通告

ICMP 报文的代码字段是为了进一步区分某种类型中的几种不同的子类型。校验和字段用来检验整个 ICMP 报文。

ICMP 差错报告报文共有 5 种,即:

(1) 终点不可达。终点不可达分为网络不可达、主机不可达、协议不可达、端口不可达、需要分片但 DF 比特已置为 1 与源路由失败 6 种情况,其代码字段分别置为 0~5。当出现以上 6 种情况时就向源站发送终点不可达报文。

(2) 源站抑制。当路由器或主机因拥塞而丢弃 IP 分组时,向源站发送源站抑制报文,使源站知道应当将数据报的发送速率放慢,以实现简单的流量控制和拥塞控制功能。

(3) 时间超过。当路由器接收到生存时间为零的 IP 分组时,除丢弃该分组外,还要向源站发送时间超过报文。当目的站在预先规定的时间内不能接收到一个 IP 分组的全部数据报片时,则将已接收到的数据报片都丢弃,并向源站发送时间超过报文。

(4) 参数问题。当路由器或目的主机接收到的 IP 分组的头部中有的字段的值不正确时,则丢弃该数据报,并向源站发送参数问题报文。

(5) 改变路由(重定向)。路由器将改变路由报文发送给主机,让主机知道下次应将 IP 分组发送给另外的路由器。例如,由默认路由变为更好的具体路由。

ICMP 差错报告报文中的数据字段都是这样构成的:将接收到的需要进行差错报告的 IP 数据报的头部和数据字段的前 8 字节提取出来,作为 ICMP 报文的数据字段,再加上相应的 ICMP 差错报告报文的头部(前 8 字节),就构成了 ICMP 差错报告报文。提取接收到的数据报的数据字段的前 8 字节可以得到 TCP 和 UDP 端口号以及 TCP 的发送序号,因为源站高层协议可能需要这些信息。

有些情况是不发送 ICMP 差错报告报文的,例如,对具有多播地址的数据报都不发送 ICMP 差错报告报文。

常用的 ICMP 询问报文有两种:

(1) 回送请求和回答。ICMP 回送请求报文是由主机或路由器向一个特定的目的主机发出询问的报文。接收到此报文的主机必须给源主机或路由器发送 ICMP 回送回答报文。这种询问报文用来测试目的站是否可达及了解主机的相关信息。Ping 命令即是应用了此报文。

(2) 时间戳请求和回答。ICMP 时间戳请求报文是请某个主机和路由器回答当前的日期和时间的报文。在 ICMP 时间戳回答报文中有一个 32 位的字段,其中的值代表从 1900 年 1 月 1 日到当前时刻一共有多少秒。

5.4.5 虚拟专用网与 NAT

1. 虚拟专用网

本地互联网一般也简称专用网。专用网最好采用专用地址(私有地址),包括以下 IP 段:

(1) 10.0.0.0;

(2) 172.16.0.0~172.31.255.255;

(3) 192.168.0.0。

这些专用地址只能用作本地地址而不能用作全球地址。在 Internet 中的所有路由器对目的地址是专用地址的 IP 分组一律不进行转发。

当一个很大的机构有许多部门分布在相距很远的一些地点,而在每一个地点都有自己的专用网时,如果这些分布在不同地点的专用网需要经常进行通信,就需要利用 Internet 来实现本机构的专用网,这样的专用网称为虚拟专用网(Virtual Private Network,VPN)。图 5.38 是使用隧道技术实现虚拟专用网的例子,可以认为部门 A 和部门 B 一个是机构总部,另一个为分支机构。

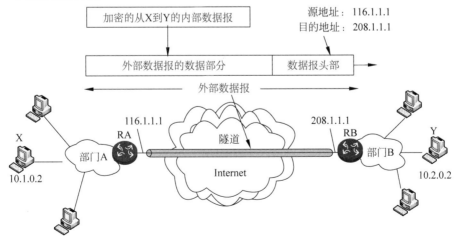

图 5.38 用隧道技术实现虚拟专用网

显然,每一个机构至少要有一个路由器具有合法的全球 IP 地址以访问 Internet。

现在假设部门 A 的主机 X 要向部门 B 的主机 Y 发送数据报,源地址是 10.1.0.2,而目的地址是 10.2.0.2。这个数据报作为本机构的内部数据报从 X 发送到与外部连接的路由器 RA。路由器 RA 接收到内部数据报后将整个的内部数据报进行加密,然后重新加上数据报的头部封装成在 Internet 上发送的外部数据报,其源地址是路由器 R1 的全球地址116.1.1.1,而目的地址是路由器 RB 的全球地址 208.1.1.1,这样就构成了一条 RA 到 RB 的隧道,其实质是一种数据封装技术。路由器 RB 接收到数据报后将其数据部分取出进行解密,恢复出原来的内部数据报,并转发给主机 Y。

由于在 Internet 上传送的外部数据报的数据部分(即内部数据报)是加密的,因此在Internet 上所经过的所有路由器都不知道内部数据报的内容。

这种内部网络所构成的虚拟专用网(VPN)又称为内联网(Intranet)。但有时一个机构需要和某些外部机构共同建立一个虚拟专用网,例如合作伙伴,这样的 VPN 又称为外联网(Extranet)。

2. 网络地址转换(NAT)

如果某个机构内部网包括有许多计算机,采用了私有地址,同时内部网中很多主机需要接入 Internet,但整个机构只申请到少量几个公有地址,这时可以通过 NAT 技术访问Internet。

NAT 技术的基本原理就是在该机构的内部网和 Internet 之间的边界处进行地址转换,将私有地址"翻译"成公有地址。为此需要建立起一个 NAT 表,记录内部某个节点在内部网的私有地址与其访问 Internet 时采用的公有地址之间的映射关系。

NAT 还有屏蔽内网 IP 的安全作用。

NAT 有多种使用形式,常用的方法包括静态 NAT、动态 NAT 和端口级 NAT。

(1) 静态 NAT:用来在私有地址和公有地址之间建立一种一对一的映射关系。

(2) 动态 NAT:用来在私有地址和公有地址之间建立一种动态的映射关系。动态NAT 需要在 NAT 设备上(例如路由器上)配置一个地址池。

(3) 端口级 NAT(PAT):是一种动态 NAT,其将多个私有地址映射为某一端口的公有地址。

5.4.6 DHCP

在使用 TCP/IP 的网络中,每台主机都必须有全局唯一的 IP 地址。在简单的网络中,可以用手动固定的方式来分配 IP 地址。若网络中需要分配 IP 地址的主机很多,特别是在网络中增加、删除网络节点或者重新配置网络时,其工作量很大,比较容易出错,而且出错时不易查找,加重了网络管理的负担。

DHCP 是指动态主机配置协议(Dynamic Host Configuration Protocol),采用 DHCP 服务方式后,用户不再需要自行设置网络参数,而是由 DHCP 服务器来自动分配客户端所需要的 IP 地址。它可以减少人工错误的困扰、减轻管理上的负担,还可以解决网络中主机多而 IP 地址不够的问题。

要使用 DHCP 方式自动索取 IP 地址,整个网络必须至少有一台服务器内安装了DHCP 服务。其他要使用 DHCP 功能的客户端也必须有支持自动向 DHCP 服务器索取 IP

地址的功能,这些客户端称为 DHCP 客户端。

DHCP 服务器只是将 IP 地址租给 DHCP 客户端一段时间,在租约到期时,如果 DHCP 客户端没有更新租约,那么 DHCP 服务器将会收回该 IP 地址的使用权。DHCP 服务也支持地址绑定的长期租用。

DHCP 服务器不但可以给 DHCP 客户端提供 IP 地址,还可以给 DHCP 客户端提供一些其他的选项设置,例如,子网掩码、默认网关与 DNS 服务器等。

DHCP 的工作原理如下:

1. 向 DHCP 服务器索取新的 IP 地址

计算机第一次以 DHCP 客户端的身份启动或 DHCP 客户端所租用的 IP 地址已被 DHCP 服务器收回时,DHCP 客户端会向 DHCP 服务器索取一个新的 IP 地址。DHCP 客户端与 DHCP 服务器之间,通过以下 4 个阶段来相互沟通。

(1) 发现阶段(DHCPDISCOVER)。DHCP 客户端以广播方式发送 DHCPDISCOVER 信息到网络上,以便查找一台能够提供 IP 地址的 DHCP 服务器。

(2) 提供阶段(DHCPOFFER)。当网络上的 DHCP 服务器接收到 DHCP 客户端的 DHCPDISCOVER 信息后,它就从尚未分配的 IP 地址中挑选一个,然后用广播的方式提供给 DHCP 客户端。如果网络上有多台 DHCP 服务器都接收到 DHCP 客户端的 DHCPDISCOVER 信息,并且也都响应给该 DHCP 客户端,则 DHCP 客户端会从中选择第一个收到的 DHCPOFFER 信息。

(3) 选择阶段(DHCPREQUEST)。当 DHCP 客户端选好第一个接收到的 DHCPOFFER 信息后,它就用广播的方式,响应一个 DHCPREQUEST 信息给 DHCP 服务器。

(4) 确认阶段(DHCPACK)。当 DHCP 服务器接收到 DHCP 客户端请求 IP 地址的 DHCPREQUEST 信息后,就会利用广播的方式给 DHCP 客户端发出 DHCPACK 信息。该信息内包含 DHCP 客户端所需的 TCP/IP 设置数据,例如,IP 地址、子网掩码、默认网关、DNS 服务器等。

DHCP 客户端在接收到 DHCPACK 信息后,就完成了索取 IP 地址的过程,可以开始利用这个 IP 地址与网络上的其他计算机进行通信。

2. 更新 IP 地址的租约

DHCP 服务器向 DHCP 客户端租借的 IP 地址一般都有期限,期满后 DHCP 服务器便会收回租借的 IP 地址。如果 DHCP 客户端要求延长其 IP 租约,则必须更新其 IP 租约。更新租约时,DHCP 客户端会向 DHCP 服务器发送 DHCPREQUEST 信息。有以下两种情况。

(1) DHCP 客户端重新启动时。若允许,DHCP 服务器则回复一个 DHCPACK 信息;否则,DHCP 客户端重新向 DHCP 服务器索取一个新的 IP 地址。

(2) IP 租约期过半时。若允许,则 DHCP 服务器回答一个 DHCPACK 信息。即使租约无法续约成功,因为租约还没有到期,DHCP 客户端仍然可以继续使用原来的 IP 地址。在租约期过 7/8 时,有相似过程。

另外,DHCP 客户端也可以利用 ipconfig/renew 命令来手动更新或释放 IP 租约。

3. DHCP/BOOTP 中继代理

如果 DHCP 服务器与 DHCP 客户端分别位于不同的网络区域(通过 IP 路由器来连

接),由于 DHCP 信息是以广播为主,需要 IP 路由器具备 DHCP/BOOTP 中继代理的功能,才可以将 DHCP 信息转送到其他的网络区域。

如果 IP 路由器不具备 DHCP/BOOTP 中继代理的功能,则必须在每个网络区域内都安装一台 DHCP 服务器,或者必须利用一台计算机来扮演 DHCP/BOOTP 中继代理的角色。

5.5 IPv6

5.5.1 IPv6 的产生背景

IP 是 Internet 的核心协议。现在使用的 IP(即 IPv4)是在 20 世纪 70 年代末期设计的,无论从计算机技术本身发展还是从 Internet 规模和网络传输速率来看,IPv4 已很不适应了,其中最主要的问题就是 32 位的 IP 地址不够用。

要解决 IP 地址耗尽的问题,可以采用以下 3 个措施:

(1) 采用无分类域间路由选择 CIDR,使 IP 地址的分配更加合理;

(2) 采用网络地址转换 NAT 方法,可节省许多全球 IP 地址;

(3) 采用具有更大地址空间的新版本的 IP,即 IPv6。

尽管上述前两项措施的采用使得 IP 地址耗尽的日期推后了不少,但却不能从根本上解决 IP 地址即将耗尽的问题。因此,治本的方法应当是上述第三种方法。

国际互联网工程任务组(The Internet Engineering Task Force,IETF)早在 1992 年 6 月就提出要制定下一代的 IP,即 IPng(IP Next Generation)(IPng 现正式称为 IPv6)。这个新领域由 Allison Mankin 和 Scott Bradner 领导,成员由 15 名来自不同工作背景的工程师组成。IETF 于 1994 年 7 月 25 日采纳了 IPng 模型,并形成了几个 IPng 工作组。从 1996 年开始,一系列用于定义 IPv6 的 RFC 发表出来,最初的版本为 RFC1883。由于 IPv4 和 IPv6 地址格式等不相同,因此在未来的很长一段时间里,互联网中将出现 IPv4 和 IPv6 长期共存的局面。在 IPv4 和 IPv6 共存的网络中,对于仅有 IPv4 地址,或仅有 IPv6 地址的端系统,两者无法直接通信,此时可依靠中间网关或者使用其他过渡机制实现通信。

2003 年 1 月 22 日,IETF 发布了 IPv6 测试性网络,即 6Bone 网络。它是 IETF 用于测试 IPv6 网络而进行的一项 IPng 工程项目,该工程目的是测试如何将 IPv4 网络向 IPv6 网络迁移。作为 IPv6 问题测试的平台,6Bone 网络包括协议的实现、IPv4 向 IPv6 迁移等功能。6Bone 操作建立在 IPv6 试验地址分配基础上,并采用 3FFE::/16 的 IPv6 前缀,为 IPv6 产品及网络的测试和商用部署提供测试环境。截至 2009 年 6 月,6Bone 网络技术已经支持了 39 个国家的 260 个组织机构。6Bone 网络被设计成为一个类似于全球性层次化的 IPv6 网络,同实际的互联网类似,它包括伪顶级转接提供商、伪次级转接提供商和伪站点级组织机构。由伪顶级提供商负责连接全球范围的组织机构,伪顶级提供商之间通过 IPv6 的 BGP-4 扩展来尽力通信,伪次级提供商也通过 BGP-4 连接到伪区域性顶级提供商,伪站点级组织机构连接到伪次级提供商。伪站点级组织机构可以通过默认路由或 BGP-4 连接到其伪提供商。6Bone 最初开始于虚拟网络,它使用 IPv6-over-IPv4 隧道过渡技术。因此,它是一个基于 IPv4 互联网且支持 IPv6 传输的网络,后来逐渐建立了纯 IPv6 链接。

5.5.2 IPv6 的组成结构

1. 表示方法

IPv6 的地址长度为 128 位,是 IPv4 地址长度的 4 倍,采用十六进制表示。IPv6 有 3 种表示方法。

1) 冒分十六进制表示法

格式为 X:X:X:X:X:X:X:X,其中每个 X 表示地址中的 16b,以十六进制表示,例如,ABCD:EF01:2345:6789:ABCD:EF01:2345:6789。

在这种表示法中,每个 X 的前导 0 是可以省略的,例如:

2001:0DB8:0000:0023:0008:0800:200C:417A 可以写成

2001:DB8:0:23:8:800:200C:417A

2) 0 位压缩表示法

在某些情况下,一个 IPv6 地址中间可能包含很长的一段 0,可以把连续的一段 0 压缩为"::"。但为保证地址解析的唯一性,地址中"::"只能出现一次,例如:

FF01:0:0:0:0:0:0:1101 可以压缩为 FF01::1101

0:0:0:0:0:0:0:1 可以压缩为::1

0:0:0:0:0:0:0:0 可以压缩为::

3) 内嵌 IPv4 地址表示法

为了实现 IPv4 与 IPv6 互通,IPv4 地址会嵌入 IPv6 地址中,此时地址常表示为:X:X:X:X:X:X:d.d.d.d,前 96 位地址采用冒分十六进制表示,最后 32 位地址则使用 IPv4 的点分十进制表示,例如,::192.168.0.1 与::FFFF:192.168.0.1 就是两个典型的例子。注意在前 96 位中,压缩 0 位的方法依旧适用。

2. 地址类型

IPv6 协议主要定义了 3 种地址类型: 单播地址(Unicast Address)、组播地址(Multicast Address)和任播地址(Anycast Address)。与原来在 IPv4 地址相比,新增了"任播地址"类型,取消了原来 IPv4 地址中的广播地址,因为在 IPv6 中的广播功能是通过组播来完成的。

(1)单播地址:用来唯一标识一个接口,类似于 IPv4 中的单播地址。发送到单播地址的数据报文将被传送给此地址所标识的一个接口。

(2)组播地址:用来标识一组接口(通常这组接口属于不同的节点),类似于 IPv4 中的组播地址。发送到组播地址的数据报文被传送给此地址所标识的所有接口。

(3)任播地址:用来标识一组接口(通常这组接口属于不同的节点)。发送到任播地址的数据报文被传送给此地址所标识的一组接口中距离源节点最近(根据使用的路由协议进行度量)的一个接口。

IPv6 地址类型是由地址前缀部分来确定,主要地址类型与地址前缀的对应关系如表 5.8 所示。

表 5.8 IPv6 地址类型与地址前缀的对应关系

地 址 类 型		地址前缀(二进制)	IPv6 前缀标识
单播地址	未指定地址	00…0(128bits)	::/128
	环回地址	00…1(128bits)	::1/128
	链路本地地址	1111111010	FE80::/10
	站点本地地址	1111111011	FEC0::/10
	全球单播地址	其他形式	—
组播地址		11111111	FF00::/8
任播地址		从单播地址空间中进行分配,使用单播地址的格式	

3. 使用协议

1) 地址配置协议

IPv6 使用两种地址自动配置协议,即无状态地址自动配置协议(SLAAC)和 IPv6 动态主机配置协议(DHCPv6)。SLAAC 不需要服务器对地址进行管理,主机直接根据网络中的路由器通告信息与本机 MAC 地址结合计算出本机 IPv6 地址,实现地址自动配置;DHCPv6 由 DHCPv6 服务器管理地址池,用户主机从服务器请求并获取 IPv6 地址及其他信息,达到地址自动配置的目的。

2) 路由协议

IPv4 初期对 IP 地址的规划不够合理,使得网络变得非常复杂,路由表条目繁多。尽管通过划分子网以及路由聚集在一定程度上缓解了这个问题,但这个问题依旧存在。因此 IPv6 设计之初就把地址从用户拥有改成运营商拥有,在此基础上,路由策略发生了一些变化,加之 IPv6 地址长度发生了变化,因此路由协议发生了相应的改变。

与 IPv4 相同,IPv6 路由协议同样分成内部网关协议(IGP)与外部网关协议(EGP),其中 IGP 包括由 RIP 变化而来的 RIPng,由 OSPF 变化而来的 OSPFv3,以及 IS-IS 协议变化而来的 IS-ISv6。EGP 则主要是由 BGP 变化而来的 BGP4+。

5.5.3 IPv4 向 IPv6 的过渡技术

IPv6 不可能立刻替代 IPv4,因此在相当一段时间内 IPv4 和 IPv6 会共存于一个环境中。要提供平稳的转换过程,使得对现有的使用者影响最小,就需要有良好的转换机制。这个议题是 IETF ngtrans 工作小组的主要目标,有许多转换机制已被提出,部分已被用于 6Bone 上。IETF 推荐了双协议栈、隧道技术以及网络地址转换等转换机制。

1. IPv6/IPv4 双协议栈技术

双栈机制就是使 IPv6 网络节点具有一个 IPv4 栈和一个 IPv6 栈,同时支持 IPv4 和 IPv6 协议。IPv6 和 IPv4 是功能相近的网络层协议,两者都应用于相同的物理平台,并承载相同的传输层协议 TCP 或 UDP。如果一台主机同时支持 IPv6 和 IPv4 协议,那么该主机就可以与仅支持 IPv4 或 IPv6 协议的主机通信。

2. 隧道技术

隧道机制就是必要时将 IPv6 数据包作为数据封装在 IPv4 数据包里,使 IPv6 数据包能在已有的 IPv4 基础设施(主要是指 IPv4 路由器)上传输的机制。随着 IPv6 的发展,出现了一些运行 IPv4 协议的骨干网络隔离开的局部 IPv6 网络,为了实现这些 IPv6 网络之间的通信,必须采用隧道技术。隧道对于源站点和目的站点是透明的,在隧道的入口处,路由器将IPv6的数据分组封装在IPv4中,该IPv4分组的源地址和目的地址分别是隧道入口和出口的IPv4地址,在隧道出口处,再将IPv6分组取出转发给目的站点。隧道技术的优点在于隧道的透明性,IPv6主机之间的通信可以忽略隧道的存在,隧道只起到物理通道的作用。隧道技术在IPv4向IPv6演进的初期应用非常广泛。但是,隧道技术不能实现IPv4主机和IPv6主机之间的通信。

3. 网络地址转换技术

网络地址转换(Network Address Translator,NAT)技术是将IPv4地址和IPv6地址分别看作内部地址和全局地址,或者相反。例如,内部的IPv4主机要和外部的IPv6主机通信时,在NAT服务器中将IPv4地址(相当于内部地址)变换成IPv6地址(相当于全局地址),服务器维护一个IPv4与IPv6地址的映射表。反之,当内部的IPv6主机和外部的IPv4主机进行通信时,则IPv6主机映射成内部地址,IPv4主机映射成全局地址。NAT技术可以解决IPv4主机和IPv6主机之间的互通问题。

5.5.4 IPv6的优势特点

与IPv4相比,IPv6具有以下几个优势:

(1) IPv6具有更大的地址空间。IPv4中规定IP地址长度为32,最大地址个数为2^{32};而IPv6中IP地址长度为128,即最大地址个数为2^{128}。与32位地址空间相比,其地址空间增加了$2^{128}-2^{32}$个。

(2) IPv6使用更小的路由表。IPv6的地址分配一开始就遵循聚类的原则,这使得路由器能在路由表中用一条记录表示一片子网,大大减小了路由器中路由表的长度,提高了路由器转发数据包的速度。

(3) IPv6增加了增强的组播支持以及对流的控制,这使得网络上的多媒体应用得到了长足发展的机会,为服务质量控制提供了良好的网络平台。

(4) IPv6加入了对自动配置的支持。这是对DHCP的改进和扩展,使得网络(尤其是局域网)的管理更加方便和快捷。

(5) IPv6具有更高的安全性。在使用IPv6网络中用户可以对网络层的数据进行加密并对IP报文进行校验,在IPv6中的加密与鉴别选项提供了分组的保密性与完整性,极大地增强了网络的安全性。

(6) 允许扩充。如果新的技术或应用需要时,IPv6允许协议进行扩充。

(7) 更好的头部格式。IPv6使用新的头部格式,其选项与基本头部分开,如果需要,可将选项插入到基本头部与上层数据之间。这就简化和加速了路由选择过程,因为大多数的选项不需要由路由选择。

(8) 新的选项。IPv6有一些新的选项来实现附加的功能。

5.6 物联网

物联网(Internet of Things,IoT)是新一代信息技术的重要组成部分,也是信息化时代的重要发展阶段。顾名思义,物联网就是物物相联的互联网。这有两层意思:

（1）物联网的核心和基础仍然是互联网，是在互联网基础上延伸和扩展的网络；

（2）其用户端延伸和扩展到了任何物品与物品之间，进行信息交换和通信，也就是物物相息。

物联网通过智能感知、识别技术与普适计算等通信感知技术，广泛应用于网络的融合中，也因此被称为继计算机、互联网之后世界信息产业发展的第三次浪潮。物联网是互联网的应用拓展，与其说物联网是网络，不如说物联网是业务和应用。因此，应用创新是物联网发展的核心，以用户体验为核心的创新 2.0 是物联网发展的灵魂。

5.6.1 物联网的定义

物联网在 1999 年提出，是通过射频识别（RFID）、红外感应器、全球定位系统、激光扫描器、气体感应器等信息传感设备，按约定的协议，把任何物品与互联网连接起来，进行信息交换和通信，实现智能化识别、定位、跟踪、监控和管理的一种网络。简言之，物联网就是"物物相联的互联网"，如图 5.39 所示。

图 5.39 物联网

中国物联网校企联盟将物联网的定义为当下几乎所有技术与计算机、互联网技术的结合，实现物体与物体之间环境以及状态信息的实时共享以及智能化的收集、传递、处理、执行。广义上说，当下涉及信息技术的应用，都可以纳入物联网的范畴。

而在其著名的科技融合体模型中，提出了物联网是当下最接近该模型顶端的科技概念和应用。物联网是一个基于互联网、传统电信网等信息承载体，让所有能够被独立寻址的普通物理对象实现互联互通的网络。它具有智能、先进、互联 3 个重要特征。

国际电信联盟（ITU）发布的互联网报告，对物联网做了如下定义：通过二维码识读设备、射频识别（RFID）装置、红外感应器、全球定位系统和激光扫描器等信息传感设备，按约定的协议，把任何物品与互联网相连接，进行信息交换和通信，以实现智能化识别、定位、跟踪、监控和管理的一种网络。

根据 ITU 的定义，物联网主要解决物与物、人与物、人与人之间的互联。但是与传统互联网不同的是，人与物是指人利用通信装置与物之间的连接，从而使得物品连接更加简化，而人与人是指人之间不依赖于 PC 而进行的互联。因为互联网并没有考虑到对于任何物品连接的问题,故使用物联网来解决这个传统意义上的问题。

5.6.2 物联网的关键技术

在物联网应用中有3项关键技术：

（1）传感器技术。这也是计算机应用中的关键技术。到目前为止绝大部分计算机处理的都是数字信号。自从有计算机以来,就需要传感器把模拟信号转换成数字信号计算机才能处理。

（2）RFID标签。也是一种传感器技术,RFID技术是融合了无线射频技术和嵌入式技术为一体的综合技术,RFID在自动识别、物品物流管理有着广阔的应用前景。

（3）嵌入式系统技术。是综合了计算机软硬件、传感器技术、集成电路技术、电子应用技术为一体的复杂技术。经过几十年的演变,以嵌入式系统为特征的智能终端产品随处可见。嵌入式系统正在改变着人们的生活,推动着工业生产以及国防工业的发展。如果把物联网用人体做一个简单比喻,传感器相当于人的眼睛、鼻子、皮肤等感官,网络就是神经系统用来传递信息,嵌入式系统则是人的大脑,在接收到信息后要进行分类处理。这个例子很形象地描述了传感器、嵌入式系统在物联网中的位置与作用。

5.6.3 物联网的特点

和传统的互联网相比,物联网有其鲜明的特征。

（1）物联网是各种感知技术的广泛应用。物联网上部署了海量的多种类型传感器,每个传感器都是一个信息源,不同类别的传感器所捕获的信息内容和信息格式不同。传感器获得的数据具有实时性,按一定的频率周期性地采集环境信息,不断更新数据。

（2）物联网是一种建立在互联网上的泛在网络。物联网技术的重要基础和核心仍旧是互联网,通过各种有线和无线网络与互联网融合,将物体的信息实时准确地传递出去。在物联网上的传感器定时采集的信息需要通过网络传输,由于其数量极其庞大,形成了海量信息,在传输过程中,为了保障数据的正确性和及时性,必须适应各种异构网络和协议。

（3）物联网不仅提供了传感器的连接,其本身也具有智能处理的能力,能够对物体实施智能控制。物联网将传感器和智能处理相结合,利用云计算、模式识别等各种智能技术,扩充其应用领域。从传感器获得的海量信息中分析、加工和处理出有意义的数据,以适应不同用户的不同需求,发现新的应用领域和应用模式。

此外,物联网的实质是提供不拘泥于任何场合、任何时间的应用场景与用户的自由互动,它依托云服务平台和互通互联的嵌入式处理软件,弱化技术色彩,强化与用户之间的良性互动、更佳的用户体验、更及时的数据采集和分析建议、更自如的工作和生活,是通往智能生活的物理支撑。

5.6.4 物联网的发展现状和未来趋势

物联网把新一代IT技术充分运用在各行各业之中,具体地说,就是把感应器嵌入和装备到电网、铁路、桥梁、隧道、公路、建筑、供水系统、大坝、油气管道等各种物体中,然后通过物联网与现有的互联网整合起来,实现人类社会与物理系统的整合。在这个整合的网络中,存在能力超级强大的中心计算机群,能够对整合网络内的人员、机器、设备和基础设施实施实时的管理和控制。在此基础上,人类可以以更加精细和动态的方式管理生产和生活,达到智慧状态,提高资源利用率和生产力水平,改善人与自然间的关系。

物联网用途广泛,涉及智能交通、环境保护、政府工作、公共安全、平安家居、智能消防、工业监测、环境监测、路灯照明管控、景观照明管控、楼宇照明管控、广场照明管控、老人护理、个人健康、花卉栽培、水系监测、食品溯源、敌情侦察和情报搜集等多个领域。

就像互联网是解决"最后 1 公里"的问题,物联网其实需要解决的是"最后 100 米的"问题,在最后 100 米可连接设备的密度远远超过"最后 1 公里",特别是在家庭物联网应用(智能家居)已经成为各国物联网企业全力抢占的制高点,作为目前全球公认的"最后 100 米"主要技术解决方案,ZigBee 得到了全球主要国家前所未有的关注。这种技术由于相比于现有的 WiFi、蓝牙等无线技术更加安全、可靠,同时由于其组网能力强、具备网络自愈能力并且功耗更低,ZigBee 的这些特点与物联网的发展要求非常贴近,目前已经成为全球公认的"最后 100 米"的最佳技术解决方案。

本章小结

(1) 网络互联的目的是将不同的网络互相连接起来,允许任何一个网络中的用户可以与其他网络中的用户进行通信,也允许任何一个网络中的用户访问其他网络中的数据。

(2) 网络可以通过不同的设备相互连接起来。在物理层,通过中继器或者集线器可以将网络连接起来,它们通常只是简单地将数据从一个网络搬移到另一个同类型的网络中。在数据链路层,可以使用网桥和交换机进行网络连接,它们可以接收帧以及检查 MAC 地址,将这些帧转发到另一个不同的网络中。在网络层,可以使用路由器将两个网络连接起来。在传输层,使用传输网关。传输网关是指两个传输层连接之间的接口。在应用层,应用网关可以翻译消息的语义。

(3) 网络中连接各个通信处理设备的物理介质称为传输介质,其性能特点对传输速率、成本、抗干扰能力、通信距离、可连接的网络节点数目和数据传输的可靠性等均有重大影响。必须根据不同的通信要求,合理地选择传输介质。传输介质分为有线介质和无线介质。有线介质包括同轴线缆、双绞线和光纤,无线介质包括无线短波、地面微波、卫星、红外线等。

(4) TCP/IP 的特点是不依赖于任何特定的计算机硬件或操作系统,提供开放的协议标准,即使不考虑 Internet,TCP/IP 也获得了广泛的支持。所以 TCP/IP 成为一种联合各种硬件和软件的实用系统。TCP/IP 也不依赖于特定的网络传输硬件,所以 TCP/IP 能够集成各种各样的网络。用户能够使用以太网(Ethernet)、令牌环网(Token Ring Network)、拨号线路(Dial-up Line)、X.25 网以及所有的网络传输硬件。统一的网络地址分配方案,使得整个 TCP/IP 设备在网中都具有唯一的地址。另外,标准化的高层协议,可以提供多种可靠的用户服务。

(5) 目前,基于 IPv6 协议所支持的应用还是比较有限的,仅仅支持 Web 访问、流媒体播放以及其他一些试验性的应用,而且 IPv6 应用距离运营商所要求的电信级业务还有较大的差距,但是作为下一代互联网,IPv6 必然会得到推广和应用。

(6) 物联网应用涉及国民经济和人类社会生活的方方面面,因此,物联网被称为是继计算机和互联网之后的第三次信息技术革命。信息时代,物联网无处不在。

习题

一、单选题

1. 在计算机网络中,能将异种网络互联起来,实现不同网络协议相互转换的网络互联设备是(　　)。

    A. 集线器　　　　　　B. 网桥　　　　　　C. 路由器　　　　　　D. 网关

2. 交换机工作在 OSI 参考模型中的(　　),根据(　　)地址进行数据转发。

    A. 物理层、MAC　　　　　　　　　　B. 数据链路层、IP

    C. 数据链路层、MAC　　　　　　　　D. 网络层、IP

3. A 类网络的容量是(　　)。

    A. 128　　　　　　B. 125　　　　　　C. 127　　　　　　D. 126

4. 在以太网中,是根据(　　)地址来区分不同的设备的。

    A. LLC　　　　　　B. MAC　　　　　　C. IP　　　　　　D. IPX

5. ARP 的作用是(　　)。

    A. 根据 IP 地址获取 MAC 地址　　　　B. 根据 MAC 地址获取 IP 地址

    C. 根据主机名获取 IP 地址　　　　　　D. 给网络自动分配 IP 地址

6. 10Base-T 网络使用的传输介质是(　　)。

    A. 光纤　　　　　　B. 粗同轴线缆　　　　　　C. 细同轴线缆　　　　　　D. 双绞线

7. BNC 接口是专门用于连接(　　)的接口。

    A. 光纤　　　　　　B. 粗同轴线缆　　　　　　C. 细同轴线缆　　　　　　D. 双绞线

8. 应用程序 Ping 发出的是(　　)报文。

    A. TCP 请求报文　　　　　　　　　　B. TCP 应答报文

    C. ICMP 请求报文　　　　　　　　　D. ICMP 应答报文

9. 当一台主机从一个网络移到另一个网络时,以下说法正确的是(　　)。

    A. 必须改变它的 IP 地址和 MAC 地址

    B. 必须改变它的 IP 地址,但不需改动 MAC 地址

    C. 必须改变它的 MAC 地址,但不需改动 IP 地址

    D. MAC 地址、IP 地址都不需改动

10. 在 TCP/IP 中,解决计算机到计算机之间通信问题的层次是(　　)。

    A. 网络接口层　　　　B. 网络层　　　　C. 传输层　　　　D. 应用层

二、填空题

1. 129.10.2.30 地址是一个_____类地址,其网络号是_____,主机号是_____。

2. 10Base-2 采用的传输线缆是_____,最大传输距离为_____米。

3. 按照光纤的传输模式划分,可以分为_____光纤和_____光纤。

4. DHCP 的作用是_____。

5. 一个 B 类 IP 地址可能容纳_____台主机。

6. IPv6 的地址空间为_____个。

三、简答题

1. 简述交换机与集线器的区别。

2. 路由器有哪些主要的性能指标?

3. 常用的网络传输介质有哪几种? 它们分别适用于什么场合?

4. 简述 IP 地址和子网掩码的主要用途。

5. 某计算机所使用的 IP 地址是 194.171.19.23,子网掩码是 255.255.255.240,写出该机器的网络号、子网号、主机号。

6. 简述 IPv4 向 IPv6 的过渡技术。

7. 物联网的关键技术有哪些?

四、综合题

某公司有 4 个部门,现在需要组成局域网。现在该公司申请到一个 C 类的 IP 地址: 205.75.171.0。要求:网络需要提供 E-mail 和 WWW 服务。每个部门最多的信息节点不超过 30 个。

1. 如果局域网的数据上行传输速率为 220kbps,数据下行传输速率为 1.2Mbps,则向外发送一个 4.8MB 的文件,需要多长时间?

2. 如果要求 4 个部门分别属于不同的子网,请进行子网划分,说明每个子网的 IP 地址范围和子网掩码。

3. 选择适当的网络互联设备,画出网络拓扑结构图。在图中标注相关设备参数和线缆型号,并进行适当说明。

第 6 章

网络管理基础

网络管理是计算机网络、电信网络以及广播电视网等研究、建设中的一个必不可少的重要部分,它决定着网络资源的利用率和效益的发挥。随着各种网络的不断建立、扩展,网络技术的推广应用也迫在眉睫。

本章介绍网络管理的基本概念和结构、网络管理系统的基本组成和相关技术、专业网络管理标准、电信网和 IP 网的管理内容特点和比较,以及网络管理相关协议等,最后还介绍网络管理的综合化和智能化所涉及的基本概念和发展趋势。

6.1 网络管理的概念

6.1.1 网络管理的定义

1. 网络管理

网络管理(Network Management)常简称为网管,是指网络管理员通过网络管理程序对网络上的资源进行集中化管理的操作,包括配置管理、性能和记账管理、问题管理、操作管理和变化管理等。

关于网络管理的定义很多。一般来说,网络管理就是通过某种方式对网络进行管理,使网络能正常高效地运行。其目的很明确,就是使网络中的资源得到更加有效的利用。它应维护网络的正常运行,当网络出现故障时能及时报告和处理,并协调、保持网络系统的高效运行等。

网络管理包括对硬件、软件和人力的使用、综合与协调,以便对网络资源进行监视、测试、配置、分析、评价和控制,这样就能以合理的价格满足网络的一些需求,如实时运行性能、服务质量等。

2. 网络管理系统

网络管理系统(Network Management System)是一种通过结合软件和硬件用来对网络状态进行调整的系统,以保障网络系统能够正常、高效运行,使网络系统中的资源得到更好的利用,是在网络管理平台的基础上实现各种网络管理功能的集合。

通常对一个网络管理系统需要定义以下内容:

(1) 系统的功能。即一个网络管理系统应具有哪些功能。

(2) 网络资源的表示。网络管理很大一部分是对网络资源的管理。网络中的资源就是指网络中的硬件、软件以及所提供的服务等。而一个网络管理系统必须在系统中将它们表示出来,才能对其进行管理。

（3）网络管理信息的表示。网络管理系统对网络的管理主要靠系统中网络管理信息的传递来实现。网络管理信息应如何表示,怎样传递,传送的协议是什么,这些都是构建一个网络管理系统必须考虑的问题。

（4）系统的结构。即网络管理系统的结构是怎样的。

6.1.2　网络管理的方式

常见的网络管理有 3 种方式: SNMP 管理技术、RMON 管理技术、基于 Web 的网络管理模式。

1. SNMP 管理技术

SNMP(Simple Network Management Protocol)即"简单网络管理协议"。

SNMP 定义了管理进程（Manager）和管理代理（Agent）之间的关系,这个关系称为共同体（Community）,如图 6.1 所示。描述共同体的语义是非常复杂的,但其句法却很简单。位于网络管理工作站（运行管理进程）上和各网络元素上利用 SNMP 相互通信对网络进行管理的软件统称为 SNMP 应用实体。若干个应用实体和 SNMP 组合起来形成一个共同体,不同的共同体之间用名字来区分,共同体的名字则必须符合 Internet 的层次结构命名规则,由无保留意义的字符串组成。此外,一个 SNMP 应用实体可以加入多个共同体。

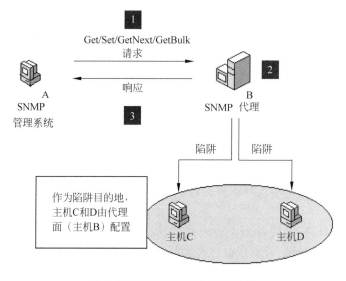

图 6.1　SNMP 管理技术示意图

SNMP 的应用实体对 Internet 管理信息库中的管理对象进行操作。一个 SNMP 应用实体可操作的管理对象子集称为 SNMP MIB 授权范围。SNMP 应用实体对授权范围内管理对象的访问仍然还有进一步的访问控制限制,如只读、可读写等。SNMP 体系结构中要求对每个共同体都规定其授权范围及其对每个对象的访问方式。记录这些定义的文件称为"共同体定义文件"。

SNMP 的报文总是源自每个应用实体,报文中包括该应用实体所在的共同体的名字。

这种报文在 SNMP 中称为"有身份标志的报文",共同体的名字是在管理进程和管理代理之间交换管理信息报文时使用的。管理信息报文包括以下两部分内容:

(1) 共同体名,加上发送方的一些标识信息(附加信息),用来验证发送方确实是共同体中的成员。共同体实际上就是用来实现管理应用实体之间身份鉴别的。

(2) 数据,这是两个管理应用实体之间真正需要交换的信息。

2. RMON 管理技术

RMON 最初的设计是用来解决从一个中心点管理各局域分网和远程站点的问题。RMON 规范是由 SNMP MIB 扩展而来。在 RMON 中,网络监视数据包含了一组统计数据和性能指标,它们在不同的监视器(或称探测器)和控制台系统之间相互交换。结果数据可用来监控网络利用率,以用于网络规划、性能优化和协助网络错误诊断。

RMON 规范定义了 RMON MIB,它是对 SNMP 框架的重要补充,其目标是扩展 SNMP 的 MIB-Ⅱ,使 SNMP 能更为有效、更为积极主动地监控远程设备。RMON MIB 分为 10 组。存储在每一组中的信息都是监视器从一个或几个子网中统计和收集的数据。

(1) 统计组(Statistics):统计组提供一个表,该表每一行表示一个子网的统计信息。其中的大部分对象是计数器,记录监视器从子网上收集到的各种不同状态的分组数。

(2) 历史组(History):历史组存储的是以固定间隔取样所获得的子网数据。该组由历史控制表和历史数据组成。控制表定义被取样的子网接口编号、取样间隔大小,以及每次取样数据的多少,而数据表则用于存储取样期间获得的各种数据。

(3) 警报组(Alarm):设置一定的时间间隔和报警阈值,定期从探测器采样并与所设置的阈值相比较。

(4) 事件组(Event):提供关于 RMON 代理所产生的所有事件。

(5) 主机组(Host):包括网络上发现的与每个主机相关的统计值。

(6) 过滤组(Filter):允许监视器观测符合一定过滤条件的数据包。

(7) 矩阵组(Matrix):记录子网中一对主机间的通信量,信息以矩阵的形式存储。

(8) 捕获组(Capture):分组捕获组建立一组缓冲区,用于存储从通道中捕获的分组。

(9) 最高 N 台主机组(HostTopN):记录某种参数最大的 N 台主机的有关信息,这些信息来源是主机组。在一个取样间隔中为一个子网上的一个主机组变量收集到的数据集合称为一个报告。

(10) 令牌环网组(TokenRing):RFC1513 扩展了 RMON MIB,增加了有关 IEEE 802.5 令牌环网的管理信息。

RMON 定义了远程网络监视的管理信息库,以及 SNMP 管理站与远程监视器之间的接口。一般来说,RMON 的目标就是监视子网范围内的通信,从而减少管理站和被管理系统之间的通信负担。

3. 基于 Web 的网络管理模式

随着应用 Intranet 的企业增多,一些主要的网络厂商正试图以一种新的形式去应用 MIS,从而进一步管理公司网络。基于 Web 的网络管理(Web-Based Management,WBM)技术允许管理人员通过与 WWW 同样的能力去监测其网络,可以想象,这将使得大量的 Intranet 成为更加有效的通信工具。基于 Web 的网络管理允许网络管理人员使用任何一种 Web 浏览器,在网络任何节点上方便迅速地配置、控制以及存取网络及其各个部分。基于 Web 的网络管理是网管方案的一次革命,它将使网络用户管理网络的方式得以改善。

基于 Web 的网络管理融合了 Web 功能与网管技术,从而为网管人员提供了比传统工具更强有力的能力。管理人员应用 WBM,能够通过任何 Web 浏览器、在任何站点均可以监测和控制公司网络,所以他们不再局限于网管工作站,并且由此能够解决很多由于多平台结构产生的互操作性问题。

基于 Web 的网络管理提供比传统的命令驱动的远程登录屏幕更直接、更易用的图形界面,浏览器操作和 Web 页面对 WWW 用户来讲是非常熟悉的,所以基于 Web 的网络管理的结果必然是既降低了 MIS 全体培训的费用,又促使更多的用户去利用网络运行状态信息。

另外,基于 Web 的网络管理是发布网络操作信息的理想方法。例如,通过浏览器连接到一个专门的 Intranet Web 站点上,用户能够访问网络和服务的更新,这样就免去了用户与组织网管部门的联系。而且,由于基于 Web 的网络管理仅仅需要基于 Web 的服务器,所以使它集成到 Intranet 之中就能快速工作了。

基于 Web 的网络管理有两种基本的实现方法,它们之间平行地发展而且互不干涉。第一种是代理方案,也就是将一个 Web 服务器加到一个内部工作站(代理)上,如图 6.2 所示。该工作站轮流与端设备通信,浏览器用户通过 HTTP 与代理通信,同时代理通过 SNMP 与端设备通信。一种典型的实现方法是提供商将 Web 服务加到一个已经存在的网管设备上去,这样做可以平衡数据库访问、SNMP 轮询等功能。

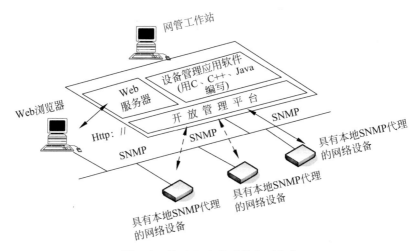

图 6.2　基于 Web 管理的典型方案

第二种方式是嵌入方式,将 Web 能力真正地嵌入到网络设备中,每个设备有其自己的 Web 地址,管理人员可轻松地通过浏览器访问到该设备并且管理它,见图 6.3。

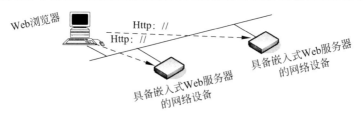

图 6.3　基于 Web 管理的嵌入方案

代理方式保留了现存的基于工作站的网管系统及设备的全部优点,同时还增加了访问灵活的优点。既然代理与所有网络设备通信,那么它当然能提供一个公司的所有物理设备的全体映像,就像一个虚拟的网那样。代理与设备之间的通信沿用 SNMP,所以这种方案的实施只需要传统的设备即可。

另外,嵌入方式给各独立设备带来了图形化的管理。这一点保障了非常简单易用的接口,其优于现在的命令行或基于菜单的远程登录界面。Web 接口可提供更简单的操作而不损失功能。

在未来的企业网络中,基于代理和基于嵌入的两种网管方案都将被应用。一个大型的机构可能需要继续通过代理方式来进行全部网络的网络监测与管理,而且代理方案也能够充分管理大型机构中的纯粹 SNMP 设备。与此同时,嵌入方式也将有着强大的生命力,例如这种方式在不断发展的界面以及在安装新设备、配置设备方面就极具优势。

嵌入方式对于小规模的环境也许更为理想,小型网络系统简单并且不需要强有力的管理系统以及公司的全面视图。通常组织在网络和设备控制的培训方面比较不足,那么嵌入到每个设备的 Web 服务器将使用户从复杂的网管中解放出来。另外,基于 Web 的设备提供真正的即插即用安装,这将减少安装时间、故障排除时间。

6.1.3　网络管理的结构

建立有效的网络管理结构,目前有 3 种主要的方法:

(1) 建立一个管理整个网络的集中系统。集中式结构是由一个大系统去运行大部分所需的应用程序,运行在管理系统中的每个应用程序都将把信息存储在位于网络中心的同一数据库中。

(2) 建立一个分布在网络中的系统。在分布式结构中,几个对等网络管理系统同时运行在计算机网络中。在这种体制下,每一个系统可以管理网络的一个特定部分。例如,在一个大的遍布世界的网络中,一个系统可能管理美国,另一个管理欧洲,第三个管理亚洲。而且,可以由不同的系统管理不同类型的网络设备,并不一定要求其结构在地理上是分布的。值得注意的是,尽管在这种方法中系统的处理是分布化的,但通常需要一个中心数据库进行信息存储。

(3) 把前两种方法结合在一个层次型系统中。集中方案中的中心系统仍然存在于层次的根部,它用来收集所有的必要信息并且允许来自网络各处的访问。然后,通过从分布式结构中建立对等系统,中心系统授权网络管理子系统作为代表,这些子系统完成层次中子节点的功能。这种方法为构造一个网络管理系统结构提供了许多灵活选择。

6.1.4　网络管理系统的组成

网络管理系统的组成主要包括四大部分:至少一个网络管理站(Manager)、多个被管代理(Agent)、网管协议(如 SNMP、CMIP),以及至少一个网管信息库(MIB)。

1. 网络管理站

网络管理站一般是一个设备,也可以是共享系统的一个能力。通常来说,它是运行特殊网络管理软件的普通计算机,在它上面运行着一个或多个进程,它们在网络上与代理进行通信,即发送命令和接收应答,如图 6.4 所示。通常,网管工作站对所有被管设备的管理采用定时的询问机制。管理站驻留在网络管理的服务器上,实施网络管理功能。网络管理站是网络管理员与网络管理系统的接口。

图 6.4　网络管理站模型

2. 被管代理

在网络管理系统中,主机、网桥、路由器及集线器可作为被管代理。被管代理对来自管理站的信息请求和动作请求进行应答,并异步地向管理站报告一些意外事件。它常驻留在被管理的网络设备上,配合网络管理。如图 6.5 所示,网络设备在完成主要职责的同时,运行一个网管代理软件,一般网管工作站定时轮询网管代理,网管代理则向网管工作站报告所询问的网络状态,或有紧急情况时网管代理向网管工作站提出紧急请求。

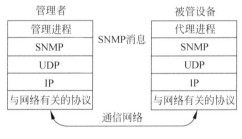

图 6.5　被管代理示意图

3. 网管协议

网络管理系统中最重要的部分就是网管协议,它定义了网络管理者与网管代理间的通信方法。相关内容将在 6.3 节详细介绍。

4. 网管信息库

在网络管理系统中,网络资源常被表示为对象。所谓对象,是指一个表示被管资源某一方面的数据变量。对象的集合称为管理信息信息库(MIB)。MIB 主要用来存储网络管理信息,它能够被网络管理站和被管代理共享。

6.2　网络管理的功能和性能指标

6.2.1　网络管理的功能

事实上,网络管理技术是伴随着计算机、网络和通信技术的发展而发展的,二者相辅相成。从网络管理范畴来分类,可分为:

(1) 对信息通信的管理。即针对交换机、路由器等主干网络进行管理。

(2) 对接入设备的管理。即对内部 PC、服务器、交换机等进行管理。

(3) 对行为的管理。即针对用户的使用进行管理。

（4）对资产的管理。即统计 IT 软硬件的信息等。

根据网管软件的发展历史，可以将网管软件划分为 3 代：

第一代网管软件就是最常用的命令行方式，并结合一些简单的网络监测工具，它不仅要求使用者精通网络的原理及概念，还要求使用者了解不同厂商的不同网络设备的配置方法。

第二代网管软件有着良好的图形化界面。用户无须过多了解设备的配置方法，就能以图形化方式对多台设备同时进行配置和监控，大大提高了工作效率，但仍然存在由于人为因素造成的设备功能使用不全面或不正确的问题数增多，容易引发误操作。

第三代网管软件相对来说比较智能，是真正将网络和管理进行有机结合的软件系统，具有自动配置和自动调整功能。对网管人员来说，只要把用户情况、设备情况以及用户与网络资源之间的分配关系输入网管系统，系统就能自动地建立图形化的人员与网络的配置关系，并自动鉴别用户身份，分配用户所需的资源（如电子邮件、Web、文档服务等）。

根据国际标准化组织定义，网络管理有五大功能：故障管理、配置管理、性能管理、安全管理、计费管理。根据网络管理软件产品功能的不同，又可细分为 5 类，即网络故障管理软件、网络配置管理软件、网络性能管理软件、网络安全管理软件、网络计费管理软件。

1. 故障管理

故障管理（Fault Management）是网络管理中最基本的功能之一。用户都希望有一个可靠的计算机网络。当网络中某个组成失效时，网络管理器必须迅速查找到故障并及时排除。通常不大可能迅速隔离某个故障，因为网络故障的产生原因往往相当复杂，特别是当故障是由多个网络组成共同引起时。在此情况下，一般先将网络修复，然后再分析网络故障的原因。分析故障原因对于防止类似故障的再发生相当重要。网络故障管理包括故障检测、隔离和纠正 3 方面，应包括以下典型功能。

（1）故障报警：接收故障监测模块传来的报警信息，根据报警策略驱动不同的报警程序，以报警窗口/振铃（通知一线网络管理人员）或电子邮件（通知决策管理人员）发出网络严重故障警报。

（2）故障信息管理：依靠对事件记录的分析，定义网络故障并生成故障卡片，记录排除故障的步骤和与故障相关的值班员日志，构造排错行动记录，将事件-故障-日志构成逻辑上相互关联的整体，以反映故障产生、变化、消除的整个过程的各个方面。

（3）排错支持工具：向管理人员提供一系列的实时检测工具，对被管设备的状况进行测试并记录测试结果以供技术人员分析和排错；根据已有的排错经验和管理员对故障状态的描述给出对排错行动的提示。

（4）检索/分析故障信息：浏览并且以关键字检索查询故障管理系统中所有的数据库记录，定期收集故障记录数据，在此基础上给出被管网络系统、被管线路设备的可靠性参数。

对网络故障的检测依据对网络组成部件状态的监测，不严重的简单故障通常被记录在错误日志中，并不做特别处理；而严重一些的故障则需要通知网络管理器，即所谓的"警报"。一般网络管理器应根据有关信息对警报进行处理，排除故障。当故障比较复杂时，网络管理器应能执行一些诊断测试来辨别故障原因。

2. 配置管理

配置管理（Configuration Management）同样相当重要，它初始化网络并配置网络，以使其提供网络服务。配置管理是一组对辨别、定义、控制和监视组成一个通信网络的对象所必要的相关功能,目的是实现某个特定功能或使网络性能达到最优。

(1) 配置信息的自动获取:在一个大型网络中,需要管理的设备是比较多的,如果每个设备的配置信息都完全依靠管理人员手工输入,工作量相当大,而且还存在出错的可能性。对于不熟悉网络结构的人员来说,这项工作甚至无法完成。因此,一个先进的网络管理系统应该具有配置信息自动获取功能。即使在管理人员不是很熟悉网络结构和配置状况的情况下,也能通过有关的技术手段来完成对网络的配置和管理。在网络设备的配置信息中,根据获取手段大致可以分为3类:①网络管理协议标准的 MIB 中定义的配置信息;②不在网络管理协议标准中有定义,但是对设备运行比较重要的配置信息;③用于管理的一些辅助信息。

(2) 自动配置、自动备份及相关技术:配置信息自动获取功能相当于从网络设备中"读"信息,相应地,在网络管理应用中还有大量"写"信息的需求。同样根据设置手段对网络配置信息进行分类:①可以通过网络管理协议标准中定义的方法进行设置的配置信息;②可以通过自动登录到设备进行配置的信息;③需要修改的管理性配置信息。

(3) 配置一致性检查:在一个大型网络中,由于网络设备众多,而且由于管理的原因,这些设备很可能不是由同一个管理人员进行配置的。实际上,即使是同一个管理员对设备进行的配置,也会由于各种原因导致配置一致性问题。因此,对整个网络的配置情况进行一致性检查是必需的。在网络的配置中,对网络正常运行影响最大的主要是路由器端口配置和路由信息配置,因此,要进行一致性检查的也主要是这两类信息。

(4) 用户操作记录功能:配置系统的安全性是整个网络管理系统安全的核心,因此,必须对用户进行的每一配置操作进行记录。在配置管理中,需要对用户操作进行记录并保存下来,管理人员可以随时查看特定用户在特定时间内进行的特定配置操作。

3. 性能管理

性能管理(Performance Management)估价系统资源的运行状况及通信效率等系统性能,其能力包括监视和分析被管网络及其所提供服务的性能机制。性能分析的结果可能会触发某个诊断测试过程或重新配置网络以维持网络的性能。性能管理收集分析有关被管网络当前状况的数据信息,并维持和分析性能日志。一些典型的功能包括:

(1) 性能监控——由用户定义被管对象及其属性。被管对象类型包括线路和路由器;被管对象属性包括流量、延迟、丢包率、CPU 利用率、温度、内存余量。对于每个被管对象,定时采集性能数据,自动生成性能报告。

(2) 阈值控制——可对每一个被管对象的每一条属性设置阈值,对于特定被管对象的特定属性,可以针对不同的时间段和性能指标进行阈值设置。可通过设置阈值检查开关控制阈值检查和报警,提供相应的阈值管理和溢出报警机制。

(3) 性能分析——对历史数据进行分析、统计和整理,计算性能指标,对性能状况做出判断,为网络规划提供参考。

(4) 可视化的性能报告——对数据进行扫描和处理,生成性能趋势曲线,以直观的图形反映性能分析的结果。

(5) 实时性能监控——提供一系列实时数据采集、分析和可视化工具,用来对流量、负载、丢包、温度、内存、延迟等网络设备和线路的性能指标进行实时检测,可任意设置数据采集间隔。

（6）网络对象性能查询——可通过列表或按关键字检索被管网络对象及其属性的性能记录。

4. 安全管理

安全性一直是网络的薄弱环节之一，而用户对网络安全的要求又相当高，因此网络安全管理（Security Management）非常重要。网络中主要有以下几大安全问题：网络数据的私有性（保护网络数据不被入侵者非法获取）、授权（Authentication）（防止入侵者在网络上发送错误信息）、访问控制（控制对网络资源的访问）。相应地，网络安全管理应包括对授权机制、访问控制、加密和加密关键字的管理，另外还要维护和检查安全日志。

网络管理本身的安全由以下机制来保证：

（1）管理员身份认证。采用基于公开密钥的证书认证机制；为提高系统效率，对于信任域内（如局域网）的用户，可以使用简单密码认证。

（2）管理信息存储和传输的加密与完整性。Web浏览器和网络管理服务器之间采用安全套接字层（SSL）传输协议，对管理信息加密传输并保证其完整性；内部存储的机密信息（如登录密码等）也是经过加密的。

（3）网络管理用户分组管理与访问控制。网络管理系统的用户（即管理员）按任务的不同分成若干用户组，不同的用户组中有不同的权限范围，对用户的操作由访问控制检查，保证用户不能越权使用网络管理系统。

（4）系统日志分析。记录用户所有的操作，使系统的操作和对网络对象的修改有据可查，同时也有助于故障的跟踪与恢复。

5. 计费管理

计费管理（Accounting Management）记录网络资源的使用，目的是控制和监测网络操作的费用和代价。它对一些公共商业网络尤为重要。它可以估算出用户使用网络资源可能需要的费用和代价，以及已经使用的资源。网络管理员还可规定用户可使用的最大费用，从而控制用户过多地占用和使用网络资源，这也从另一方面提高了网络的效率。另外，当用户为了一个通信目的需要使用多个网络中的资源时，计费管理应可计算总费用。

（1）计费数据采集：计费数据采集是整个计费系统的基础，但计费数据采集往往受到采集设备硬件与软件的制约，而且也与进行计费的网络资源有关。

（2）数据管理与数据维护：计费管理人工交互性很强，虽然有很多数据维护由系统自动完成，但仍然需要人为管理，包括缴纳费用的输入、联网单位信息维护，以及账单样式决定等。

（3）计费政策制定：由于计费政策经常灵活变化，因此实现用户自由制定输入计费政策尤其重要。这就需要一个制定计费政策的友好人机界面和完善实现计费政策的数据模型。

（4）政策比较与决策支持：计费管理应该提供多套计费政策的数据比较，为政策制定提供决策依据。

（5）数据分析与费用计算：利用采集的网络资源使用数据、联网用户的详细信息以及计费政策计算网络用户资源的使用情况，并计算出应交纳的费用。

（6）数据查询：提供给每个网络用户关于自身使用网络资源情况的详细信息，网络用户根据这些信息可以计算、核对自己的收费情况。

6.2.2 网络管理系统的性能指标

网络管理系统的性能指标是进行网络设计和功能验收的基础,同时也是针对不同网络管理系统进行比较的标准。

网络管理系统的性能指标一般分为两类:通用指标和专用指标。通用指标主要是指计算机应用系统的一些通用指标,如可靠性和可维护性等。专用指标是指与网络管理有关的指标,下面简单加以介绍。

1. 网络管理功能的覆盖程度

网络管理功能是一个网络管理系统的基本指标。通常用管理功能的覆盖程度来衡量一个网络系统管理的功能。例如,对网络通信系统的管理,对网络节点设备的管理,对网络运行与维护的管理,对网络安全的管理,等等。

2. 网络管理协议的支持程度

网络管理协议是网络管理系统及其相关设备互联的基础。因此,网络管理系统对网络管理协议的支持程度是衡量一个网络管理系统互联能力的一项重要指标。通常,用网络管理系统所支持的网络管理协议的数量来衡量网络管理协议的支持程度。

3. 网络管理接口动态定义的程度

网络管理接口是网络管理系统和被管理系统进行交互的参考点,而网络管理系统从被管理系统获得数据的数量和内容是网络管理系统网络管理质量的基础。如果网络管理接口在系统使用后就固定下来,则网络管理系统从被管理系统取得数据的数量和内容就基本上固定了,因而网络管理系统管理质量也就基本确定了。如果网络管理接口在系统使用后,可以在一定程度上和一定范围内进行网络管理接口的重新定义(通常称为网络管理接口动态定义),则可以提高网络管理质量。因此,网络管理接口动态定义的程度可以作为衡量网络管理质量的指标。

4. 网络管理的容量

容量是一个系统处理能力的重要指标。网络管理容量是指一个网络管理系统可以管理被管理系统的数量。

6.3 网络管理协议

6.3.1 网络管理协议发展简介

国际标准化组织最先在 1979 年对网络管理通信进行标准化工作,主要针对 OSI(开放系统互联)模型而设计。ISO 的成果是 CMIS 和 CMIP。CMIS 支持管理进程和管理代理之间的通信要求,CMIP 则提供管理信息传输服务的应用层协议,二者规定了 OSI 系统的网络管理标准。

后来,Internet 工程任务组(IETF)为了管理用户和设备数量以几何级数增长的Internet,把已有的 SGMP(简单网关监控协议)进一步修改后,作为临时的解决方案。这就是著名的 SNMP(简单网络管理协议),也称为 SNMPv1。

相对于 OSI 网络管理标准,SNMP 简单而实用。SNMPv1 最大的特点是简单性,容易实现且成本低。此外,它的特点还有:可伸缩性,SNMP 可管理绝大部分符合 Internet 标准的设备;可扩展性,通过定义新的"被管理对象",可以非常方便地扩展管理能力;健壮性,即使在被管理设备发生严重错误时,也不会影响管理者的正常工作。

近年来,SNMP 发展很快,已经超越传统的 TCP/IP 环境,受到更为广泛的支持,成为网络管理方面事实上的标准。

但由于开始的 SNMP 没有考虑安全问题。为此,IETF 在 1992 年开始了 SNMPv2 的开发工作。SNMPv2 在提高安全性和更有效地传递管理信息方面加以改进,具体包括提高验证、加密和时间同步机制。1997 年 4 月 IETF 成立了 SNMPv3 工作组,SNMPv3 的重点是安全、可管理的体系结构和远程配置。

6.3.2 常见的网络管理协议

1. SNMP

SNMP 首先是由 Internet 工程任务组织(Internet Engineering Task Force,IETF)的研究小组为了解决 Internet 上的路由器管理问题而提出的。

SNMP 是目前最常用的环境管理协议。SNMP 被设计成与协议无关,所以它可以在IP、IPX、AppleTalk、OSI 以及其他用到的传输协议上被使用。SNMP 是一系列协议组和规范,它们提供了一种从网络上的设备中收集网络管理信息的方法。SNMP 也为设备向网络管理工作站报告问题和错误提供了一种方法。

几乎所有的网络设备生产厂家都实现了对 SNMP 的支持。领导潮流的 SNMP 是一个从网络上的设备收集管理信息的公用通信协议。设备的管理者收集这些信息并记录在管理信息库(MIB)中。这些信息报告设备的特性、数据吞吐量、通信超载和错误等。MIB 有公共的格式,所以来自多个厂商的 SNMP 管理工具可以收集 MIB 信息,在管理控制台上呈现给系统管理员。

SNMP 模型如图 6.6 所示。通过将 SNMP 嵌入数据通信设备,如交换机或集线器中,就可以从一个中心站管理这些设备,并以图形方式查看信息。可获取的很多管理应用程序通常都可在大多数当前使用的操作系统下运行,如 Windows 3.11、Windows 95、Windows NT 和不同版本的 UNIX 等。

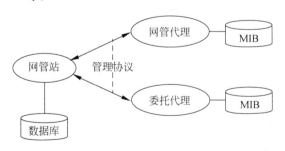

图 6.6 SNMP 模型

2. CMIS/CMIP

公共管理信息服务/公共管理信息协议(CMIS/CMIP)是 OSI 提供的网络管理协议簇。CMIS 定义了每个网络组成部分所提供的网络管理服务,这些服务在本质上是很普通的,CMIP 则是实现 CMIS 服务的协议。

OSI 网络协议旨在为所有设备在 ISO 参考模型的每一层提供一个公共网络结构,而 CMIS/CMIP 正是这样一个用于所有网络设备的完整网络管理协议簇。

出于通用性的考虑,CMIS/CMIP 的功能与结构与 SNMP 很不相同,SNMP 是按照简单和易于实现的原则设计的,而 CMIS/CMIP 则能够提供支持一个完整网络管理方案所需的功能。

CMIS/CMIP 的整体结构是建立在使用 ISO 网络参考模型的基础上的,网络管理应用进程使用 ISO 参考模型中的应用层。也在这一层上,公共管理信息服务单元(CMISE)提供了应用程序使用 CMIP 的接口。同时该层还包括了两个 ISO 应用协议:联系控制服务元素(ACSE)和远程操作服务元素(ROSE),其中 ACSE 在应用程序之间建立和关闭联系,而 ROSE 则处理应用之间的请求/响应交互。另外,值得注意的是,OSI 没有在应用层之下特别为网络管理定义协议。

3. CMOT

公共管理信息服务与协议(CMOT)是在 TCP/IP 协议簇上实现 CMIS 服务,这是一种过渡性的解决方案,直到 OSI 网络管理协议被广泛采用。

CMIS 使用的应用协议并没有根据 CMOT 而修改,CMOT 仍然依赖于 CMISE、ACSE 和 ROSE 协议,这和 CMIS/CMIP 是一样的。但是,CMOT 并没有直接使用参考模型中的表示层实现,而是要求在表示层中使用另外一个协议——轻量表示协议(LPP),该协议提供了目前最普通的两种传输层协议——TCP 和 UDP 的接口。

CMOT 的一个致命弱点在于它是一个过渡性的方案,而没有人会把注意力集中在一个短期方案上。相反,许多重要厂商都加入了 SNMP 潮流并在其中投入了大量资源。事实上,虽然存在 CMOT 的定义,但该协议已经很长时间没有得到任何发展了。

4. LMMP

局域网个人管理协议(LMMP)试图为 LAN 环境提供一个网络管理方案。LMMP 以前被称为 IEEE 802 逻辑链路控制上的公共管理信息服务与协议(CMOL)。由于该协议直接位于 IEEE 802 逻辑链路层(LLC)上,它可以不依赖于任何特定的网络层协议进行网络传输。

由于不要求任何网络层协议,LMMP 比 CMIS/CMIP 或 CMOT 都易于实现,然而没有网络层提供路由信息,LMMP 信息不能跨越路由器,从而限制了它只能在局域网中发展。但是,跨越局域网传输局限的 LMMP 信息转换代理可能会克服这一问题。

6.4 网络管理的发展趋势

网络在不断地发展,用户的需求也在不断地变化,因此网络管理系统也必须不断地提高和发展。目前的发展趋势包括以下几个方面:

(1) 真实地反映出问题的所在。一个能够反映真实问题的事件,远好于多个显示问题征兆的事件。当然,能够真实地反映问题,不仅要求对网络有很深入的了解,而且要求网络管理系统有一些推理能力。目前越来越多的网络管理设计都增加了这个特点。

(2) 和系统管理集成在一起。随着计算机网络的发展,计算机系统管理和网络管理之间的关系越来越密切。因此,把它们集成在一起是一个重要的发展趋势,这也是很多网络管理系统厂商正在做的工作。

（3）基于 Web。现在,越来越多的网络管理系统不是变得已经支持 Web,就是正在计划支持,这意味着在网络上的任何人,只要拥有 Web 浏览软件,并且拥有适当的权限,就可以从网络管理系统中浏览数据并做简单的配置修改。

（4）业务外包。自己建立管理系统的另一个方案是选择一个网络管理公司,换句话说,就是外包所有或部分的管理任务,有些人认为它是网络管理方面一个大的进步。

本章小结

（1）本章详细介绍了网络管理的定义、方式、结构和组成,说明了网络管理的五大功能,以及网络管理协议的相关知识。

（2）网络管理和维护是一项非常复杂的任务,虽然关于网络管理既制定了国际标准,又存在众多网络管理的平台与系统,但要真正做好网络管理的工作不是一件简单的事情。

（3）网络发展到一定阶段,必然要考虑到网络性能、网络故障与网络安全性问题。只有通过运用网络分析技术对网络流通数据有清晰认识,才能为故障的排查、性能的提升,以及网络安全问题的解决提供可靠的数据依据。

习题

一、单选题

1. 下列哪项不是目前比较流行的网络管理协议?（ 　　）

    A. SNMP   B. SMTP   C. CMIS/CMIP   D. LMMP

2. SNMP 是 INTERNET 上的网络管理协议,下列不属于其优点的是（ 　　）。

    A. 管理信息结构以及 MIB 十分简单

    B. 管理信息结构及 MIB 相当复杂

    C. 提供支持一个最小网络管理方案所需要的功能

    D. 建立在 SGMP 的基础上,人们已积累了大量的操作经验

3. 在 OSI 网络管理标准中,应用层与网络管理应用有关的实体称为系统管理应用实体,其组成元素不含（ 　　）。

    A. ACSE   B. ROSE   C. CMIP   D. CMISE

4. 在简单网络管理中,如果将管理者/代理模型看作 Client/Server 结构,那么在原始版本 SNMP 中,下面说法中正确的是（ 　　）。

    A. 管理者是 Server,代理是 Client   B. 管理者是 Client,代理是 Server

    C. 管理者既可以是 Client 也可以是 Server   D. 以上都不对

5. SNMP 是一组协议标准,下列哪项不在其中?（ 　　）

    A. TCP/IP   B. 管理信息结构 SMI

    C. 管理通信协议 SNMP   D. 管理信息库 MIB

6. 下面描述的内容属于性能管理的是（ 　　）。

    A. 监控网络和系统的配置信息

    B. 跟踪和管理不同版本的硬件和软件对网络的影响

  C. 收集网络管理员指定的性能变量数据

  D. 防止非授权用户访问机密信息

7. 下面描述的内容属于配置管理的是（ ）。

  A. 监控网络和系统的配置信息

  B. 测量所有重要网络资源的利用率

  C. 收集网络管理员指定的性能变量数据

  D. 防止非授权用户访问机密信息

8. 下面描述的内容属于安全管理的是（ ）。

  A. 收集网络管理员指定的性能变量数据

  B. 监控网络和系统的配置信息

  C. 监控机密网络资源的访问点

  D. 跟踪和管理不同版本的硬件和软件对网络的影响

9. 下面描述的内容属于计费管理的是（ ）。

  A. 收集网络管理员指定的性能变量数据

  B. 测量所有重要网络资源的利用率

  C. 监控机密网络资源的访问点

  D. 跟踪和管理不同版本的硬件和软件对网络的影响

10. SNMP 可以在什么环境下使用？（ ）

  A. TCP/IP   B. IPX   C. AppleTalk   D. 以上都可以

11. 网络管理工作站直接从什么地方收集网络管理信息？（ ）

  A. 网络设备   B. SNMP 代理   C. 网络管理数据库   D. 网络软件

12. 在 Internet 网络管理的体系结构中，SNMP 定义在（ ）。

  A. 网络接口层   B. 网际层   C. 传输层   D. 应用层

二、简答题

1. 网络管理系统由哪几个部分组成？各个部分的功能是什么？

2. 网络管理的性能指标有哪些？

3. 简述基于 Web 的网络管理模式的优点。

第 7 章

计算机网络操作系统

网络操作系统(Network Operating System,NOS)是网络的心脏和灵魂,是向网络计算机提供网络通信和网络资源共享功能的操作系统。它是负责管理整个网络资源和方便为网络用户提供方便的软件的集合。由于网络操作系统是运行在服务器之上的,所以有时也称之为服务器操作系统。

本章介绍计算机网络操作系统的工作模式和体系结构,总结计算机网络操作系统提供的基本服务及其特征,还列出了常见的计算机网络操作系统及其使用方法。

7.1 网络操作系统概述

7.1.1 网络操作系统的定义

1. 操作系统

在计算机系统中,集成了资源管理功能和控制程序执行功能的一种复杂软件,称为操作系统(Operating System,OS)。操作系统是管理和控制计算机硬件与软件资源的计算机程序,是直接运行在"裸机"上的最基本的系统软件,任何其他软件都必须在操作系统的支持下才能运行。

操作系统是用户和计算机的接口,同时也是计算机硬件和其他软件的接口。操作系统的功能包括管理计算机系统的硬件、软件及数据资源,控制程序运行,改善人机界面,为其他应用软件提供支持,让计算机系统所有资源最大限度地发挥作用,提供各种形式的用户界面,使用户有一个好的工作环境,为其他软件的开发提供必要的服务和相应的接口等。实际上,用户是不用接触操作系统的,操作系统管理着计算机硬件资源,同时按照应用程序的资源请求分配资源,如划分 CPU 时间、内存空间的开辟、调用打印机等。

2. 网络操作系统

网络操作系统是网络用户和计算机网络的接口,它除了提供标准操作系统的功能外,还管理计算机与网络相关的硬件和软件资源,如网卡、网络打印机、大容量外存等,为用户提供文件共享、打印共享等各种网络服务以及电子邮件、WWW 等专项服务。

NOS 与运行在工作站上的单用户操作系统或多用户操作系统由于提供的服务类型不同而有差别。一般情况下,NOS 是以使网络相关特性达到最佳为目的的,如共享数据文件、软件应用,以及共享硬盘、打印机、调制解调器、扫描仪和传真机等;而一般计算机的操作系统的目的是让用户与系统及在此操作系统上运行的各种应用之间的交互作用最佳。为防止一次由一个以上的用户对文件进行访问,一般网络操作系统都具有文件加锁功能。如果系统没有这种功能,用户将不会正常工作。通过文件加锁功能可跟踪使用中的每个文件,并确保一次只能有一个用户对其进行编辑。文件也可由用户的密码加锁,以维持专用文件的专用性。

另外,NOS 还负责管理 LAN 用户和 LAN 打印机之间的连接。NOS 总是跟踪每台可供使用的打印机,以及每个用户的打印请求,并对如何满足这些请求进行管理,使每个端用户感到进行操作的打印机犹如与其计算机直接相连。

需要指出的是,由于网络计算的出现和发展,现代操作系统的主要特征之一就是具有上网功能,因此,除了在 20 世纪 90 年代初期,Novell 公司的 Netware 等系统被称为网络操作系统之外,人们一般不再特指某个操作系统为网络操作系统。

7.1.2 网络操作系统的结构

网络操作系统的基本任务是屏蔽本地资源与网络资源的差异,完成网络资源的管理并为用户提供各种基本网络服务功能。通常,一个网络操作系统由网络驱动程序、网络通信协议和应用层协议 3 个部分组成。

1. 网络驱动程序

网络操作系统通过网络驱动程序与网络硬件通信。网络驱动程序一般指的是设备驱动程序(Device Driver),是一种可以使计算机和设备通信的特殊程序,相当于硬件的接口,网络操作系统只有通过这个接口,才能控制硬件设备的工作,假如某设备的网络驱动程序未能正确安装,便不能正常工作。

2. 网络通信协议

网络通信协议是一种网络通用语言,为连接不同操作系统和不同硬件体系结构的互联网络提供通信支持。网络通信协议是通过网络发送应用和系统管理信息所必需的协议。

网络通信协议由 3 个要素组成:语法、语义、时序。

(1) 语法:用户数据与控制信息的结构与格式,以及数据出现的顺序。

(2) 语义:解释控制信息每个部分的意义。它规定了需要发出何种控制信息,以及完成的动作与做出什么样的响应。

(3) 时序:对事件发生顺序的详细说明。

可以形象地把这 3 个要素描述为:语义表示要做什么,语法表示要怎么做,时序表示做的顺序。

常见的网络通信协议有 TCP/IP、IPX/SPX、NetBEUI 等。

3. 应用层协议

应用层协议定义了运行在不同端的应用程序进程如何相互传递报文。应用层协议与网络通信协议交互,并为用户提供服务。

常用的应用层协议包括 DNS、FTP、Telnet、SMTP、HTTP、RIP、NFS 等。

1) DNS

DNS (Domain Name Service,域名服务)协议基于 UDP,使用端口号 53。

由数字组成的 IP 地址很难记忆,所以通常使用的是网站 IP 地址的别名,即域名。实际使用中,域名与 IP 地址是对应的,这种对应关系保存在 DNS 服务器之中。在浏览器中输入一个域名后,会有 DNS 服务器将域名解析为对应的 IP 地址。

域名解析由 DNS 服务器完成。DNS 服务器是个分层次的系统,包括根 DNS 服务器、顶级 DNS 服务器、权威 DNS 服务器、本地 DNS 服务器。

(1) 根 DNS 服务器:全世界共有 13 台根域名服务器,编号 A～M,其中大部分位于美国。

(2) 顶级 DNS 服务器:负责如 com、org、edu 等顶级域名和所有国家的顶级域名(如 cn、uk、jp)。

(3) 权威 DNS 服务器:大型组织、大学、企业的域名解析服务。

(4) 本地 DNS 服务器:通常是与用户主机最近的 DNS 服务器。

2) FTP

FTP(File Transfer Protocol,文件传输协议)基于 TCP,使用端口号 20(数据)和 21(控制)。

它的主要功能是减少或消除在不同操作系统下处理文件的不兼容性,以达到便捷高效的文件传输效果。

FTP 只提供文件传输的基本服务,它采用客户端/服务器的方式,一个 FTP 服务器可同时为多个客户端提供服务。在进行文件传输时,FTP 的客户端和服务器之间会建立两个 TCP 连接:21 号端口建立控制连接,20 号端口建立数据连接。

FTP 的传输有两种方式:ASCII 传输模式和二进制数据传输模式。

3) HTTP

HTTP(HyperText Transfer Protocol,超文本传输协议)基于 TCP,使用端口号 80 或 8080。

在浏览器中输入一个网址或点击一个链接时,浏览器就通过 HTTP 将网页信息从服务器提取再显示出来,这是现在使用频率最大的应用层协议。

HTTP 的原理如下:

(1) 点击一个链接后,浏览器向服务器发起 TCP 连接;

(2) 连接建立后浏览器发送 HTTP 请求报文,然后服务器回复响应报文;

(3) 浏览器将接收到的响应报文内容显示在网页上;

(4) 报文收发结束,关闭 TCP 连接。

7.1.3　网络操作系统的工作模式

建立计算机网络的基本目的是共享资源。根据共享资源的方式不同,NOS 分为两种不同的机制。如果 NOS 软件相等地分布在网络上的所有节点,这种机制下的 NOS 称为对等式网络操作系统;如果 NOS 的主要部分驻留在中心节点,则称为集中式 NOS。集中式 NOS 下的中心节点称为服务器,使用由中心节点所管理资源的应用称为客户。因此,集中式 NOS 下的运行机制就是人们平常所谓的“客户/服务器”方式。因为客户软件运行在工作站上,所以人们有时将工作站称为客户。其实只有使用服务的应用才能称为客户,向应用提供服务的应用或系统软件才能称为服务器。

网络操作系统与局域网上的工作模式有关。有 3 种常用的工作模式,即对等模式,文件服务器模式以及客户端/服务器模式。

1. 对等模式

采用这种操作系统的响应中,各个节点是对等的,没有主从之分。每个节点既可以作为客户访问其他节点,又可以作为服务器向其他节点提供服务。在这种网络中,可以将网络和控制功能分布到各个工作站上。因此,可以把工作站看成一个客户和一个服务器的合成体。这种模型也称为工作群组计算环境。

当采用对等工作模式时,局域网中的所有工作站均装有相同的协议栈,彼此之间能够直接共享设定的网络资源。应用这种方式的局域网只能在极小的范围内达到有限的资源共享,因此这种工作方式不能得到广泛应用。

2. 文件服务器模式

在文件服务器模式中,局域网需要有一台计算机来提供共享的硬盘和控制一些资源的共享,这样的计算机常称为服务器。在这种模式下,数据的共享大多是以文件形式,通过对文件的加锁/解锁来实施控制的。对于来自用户工作站有关文件的存取服务都是由服务器来提供的,因此这种服务器常称为服务器。

在这种文件服务器系统中,各个用户之间不能对相同的数据做同步更新,各用户间的文件共享只能依次进行。文件服务器的功能有限,它只是简单地将文件在网络中传来传去,这就给局域网增加了大量不必要的流量负载,因此有待进一步改善。

3. 客户端/服务器模式

客户端/服务器模式(Client/Server Model)简称 C/S 模式,它把客户端(Client)与服务器(Server)区分开来。每一个客户端软件的实例都可以向一个服务器或应用程序服务器发出请求。

客户端/服务器模式是分布式应用程序结构,如图 7.1 所示,分区之间的一个任务或资源或服务,称为服务器,供应商的工作量和服务请求者称为客户端。客户端和服务器可以驻留在同一个系统。一台服务器计算机可以运行一个或多个服务器计划,并与客户端分享资源。一个客户端不共享任何资源,但要求服务器的内容或服务功能。因此,启动客户端与服务器等待着传入请求的通信会话。

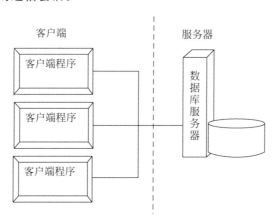

图 7.1　C/S 模式架构

在这种模式下,客户在请求服务器提供服务时,二者间要经过多次交互。每次交互的过程大致是:首先由客户发送请求包,服务器接收请求包;当服务器完成处理后,回送响应包；最后客户接收响应包。

需要指出的是，C/S模式是一个逻辑概念，而不是指计算机设备。在C/S模式中，请求一方为客户，响应请求一方称为服务器，如果一个服务器在响应客户请求时不能单独完成任务，还可能向其他服务器发出请求，那么发出请求的服务器就成为另一个服务器的客户。从双方建立联系的方式来看，主动启动通信的应用称为客户，被动等待通信的应用称为服务器。

目前配置在信息系统上的网络操作系统主要是客户端/服务器模式。最有代表性的网络操作系统产品是Sun公司的NFS，Novell公司的Netware 5.0、Microsoft公司的Windows NT Server 4.0、IBM公司的LAN Server 4.0、SCO公司的UNIX Ware 7.1、自由软件Linux。

相对于对等模式，C/S模式具体以下优势：

(1) C/S体系结构的维护更加简单。例如，它可以更换、维修、升级，甚至迁移服务器；同时它的客户都不知情。

(2) 所有数据都存储在服务器上，服务器可以更好地控制访问和资源，以保证只有那些具有适当权限的用户可以访问和更改数据。

(3) 由于数据的集中存储，对数据的更新更容易管理。而在对等模式中，数据更新可能需要分发和应用到每个网络中的对等实体，既费时又容易出错。

(4) 许多成熟的客户端/服务器技术可以确保安全，用户界面友好且易用。

(5) 支持具有不同功能的多个不同的客户。

然而，C/S模式也有其缺点：

(1) 对于一个给定的服务器，客户端同时请求数的增加，可能使得服务器负荷过重。

(2) 缺乏良好的鲁棒性。在客户端/服务器模式中，如果一个重要的服务器失败，客户的要求便不能得到满足。而在对等网络中，资源通常分布在许多节点。即使一个或多个节点失效，放弃一个下载文件，剩下的节点仍然有能力完成数据的传输。

7.2　网络操作系统的基本服务功能及其特征

7.2.1　网络操作系统的基本服务功能

网络操作系统的基本服务包括文件服务、打印服务、数据库服务、通信服务、分布式服务、网络管理服务、Internet服务等。

1. 文件服务

文件服务是最重要与最基本的网络服务功能。文件服务器以集中方式管理共享文件，网络工作站可以根据规定的权限对文件进行读写以及其他各种操作，文件服务器为网络用户的文件安全与保密提供必需的控制方法。

文件服务的主要形式有两种：文件共享和FTP。

(1) 文件共享：主要用于局域网环境。允许通过映射，使登录到文件服务器的用户可以像使用本地文件系统一样来使用文件服务器上的文件资源。UNIX、Windows和Netware均提供这种形式的文件服务。

(2) FTP：主要用于广域网环境。客户端的用户通过系统注册和登录，可以下载FTP

服务器中的文件或将本地的文件资源上传到 FTP 服务器。

2. 打印服务

打印服务也是最基本的网络服务功能之一。对单个用户来说,打印机利用率低,每个用户配置一台非常不经济,而且设备购买、维护、使用成本很高,特别是高档的激光/喷墨/彩色打印机常常是企事业单位重要和稀缺的资源。为了局域网上的用户随时可以方便地使用这种资源,最好的办法就是在网上实现共享。

打印服务可以通过专门的打印服务器完成,或者由工作站或文件服务器来承担。网络打印服务器在接收用户打印要求后,本着先到先服务的原则,用排队队列管理用户打印任务。

打印服务器提供的打印服务有软件形式和硬件形式。

(1) 软件形式:打印服务软件安装在网络服务器上或网上的任何一台计算机上(图 7.2)。

(2) 硬件形式:设置专用的打印服务器硬件(图 7.3)。

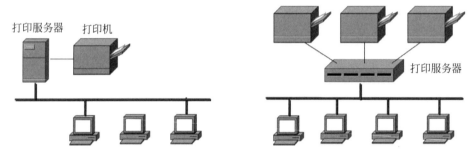

图 7.2　软件形式打印服务　　　　　　图 7.3　硬件形式打印服务

3. 数据库服务

网络数据库软件依照客户端/服务器工作模式,客户端用结构化查询语言向数据库服务器发送查询请求,服务器进行查询后将查询结果传送到客户端。

4. 通信服务

局域网提供的主要通信服务包括工作站与工作站之间的对等通信、工作站与网络服务器之间的通信服务等功能。另外,局域网可以通过存储转发方式或对等方式完成电子邮件服务。

5. 分布式服务

分布式服务将分布在不同地理位置的网络资源组织在一个全局性的,可复制的分布数据库中。用户在一个工作站上注册,便可以与多个服务器连接。对于用户来说,网络系统中分布在不同位置的资源都是透明的。

6. 网络管理服务

网络操作系统提供的网络管理服务包括网络性能分析、网络状态监控和存储管理等多种管理服务。

7. Internet 服务

为适应 Internet 与 Internet 的应用,网络操作系统一般都支持 TCP/IP,提供各种 Internet 服务,支持 Java 应用开发工具,使局域网服务器很容易成为 Web 服务器,全面支持 Internet 与 Internet 访问。

7.2.2　网络操作系统的特征

NOS 除了具有操作系统的一般特征外,还具有硬件无关性、支持不同类型的客户端、目录服务、支持多用户和多任务、网络管理、网络安全控制、强大的系统容错能力等特征。

1. 硬件无关性

NOS 可以在不同的硬件平台上运行。比如:

(1) UNIX 类(UNIX、Linux、Solaris、AIX 等)可运行在各种大、中、小、微型计算机上;

(2) Windows NT/2000/2003 可以运行在 Intel x86 处理器和 Compaq Alpha 处理器的微型计算机上;

(3) Netware 可以运行在 Intel x86 处理器或 Compaq Alpha 处理器的微型计算机上。

另外,NOS 通过加载相应的驱动程序能支持各种网卡,如 3Com、DLink、Intel 以及其他厂家的产品。

NOS 能支持不同拓扑结构的网络,如总线型、环形、星形、混合型和点对点的连接。

NOS 还支持不同类型的网络,比如:

(1) 广域网——点-点链路、x.25、FR、ISDN、ATM 等;

(2) 局域网——以太网、令牌环网、FDDI、ATM 等。

部分 NOS 支持硬件设备的即插即用功能。

2. 支持不同类型的客户端

NOS 都能够支持多种类型的客户端,比如:

(1) Windows 2000 Server 可支持 DOS、OS/2、Windows 3.1/9x/ME、Windows for Workgroup、Windows 2000/XP、UNIX、Linux 等;

(2) Netware 可支持的客户端与 Windows 2000 Server 类似。

3. 目录服务

在资源访问的传统方法中,要想访问网络上的共享资源,用户必须知道共享资源所在的工作站和服务器的位置,并需要依次登录到每一台提供资源的计算机上。在目录服务方法中,用户无须了解网络中共享资源的位置,只需通过一次登录就可以定位和访问所有的共享资源。这意味着不必每访问一个共享资源就要在提供资源的那台计算机上登录一次。

使用目录服务的网络具有两个组件:目录和目录服务。

(1) 目录:存储了各种网络对象(用户账户、网络上的计算机、服务器、打印机、容器、组)及其属性的全局数据库。

(2) 目录服务:提供一种存储、更新、定位和保护目录中信息的方法。

4. 支持多用户和多任务

NOS 能够同时支持多个用户的访问请求,并可以提供多任务处理。

NOS 为用户提供的服务可以分为两大类:

(1) 操作系统级服务。包括用户注册与登录、文件服务、打印服务、远程访问服务等。其特点是:需要用户进行系统登录,登录后对共享资源的使用透明。

(2) 增值服务。包括万维网(WWW)、电子邮件(E-mail)、文件传输(FTP)、远程登录(Telnet)等。其特点:开放给社会公众,用户很多,有极大的用户访问量;NOS 要满足大容量访问的需求,系统效率对网络访问的响应时间影响极大。

5. 网络管理

NOS 提供的网管功能包括：

（1）用户注册管理。用户注册管理采用分组管理的方式，设定一个组策略来管理各种资源的访问权限。这样做的好处是便于管理，减轻网络管理员的工作负担。

（2）系统备份。备份计划设定、管理，以应付可能发生的故障。

（3）调整网络主机系统/服务器的各种工作参数，使系统工作在最佳状态。

（4）监视系统工作状态。网络状态包括流量、冲突、错误、用户数、资源占用情况等。服务器状态包括 CPU 利用率、内存/缓冲区的状态、存储系统状态。专用网管软件能提供强大的网络管理功能

6. 网络安全控制

NOS 可比一般 OS 提供更为安全的操作环境，主要表现在：

（1）更为严格的用户注册和登录。用户要访问网络服务器，必须预先注册一个账户。用户账户包括：用户名、密码和访问权限。用户账户提供了最基本的安全性，用户只有通过账户认证才能进入系统。

只有网络管理员（即超级用户）和工作组管理员（Windows 2000 中为 OU 管理员）具有创建账户的权限。用户密码是用户进入系统的钥匙，为防止被他人窃取，用户应妥善保管，并建议定期或不定期地修改密码。

NOS 允许为密码的安全设置一些限制条件，比如：

① 密码的最小长度：默认为 5 个字符；

② 密码改变的时间周期：默认为 40 天；

③ 密码过期后还能登录的次数：默认为 6 次；

④ 连续输错密码处理：设置允许连续输错的次数，连续输错后，该账户被封锁的时间。

NOS 允许对每个用户设立入网限制，控制用户入网的时间和站点，阻止非法用户。有 3 种类型的限制条件。

① 站点限制：用户可以从哪台工作站上网，以及用户可以同时登录的工作站数。

② 时间限制：用户可以在什么时间上网。

③ 账号限制：若账户过期、无余额或密码错误，则账号自动封锁。

（2）资源访问权限。资源访问权限指用户可访问哪些目录和文件，以及用户对于这些资源可以进行哪些具体操作。

例如，在 UNIX 系统中，所有资源都映射为文件。对文件的访问有 3 类用户：u——文件属主，g——同组用户，o——其他用户；有 3 种访问权限：r——读，w——写，x——执行。系统管理员可以使用 chown（Change owner）命令改变文件的属主；文件属主可以使用 chmod（Change Mode）命令改变文件的访问权限。UNIX 中对目录的读、写和执行权限是指：

① 读权限——允许查看目录里有什么文件（ls）；

② 写权限——允许在目录中增加、删除（rm）和移动（mv）文件；

③ 执行权限——允许将某个目录设为当前目录（cd），可在其中查找（find、grep）、复制（cp）文件。

Netware 对文件访问权限的控制则更为严格。

（3）对主机系统/文件服务器的安全防护。控制台是对主机系统/文件服务器进行控制的终端。在 UNIX 中可以设置某些命令必须通过控制台执行，例如 adduser 命令。还有一些 UNIX 系统禁止任何人从网络上用超级用户的身份登录系统。

Windows NT/2000/XP/2003 也支持控制台安全性（但要求磁盘必须格式化为 NTFS）。使用 NTFS 格式时，也可以对本地登录的用户进行文件资源的访问控制。

Netware 操作系统运行在专用服务器上，用户在服务器控制台上只能进行服务器的特殊管理操作，例如管理磁盘分区和卷、加载驱动程序和 NLM 模块、关闭服务器、安装协议栈等。为加强控制台的安全，Netware 服务器的控制台上加有密码，可以防止非法用户执行一些"敏感"的操作。

7. 强大的系统容错能力

NOS 提供的系统容错功能表现在：

（1）存储的数据不会因服务器出现故障而丢失。采用的技术包括磁盘镜像和磁盘双工。

（2）连续服务的能力。采用的技术包括双机切换和双机热备份，更复杂的技术是多台服务器构成的"群集系统"。

系统容错技术主要有磁盘镜像、磁盘双工、双机备份、群集。

（1）磁盘镜像（Disk Mirroring）。如图 7.4 所示，每一个工作硬盘都配备一个镜像盘，写数据时同时写入工作盘和镜像盘，读数据时只从工作盘读出。若工作盘发生故障，则立刻用镜像盘接替工作盘。磁盘镜像的优点是速度快，但缺点是无法避免磁盘控制器出现的故障，另外存储效率只有 50%。

（2）磁盘双工（Disk Duplex）。如图 7.5 所示，配置两个磁盘控制器，每个磁盘控制器各控制一个或多个硬盘，读写数据时两路同时操作。

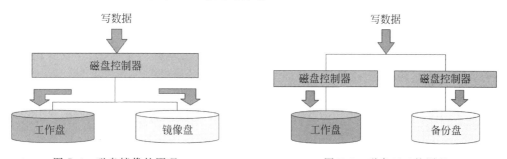

图 7.4　磁盘镜像的原理　　　　　图 7.5　磁盘双工的原理

（3）双机备份（Disk Duplex）。如图 7.6 所示，同时配置两台完全相同的服务器：一台作为工作机，另一台作为备份机。平常只有工作机处于活动（Active）状态，备份机则处于备用（Standby）状态。正常工作时，工作机会通过"心跳"线定时向备份机通告"alive"。若在一定时间间隔内，备份机收不到该信息，它就使自己从备用状态转为活动状态，顶替成为工作机。双机备份通常需要一个磁盘阵列作为共享的外存储器，它由处于活动状态的服务器进行控制，也可以相互共享对方的硬盘。

（4）群集（Clustering）。多台服务器构成服务器群。如果一台服务器出现故障，群集系统中的另一台服务器就会自动接替它的职责（切换操作对用户完全透明）。

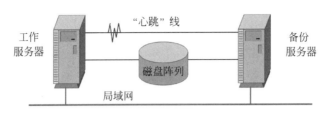

图 7.6　双机备份的原理

7.3　常见的网络操作系统

7.3.1　Windows 类

Windows 系列操作系统由 Microsoft 公司研发，它问世于 1985 年，起初仅仅是 Microsoft DOS 模拟环境，后续的系统版本由于 Microsoft 不断地更新升级，不但易用，也慢慢成为众多用户的选择。系统版本从最初的 Windows 1.0 到大家熟知的 Windows 95、Windows 98、Windows ME、Windows 2000、Windows 2003、Windows XP、Windows Vista、Windows 7、Windows 8、Windows 8.1、Windows 10 和 Windows Server 服务器企业级操作系统，不断持续更新，Microsoft 一直在致力于 Windows 操作系统的开发和完善。

Microsoft 公司的 Windows 系统不仅在个人操作系统中占有绝对优势，在网络操作系统中也具有非常强劲的力量。这类操作系统配置在整个局域网配置中是最常见的，但由于它对服务器的硬件要求较高，且稳定性不是很高，所以 Microsoft 的网络操作系统一般只是用在中低档服务器中，高端服务器通常采用 UNIX、Linux 或 Solaris 等非 Windows 操作系统。

目前在服务器端，已经推出了 Windows Server 2012。这是 Windows 8 的服务器版本，并且是 Windows Server 2008 R2 的继任者。该操作系统已经在 2012 年 8 月 1 日完成编译 RTM 版，并且在 2012 年 9 月 4 日正式发售。Windows Server 2012 包含了一种全新设计的文件系统，名为 Resilient File System(ReFS)，以 NTFS 为基础构建而来，不仅保留了与最受欢迎文件系统的兼容性，同时可支持新一代存储技术与场景。

ReFS 在设计上以下列主要目标为中心：

(1) 兼容性。保持与已被广泛认可并获得成功的 NTFS 的兼容性，同时对不足之处加以改进。

(2) 可用性与可靠性。在底层存储天生被认为不够可靠的情况下，尽可能维持最高级别的系统可用性与可靠性。

(3) 弹性架构。在与存储空间功能配合使用后，可提供完善的端到端弹性架构，这两个功能配合可将容量与可靠性优势进一步放大。

在客户端，已经推出了 Windows 10。其特点是：

(1) 高效的多桌面、多任务、多窗口。分屏多窗口功能增强，用户可以在屏幕中同时摆放 4 个窗口，Windows 10 还会在单独窗口内显示正在运行的其他应用程序。同时，Windows 10 还会智能给出分屏建议。

凭借多桌面功能，用户可以根据不同的目的和需要来创建多个虚拟桌面，切换也十分方便，单击加号按钮即可添加一个新的虚拟桌面。

（2）全新命令提示符功能。Windows 10 技术预览版命令提示符功能全面进化，不仅直接支持拖曳选择，而且可以直接操作剪贴板，支持更多的功能快捷键。

（3）开始屏幕与开始菜单。同时结合触控与键鼠两种操控模式。传统桌面开始菜单照顾了 Windows 7 等老用户的使用习惯，Windows 10 还同时照顾到了 Windows 8/Windows 8.1 用户的使用习惯，依然提供能够进行触摸操作的开始屏幕，两代系统用户切换到 Windows 10 后应该不会出现不适应。

7.3.2 NetWare 类

NetWare 是 NOVELL 公司推出的网络操作系统。NetWare 最重要的特征是基于基本模块设计思想的开放式系统结构。

NetWare 是一个开放的网络服务器平台，可以方便地对其进行扩充。NetWare 系统对不同的工作平台（如 DOS、OS/2、Macintosh 等）、不同的网络协议环境（如 TCP/IP）以及各种工作站操作系统提供了一致的服务。该系统内可以增加自选的扩充服务（如替补备份、数据库、电子邮件以及记账等），这些服务可以取自 NetWare 本身，也可取自第三方开发者。

1. 系统组成

NetWare 操作系统是以文件服务器为中心，主要由 3 个部分组成：文件服务器内核、工作站外壳和低层通信协议。

文件服务器内核实现了 NetWare 的核心协议（NetWare Core Protocol，NCP），并提供了 NetWare 的核心服务。文件服务器内核负责对网络工作站服务请求的处理，完成以下几种网络服务与管理任务：

（1）内核进程服务；

（2）文件系统管理；

（3）安全保密管理；

（4）硬盘管理；

（5）系统容错管理；

（6）服务器与工作站的连接管理；

（7）网络监控。

2. 安全机制

NetWare 的网络安全机制要解决以下几个问题：限制非授权用户注册网络并访问网络文件；防止用户查看他不应该查看的网络文件；保护应用程序不被复制、删除、修改、窃取；防止用户因为误删操作而删除或修改不应该修改的网络文件。NetWare 操作系统提供了 4 级安全保密机制：

（1）注册安全性；

（2）用户信任者权限；

（3）最大信任者权限屏蔽；

（4）目录与文件属性。

3. 常用协议

1）IPX

Internet 网络分组交换协议（Internetwork Packet Exchange Protocol，IPX），第三层路

由选择和网络协议。当某设备与不同网络的本地机建立通信连接,IPX 通过任意中间网络向目的地发送信息。IPX 类似于 TCP/IP 协议组中的 IP。

2) SPX

序列分组交换协议(Sequenced Packet Exchange Protocol,SPX)。传输层(第四层)控制协议,提供可靠的、面向连接的数据报传输服务。SPX 类似于 TCP/IP 协议簇中的 TCP。

3) NCP

网络核心协议(Network Core Protocol,NCP)是一组服务器规范,主要用来实现诸如来自 NetWare 工作站外壳(NetWare Shell)的应用程序请求。NCP 提供的服务包括文件访问、打印机访问、名字管理、计费、安全性以及文件同步性。

4) NetBIOS

网络基本输入输出系统(Network Basic Input/Output System),由 IBM 和 Microsoft 公司提供的会话层接口规范。NetWare 公司推出的 NetBIOS 仿真软件支持在 NetWare 系统上运行写入工业标准 NetBIOS 接口的程序。

4. 应用层服务

NetWare 信息处理服务(NetWare Message Handling Service,NetWareMHS)、Btrieve、NetWare 可加载模块(NetWare Loadable Modules,NLM)以及各种 IBM 连通特性。NetWare MHS 是一种支持电子邮件传输的信息传送系统。Btrieve 是 Novell 用以实现二进制树形(btree)数据库的访问机制。NLM 用以向 NetWare 系统添加模块。当前 Novell 和第三方支持 NLM 改变协议栈、通信、数据库等众多服务。NetWare 5.0 中,所有 Novell 网络服务都能运行在 TCP/IP 上。并且其中的 IPS 和 SPX 属于 Novell 遗留网络和传输层协议。

7.3.3　UNIX 系统

UNIX 操作系统是美国 AT&T 公司于 1971 年在 PDP-11 上运行的操作系统,具有多用户、多任务的特点,支持多种处理器架构,最早由肯·汤普逊(Kenneth Lane Thompson)、丹尼斯·里奇(Dennis MacAlistair Ritchie)和 Douglas McIlroy 于 1969 年在 AT&T 的贝尔实验室开发。

1. 系统构成

UNIX 是一个多用户、多任务、分时操作系统。用户在使用 UNIX 系统时,每个用户通过一台终端访问主机(本地连接或通过网络连接)。UNIX 系统也可以提供单用户使用环境。

UNIX 系统主要由 4 个部分组成。

(1) 内核(Kernel):是组成操作系统的核心,它控制任务的调度运行,管理计算机存储器,维护文件系统,并在用户中分配计算机资源。内核对用户透明。

(2) 外壳(Shell):Shell 是一个程序(类似于 DOS 中的 COMMAND.COM),它解释用户所提交的命令并把该命令提交给核心执行,再将执行结果返回给用户。Shell 也是一种程序设计语言,用户可以使用 Shell 命令来设计程序(类似于 DOS 中的批作业)。

(3) 文件系统:文件系统是指在系统中供用户使用的全部文件的集合,它使信息的存储和检索更为容易(在 UNIX 中,设备和目录也是文件)。

（4）各种外部命令（有 300 多种）：命令就是完成某种操作的实用程序。UNIX 系统提供的命令包括文本编辑、文件管理、软件开发工具、系统配置、通信等。

2. UNIX 网络功能

UNIX 网络功能包括：

（1）文件传输——把文件从一个系统复制到另一个系统，如 UUCP 命令。

（2）远程登录——从远地登录到 UNIX 系统，就好像在本地运行一样，如 Telnet 命令。

（3）远程文件链接——将远程文件系统链接到本地文件系统中，就像这些文件是在自己的系统上一样。

（4）标准网络服务——如 E-mail、FTP、DNS 等。

使用 UNIX 前，需要申请一个用户名和密码。需要让系统管理员预先在系统中创建账户。当创建用户账户时，系统将同时为新用户建立一个用户主目录和一个电子邮箱。UNIX 中的用户主目录，实际就是磁盘上的一个目录。每个用户都有自己的主目录，用户可以在自己的主目录中进行各种文件操作，也可以建立新的子目录。但未经许可用户无权进入其他用户的主目录。

3. 文件系统

UNIX 文件系统有 3 种不同类型文件：

（1）普通文件——包括文本数据、二进制程序或以八位字节存储的信息。

（2）特殊文件——如设备文件，提供用户对终端、打印机、软驱和光驱的访问。

（3）目录——包含连接其他文件、目录的指针（或索引）文件。

UNIX 目录的结构像一棵倒置的树，最高层是根目录，用"/"表示。根的下面（或顶级目录）是几个标准的 UNIX 目录：bin、etc、usr（home）、tmp 和 lib。每个顶级目录中都包括一些特殊用途的文件。用户主目录通常设置在"/usr"（UNIX）或"/home"（Linux）目录下。当用户登录到 UNIX 时，用户就位于自己的主目录下。

4. 文件和目录的所有权

所有 UNIX 文件和目录都具有所有权和访问权。用户可以更改一个文件或目录的所有权和访问权，以便控制对该文件或目录的访问。

创建文件的用户自动具有对该文件的所有权。该用户也可以更改文件的所有权，把它授予另一个用户。所有权更改后，文件原属主就不能再把它改回来。文件的拥有者可以授予或撤销对文件的访问权限。除了所有权之外，每个文件和目录还有相关的访问权限。

5. UNIX 联机帮助

使用 UNIX 系统时，若想了解命令的详细用法，可使用 UNIX 的帮助命令：man。

例如：

```
$ man ls              //查询 ls 命令的用法
$ man - k keyword     //使用关键词查找命令
```

7.3.4 Linux 系统

Linux 是一套免费使用和自由传播的类 UNIX 操作系统，是一个基于 POSIX 和 UNIX 的多用户、多任务、支持多线程和多 CPU 的操作系统。它能运行主要的 UNIX 工具软件、应用程序和网络协议。它支持 32 位和 64 位硬件。Linux 继承了 UNIX 以网络为核心的设计思想，是一个性能稳定的多用户网络操作系统。

Linux 操作系统诞生于 1991 年 10 月 5 日（这是第一次正式向外公布时间）。Linux 存在着许多不同的 Linux 版本，但它们都使用了 Linux 内核。Linux 可安装在各种计算机硬件设备中，比如手机、平板电脑、路由器、视频游戏控制台、台式计算机、大型机和超级计算机。

严格来讲，Linux 这个词本身只表示 Linux 内核，但实际上人们已经习惯了用 Linux 来形容整个基于 Linux 内核，并且使用 GNU 工程各种工具和数据库的操作系统。

Linux 的基本思想有两点：①一切都是文件；②每个软件都有确定的用途。其中第一条详细来讲就是系统中的所有都归结为一个文件，包括命令、硬件和软件设备、操作系统、进程等对于操作系统内核而言，都被视为拥有各自特性或类型的文件。至于说 Linux 是基于 UNIX 的，很大程度上也是因为这两者的基本思想十分相近。

Linux 操作系统的主要特性有：

（1）完全免费。Linux 是一款免费的操作系统，用户可以通过网络或其他途径免费获得，并可以任意修改其源代码，这是其他的操作系统所做不到的。正是由于这一点，来自全世界的无数程序员参与了 Linux 的修改、编写工作，程序员可以根据自己的兴趣和灵感对其进行改变，这让 Linux 吸收了无数程序员的精华，不断壮大。

（2）完全兼容 POSIX1.0 标准。这使得可以在 Linux 下通过相应的模拟器运行常见的 DOS、Windows 的程序，这为用户从 Windows 转到 Linux 奠定了基础。许多用户在考虑使用 Linux 时，就会想到以前在 Windows 下常见的程序是否能正常运行，这一点就消除了他们的疑虑。

（3）多用户、多任务。Linux 支持多用户，各个用户对于自己的文件设备有自己特殊的权利，保证了各用户之间互不影响。多任务则是现在计算机最主要的一个特点，Linux 可以使多个程序同时并独立地运行。

（4）良好的界面。Linux 同时具有字符界面和图形界面。在字符界面用户可以通过键盘输入相应的指令来进行操作。它同时也提供了类似 Windows 图形界面的 X-Window 系统，用户可以使用鼠标对其进行操作。在 X-Window 环境中就和在 Windows 中相似，可以说是一个 Linux 版的 Windows。

（5）支持多种平台。Linux 可以运行在多种硬件平台上，如具有 x86、680x0、SPARC、Alpha 等处理器的平台。此外，Linux 还是一种嵌入式操作系统，可以运行在掌上电脑、机顶盒或游戏机上。2001 年 1 月发布的 Linux 2.4 版内核已经能够完全支持 Intel 64 位芯片架构。同时，Linux 也支持多处理器技术，多个处理器同时工作，使系统性能大大提高。

本章小结

（1）随着网络技术的发展，网络操作系统技术越来越成为当今信息系统和应用系统的核心技术。

（2）网络操作系统的核心内容主要包括网络操作系统的基本功能、网络操作系统中的资源共享和安全管理的基本概念、基本原理、基本方法以及有关的应用。

（3）网络操作系统发展很快，应用非常广泛。要了解分布操作系统的基本概念，以及网络操作系统的新技术及发展趋势。

习题

一、单选题

1. 对网络用户来说，操作系统是指（　　）。

 A. 能够运行自己应用软件的平台

 B. 提供一系列的功能、接口等工具来编写和调试程序的裸机

 C. 一个资源管理者

 D. 实现数据传输和安全保证的计算机环境

2. 网络操作系统主要解决的问题是（　　）。

 A. 网络用户使用界面

 B. 网络资源共享与网络资源安全访问限制

 C. 网络资源共享

 D. 网络安全防范

3. 以下属于网络操作系统的工作模式是（　　）。

 A. TCP/IP　　　　　　　　　　　　B. ISO/OSI 模型

 C. Client/Server　　　　　　　　　D. 对等实体模式

4. 目录数据库是指（　　）。

 A. 操作系统中外存文件信息的目录文件

 B. 用来存放用户账号、密码、组账号等系统安全策略信息的数据文件

 C. 网络用户为网络资源建立的一个数据库

 D. 为分布在网络中的信息而建立的索引目录数据库

5. 关于组的叙述以下哪种正确？（　　）

 A. 组中的所有成员一定具有相同的网络访问权限

 B. 组只是为了简化系统管理员的管理，与访问权限没有任何关系

 C. 创建组后才可以创建该组中的用户

 D. 组账号的权限自动应用于组内的每个用户账号

6. 计算机之间可以通过以下哪种协议实现对等通信？（　　）

 A. DHCP　　　　　B. DNS　　　　　C. WINS　　　　　D. NETBIOS

7. 要实现动态 IP 地址分配，网络中至少要求有一台计算机的网络操作系统中安装（　　）。

 A. DNS 服务器　　　　　　　　　　B. DHCP 服务器

 C. IIS 服务器　　　　　　　　　　　D. PDC 主域控制器

8. UNIX 系统中用户的有效用户组（　　）。

 A. 任意时刻可以有多个

 B. 运行时是不可变

 C. 被设置为用户在 passwd 文件中的 gid 项规定的用户组

 D. 以上说法都不对

9. 在 UNIX 操作系统中与通信无关的文件是(　　)。

    A. /etc/ethers   B. /etc/hosts   C. /etc/services   D. /etc/shadow

10. 以下不是 NDS 中的对象的是(　　)。

    A. 根   B. 容器   C. 叶   D. 枝

二、简答题

1. 简述网络操作系统和分布式操作系统的本质区别。

2. 简述客户端/服务器模式的工作过程。

3. 网络操作系统的基本服务有哪些?

第8章

CHAPTER 8

网络规划与设计

8.1 网络规划设计的意义

网络工程是一项复杂的系统工程,涉及大量的技术问题、管理问题、资源的协调组织问题等,因此要使用系统化的方法来对网络工程进行规划。网络规划是在准确把握用户需求及分析和可行性论证基础上确定网络总体方案和网络体系结构的过程。网络设计是在网络规划基础上,对网络体系结构、子网划分、接入网、网络互联、网络设备选型、网络安全及网络实施等进行工程化设计的过程。

为达到一定的目标,根据相关的标准规范并通过系统的规划,按照设计的方案,将计算机网络技术系统和管理有机地集成到一起的工程就是网络工程。系统集成是网络工程的主要方法,因此网络工程有时也称为网络系统集成。网络工程有若干阶段,包括网络规划阶段、设计阶段、工程组织与实施阶段和测试与维护4个阶段。

网络规划与设计的意义与作用主要体现在以下几个方面:

(1)保证网络系统具有完善的功能、较高的可靠性和安全性,能支持特定应用环境中各种相关应用系统的要求,有较高的性价比。

(2)保证网络系统既具有先进性,同时在工程中又能够可靠使用并具有很高的安全性。

(3)网络系统有良好的可扩充性和升级能力,并且有较高水平的系统集成度。

(4)优质的规划与设计是建设和实施一个高性价比网络系统的前提条件。

8.2 网络规划设计的内容

随着网络建设的需求不断增多,网络建设的总体思路及如何总体设计工作蓝图,是网络建设的核心任务。进行网络规划设计时,首先,进行对象研究和需求调查,弄清用户的性质、任务和改革发展的特点,对网络环境进行准确的描述,明确系统建设的需求和条件;其次,在应用需求分析的基础上,确定不同网络 Intranet 服务类型,进而确定系统建设的具体目标,包括网络设施、站点设置、开发应用和管理等方面的目标;第三,确定网络拓扑结构和功能,根据应用需求、建设目标和主要建筑分布特点,进行系统分析和设计;第四,确定技术设计的原则要求,如在技术选型、布线设计、设备选择、软件配置等方面的标准和要求;最后,规划网络建设的实施步骤。

建设一个优秀的网络绝对不是一件容易的事情,要经过周密的论证、谨慎的决策和紧张的施工,而对网络有一个明晰、有层次的规划设计,能让网络建设事半功倍。

网络规划设计时,需要包含以下内容:

(1)需求分析。进行环境分析、业务需求分析、管理需求分析、安全需求分析,对网络系统的业务需求、网络规模、网络结构、管理需要、增长预测、安全要求和网络互联等指标尽可能给出明确的定量或定性分析和估计。

(2)规模与结构分析。对网络进行规模与结构分析,确定网络规模,进行拓扑结构分析,决定与外部网络互联方案。

(3)管理需求分析。分析是否需要对网络进行远程管理、谁来负责网络管理、需要哪些管理功能、选择哪个供应商的网管软件、选择哪个供应商的网络设备、其可管理性如何、怎样跟踪和分析处理网管信息、如何更新网管策略。

(4)安全性需求分析。分析企业的敏感性数据及分布、网络用户的安全级别、可能存在的安全漏洞及安全隐患、网络设备的安全功能要求、网络系统软件的安全评估、应用系统的安全要求、防火墙技术方案、安全软件系统的评估、网络遵循的安全规范和达到的安全级别。

(5)网络安全要达到的目标。分析网络访问的控制、信息访问的控制、信息传输的保护、攻击的检测和反应、偶然事故的防备、事故恢复计划的制订、物理安全的保护、灾难防备计划。

(6)网络规模分析。分析接入网络的部门、哪些资源需要上网、有多少网络用户、采用什么档次的设备、网络及终端设备的数量。

(7)网络拓扑结构分析。分析网络接入点的数量、网络接入点的分布位置、网络连接的转接点分布位置、网络设备间的位置、网络中各种连接的距离参数、综合布线系统中的基本指标。

(8)网络扩展性分析。新部门可方便地接入现有网络、新的应用能够无缝地接入网络并顺利运行、分析网络当前的技术指标,估计网络未来的增长,以满足新的需求,保证网络的稳定性,充分保护已有的投资;进行带宽的增长分析、主机设备的性能分析、操作系统平台的性能分析。

另外,网络系统规划设计离不开网络系统的系统集成。在网络系统集成中,用户、系统集成商、供货商、工程施工队等都要以不同的角色参与集成工作,由此而产生网络系统集成的几个集成服务层面。网络系统集成是根据用户应用的需要,将计算机硬件平台、网络设备和软件系统集成为具有优良性价比的计算机网络及应用系统的过程。

这些集成服务层面有产品集成、技术集成和应用集成。产品集成主要由产品供应商支持,根据网络集成的需求,提供传输介质、交换机、路由器等网络互联设备、网络服务器等,并提供相应的集成服务。技术集成主要解决网络拓扑、网络分解、网络互联、网络协议的选定及相应的集成技术工作。应用集成由用户与系统集成商、网络系统的设计及施工企业合作完成,完成应用系统各个层次的分解与协调、各层应用软件的信息集成、基础应用平台的构建,以及相应应用软件的开发等。

8.3　网络拓扑层次化结构设计

目前,大型骨干网的设计普遍采用三层结构模型,即核心层(Core Layer)、汇聚层(Distribution Layer)和接入层(Access Layer),如图8.1和图8.2所示。

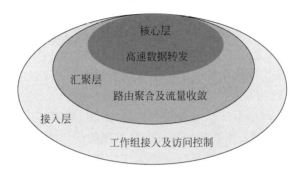

图 8.1　三层结构模型

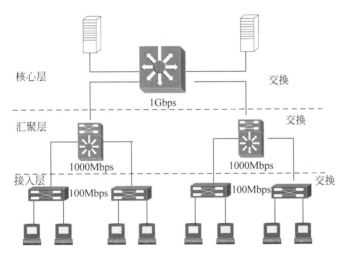

图 8.2　基于交换的层次结构

核心层:核心层是网络的高速交换主干,对整个网络的连通起到至关重要的作用。核心层应该具有如下几个特性:可靠性、高效性、冗余性、容错性、可管理性、适应性、低延时性等。在核心层中,应该采用高带宽的千兆以上交换机。因为核心层是网络的枢纽中心,重要性突出。核心层设备采用双机冗余热备份是非常必要的,也可以使用负载均衡功能,来改善网络性能。

汇聚层:汇聚层是网络接入层和核心层的“中介”,就是在工作站接入核心层前先做汇聚,以减轻核心层设备的负荷。汇聚层具有实施策略、安全、工作组接入、虚拟局域网(VLAN)之间的路由、源地址或目的地址过滤等多种功能。在汇聚层中,应该选用支持三层交换技术和 VLAN 的交换机,以达到网络隔离和分段的目的。

接入层:接入层向本地网段提供工作站接入。在接入层中,减少同一网段的工作站数量,能够向工作组提供高速带宽。接入层可以选择不支持 VLAN 和 3 层交换技术的普通交换机。

层次化网络设计模型具有以下优点：

（1）可扩展性。由于分层设计的网络采用模块化设计，路由器、交换机和其他网络互联设备能在需要时方便地加到网络组件中。

（2）高可用性。冗余、备用路径、优化、协调、过滤和其他网络处理使得层次化具有整体的高可用性。

（3）低时延性。由于路由器隔离了广播域，同时存在多个交换和路由选择路径，数据流能快速传送，而且只有非常低的时延。

（4）故障隔离。使用层次化设计易于实现故障隔离。模块设计能通过合理的问题解决和组件分离方法加快故障的排除。

（5）模块化。层次化网络设计让每个组件都能完成互联网络中的特定功能，因而可以增强系统的性能，使网络管理易于实现并提高网络管理的组织能力。

（6）高投资回报。通过系统优化及改变数据交换路径和路由路径，可在层次化网络中提高带宽利用率。

（7）网络管理。如果建立的网络高效而完善，则对网络组件的管理更容易实现，这将大大节省雇用员工和人员培训的费用。

层次化网络设计也有一些缺点：出于对冗余能力的考虑和要采用特殊的交换设备，层次化网络的初次投资要明显高于平面型网络建设的费用。正是由于分层设计的高额投资，认真选择路由协议、网络组件和处理步骤就显得极为重要。

8.4 网络安全系统设计

网络安全系统是网络总体规划与设计中的重要组成部分。计算机网络系统的安全规划设计主要从以下几个方面考虑：

（1）必须根据具体的系统和应用环境，分析和确定系统存在的安全漏洞和安全威胁。

（2）有明确的安全策略。

（3）建立安全模型，对网络安全进行系统和结构化的设计。

（4）安全规划设计层次和方面。

安全规划设计层次和方面具体包括：

① 物理层的安全。主要防止对网络系统物理层的攻击、破坏和窃听，包括非法的接入和非正常工作的物理链路断开。

② 数据链路层的安全。数据链路层的网络安全主要是保证通过网络链路传送的数据安全，具体可采用划分 VLAN、实时加密通信等技术手段。

③ 网络层的安全。网络层的安全需要保证网络只给授权的客户使用授权的服务，保证网络路由的正确性。在这个层次采用的技术手段是使用防火墙，实现网络的安全隔离，过滤恶意或未经授权的 IP 数据。

④ 操作系统和应用平台的安全。保证网络操作系统和应用平台的应用软件体系在大数据流量和复杂的运行环境中都能正常安全运行。

8.5　网络规划设计案例

8.5.1　某企业网络规划与设计

1. 项目简介

主干网接入 Internet,各子网再接入主干通信网。主干网接入 Internet 的方式可是有线综合宽带网,速率可在 100Mbps 左右。主干为千兆光纤线路,其他线路为超五类双绞线。行政楼有两层,为了方便用户接入和扩展,路由、三层交换、汇聚层设备都安置在网络中心,接入层设备安置在办公室。为了保证网络通信时的安全,可以使用划分 VLAN 并在三层交换上做访问控制列表以使不同 VLAN 之间不能互相访问。为了做到上网时间的控制,在三层交换上会使用到访问控制列表。其平面图如图 8.3 所示。

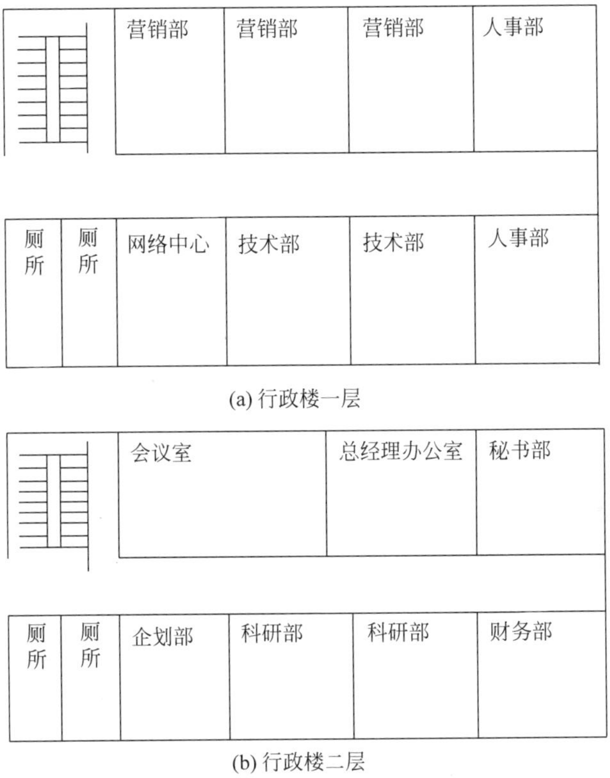

	营销部	营销部	营销部	人事部
厕所	厕所	网络中心	技术部	技术部	人事部

(a) 行政楼一层

	会议室		总经理办公室	秘书部
厕所	厕所	企划部	科研部	科研部	财务部

(b) 行政楼二层

图 8.3　行政楼平面图

2. 需求分析

1) 客户需求

以公司的各类产品与服务信息为基础,依托强大的互联网技术,创办一个集企业信息发布、新闻动态发布、产品信息发布、产品订购询价、客户服务、供应商服务等功能于一体,为企业及其相关单位机构提供全新的、多方位、全面的交互性信息以及商务服务的网络系统。

建立网络的最终目的,就是希望利用网络(企业网上门户),增加宣传途径、打造企业形象、宣传企业产品,让有意向的客户或者企业到网站访问,查阅企业介绍、联系资料、产品信息、销售网络,根据需要客户可进行在线下单,网站同时通过提供优质的会员服务,使客户可以通过网站的订单查询服务功能跟踪并了解具体订单的处理过程与当前状态信息,提升客户对公司的信任度,让客户满意公司的服务,提高企业服务水平,实现销售电子商务化。

2)系统需求

(1)配置简单方便:所有的客户端和服务器系统应该是易于配置和管理的,并保障客户端的方便使用。

(2)广泛的设备支持:所有操作系统及选择的服务应尽量广泛地支持各种硬件设备。

(3)稳定性及可靠性:系统的运行应具有高稳定性,保障系统的高性能和无故障运行。

(4)可管理性:系统中应提供尽量多的管理方式和管理工具,便于系统管理员在任何位置方便地对整个系统进行管理。

(5)更低的成本:系统设计应尽量降低整个系统的成本。

(6)安全性:在系统的设计、实现及应用上应采用多种安全手段保障网络安全。

(7)提供良好的售后服务。

另外,网络还应具有开放性、可扩展性及兼容性,全部系统的设计要求采用开放的技术和标准,选择主流的操作系统及应用软件,保障系统能够适应未来几年公司的业务发展需求,便于网络的扩展和企业的结构变更。

3)网络需求

满足企业信息化的要求,为各类应用系统提供方便、快捷的信息通路;具有良好的性能,能够支持大容量和实时性的各类应用;能够可靠运行,具有较低的故障率和维护要求;提供网络安全机制,满足企业信息安全的要求,具有较高的性价比,未来升级扩展容易,保护用户投资;用户使用简单、维护容易,为用户提供良好的售后服务。

主干网负责各个子网和应用服务的连接,为信息交换提供有效的高速通道。系统主干采用万兆以太网,下属子网采用千兆以太网,网络协议采用 TCP/IP,整个网络应考虑语音、视频、数据等的综合应用。交换机要求采用主流、成熟、信誉和售后服务均佳的产品,核心交换机采用三层交换机,支持 VLAN 等功能,能较好地解决突发数据量和密集服务请求的实时响应问题,在内部用户终端进行视频信号、数据交换时交换引擎不会出现过载现象和数据包冲突、丢失的现象,还要考虑预防瓶颈出现以及相应的补救措施。下属单位接入交换机可采用相对低一档的产品。本系统处理的信息包括数据、语音和图像等,因此要考虑实时性问题,特别要考虑包括视频会议在内的信息共享等方面的实时性要求。UPS 电源的配置要保证网络中所有的服务器、交换机、路由器、集线器等设备的连续、正常运转;网络带宽应根据所属单位网络的信息流量情况合理分配网段,以充分利用网络带宽,提高网络的运行效率。网络需要具有多主机跨平台主机连接能力,数据集中存放、集中管理、数据有效共享、存储空间共享、统一安全备份,可实现无人值守、自动实施备份策略、LAN-Free 备份、Serverless 架构等功能,为全面集中管理和数据仓库的建设奠定坚实的基础。

4)设备需求

根据企业的网络功能需求和实际的布线系统情况,楼层接入设备需要选择同一型号的设备;子公司主交换机可以根据需要通过堆叠方式进行灵活的升级扩容;核心交换机需要具有升级到 720Gbps 可用背板带宽的能力。网络设备必须在技术上具有先进性、通用性,必须便于管理、维护,应该满足企业现有计算机设备的高速接入,应该具备良好的可扩展性、可升级性,保护用户的投资。网络设备在满足功能与性能的基础上必须具有良好的性价比。

网络设备应该选择拥有足够实力和市场份额的厂商的主流产品,同时设备厂商必须要有良好的市场形象与售后技术支持。

3. 网络规划

拟建的企业网络主要涉及 3 幢建筑物:行政楼(含附近的门卫)、生产车间(含附近的厂区办)、运输楼(含附近的工段办)。这 3 幢建筑物之间拟通过光纤连接。网络中心和机房设在行政楼内。信息点需求为:

行政楼:801 个(含门卫 1 个);

生产车间:364 个(含厂区办 4 个);

运输楼:20 个(全为工段办)。

1) 企业网络总体规划

(1) 先进性:系统具有高速传输的能力。工作站子系统传输速率达到 100Mbps,水平系统传输速率达到 1000Mbps,满足现在和未来数据的信息传输的需求;主干系统传输速率达到 1000Mbps,同时具有较高的带宽,能够满足现在和未来的图像、影像传输的需求。

(2) 灵活性:系统具有较高的适应变化的能力。当用户的物理位置发生变化时可以通过非常简便的调整重新连接;布线系统适应各种计算机网络结构,如以太网、高速以太网、令牌环网、ATM 网等。布线系统且具有一定的扩展能力。

(3) 实用性:系统具有低成本、使用方便、简单、易扩展的特点。布线系统应在满足各种需求的情况下尽可能降低材料成本;布线系统具有操作简单、使用方便、易于扩展的特点。

2) 网络协议及 IP 地址规划

(1) TCP/IP:每种网络协议都有自己的优点,但是只有 TCP/IP 允许与 Internet 的完全连接。

(2) Telnet:远程登录访问协议,使其他跨省区域的子公司通过远程访问总部的内网;在远程访问时,会设置相应的 ACL 认证和相对的权限。

(3) SNMP 网络管理协议:SNMP 是用于在 IP 网络管理网络节点(服务器、工作站、路由器、交换机及集线器等)的一种标准协议,它是一种应用层协议。SNMP 使网络管理员能够管理网络效能,发现并解决网络问题以及规划网络增长。通过 SNMP 接收随机消息(即事件报告),网络管理系统可以获知网络出现的问题。

(4) 路由协议:RIP、IGRP、EIGRP、IS-IS 和 OSPF。

(5) IP 地址规划和分配:包括设备及互联链路地址规划与分配、业务地址规划与分配、服务器地址规划与分配。

根据以上 IP 地址的划分原则,本方案建议的 IP 设计如下:

A 段(行政楼、门卫):192.168.0.0～192.168.3.255/22;

B 段(生产车间、产区办):192.168.4.0～192.168.5.255/23;

C 段(运输楼、工段办):192.168.6.0～192.168.6.31/27。

3) VLAN 规划

建议根据各个办公室的地理位置来划分 VLAN,如果同一栋楼内包含很多部门,而这些部门的职能和工作内容又有很大的区别,那么可以在楼内按照部门来划分 VLAN。

另外,如果某个部门需要跨越很多建筑物,分布范围比较广,例如部门 A 分布得很散,在很多交换机上都预留了部门 A 的信息点,则可以按照交换机的位置来设置 VLAN,这样,部门 A 就可能对应多个 VLAN,如果部门 A 所对应的 VLAN 之间需要通信,那么可以通过 VLAN 间的路由来实现。这样做的好处是,可以减少广播数据包对网络主干的影响。因为如果将部门 A 全部划分到一个 VLAN 中,而这些 VLAN 又跨越了网络主干,分布在众多不同的交换机上,这样当有广播包时,这些广播包必然会在网络的主干上传输,然后到达相应的交换机上,也就占用了网络主干的带宽,容易造成其他业务的时延。

为了减少传输冲突,提高系统整体性能和网络处理能力,还要考虑网络良好的管理性及易于维护和安全策略的实施。针对用户网络系统的实际情况,可以把功能(应用)相近的设备群组划分到同一 VLAN,不同部门的设备划分到不同 VLAN 中去,这样就能够通过访问控制列表技术实施安全策略,限制未授权的用户访问重要的服务器和数据库。

VLAN 划分可如表 8.1 所示。

表 8.1 VLAN 划分

VLAN	用　途	命名规范表
Vlan10	财务部	FINANCIAL
Vlan11	市场销售部	MARKET
Vlan12	管理部	MANAGING
…	…	…

4. 网络系统的设计

在用户的网络结构设计中,建议采用层次化的结构设计。对于用户即将建设的网络系统来说,想要建设成为一个覆盖范围广、网络性能优良、具有很强扩展能力和升级能力的网络,在起初的设计中就必须采用层次化的网络设计原则。采用这样的结构建设的网络具有良好的扩充性、管理性,因为新的子网模块和新的网络技术能被更容易集成到整个系统中,而不破坏已存在的骨干网。

根据项目的具体需求及现有的光纤结构,结合网络建设的基本理论和原则,以及各入网部门的实际情况、应用需求、资金条件和远近期目标等各方面的要求,设计出该网络结构为分层的集中式拓扑结构或称星形分级拓扑。内部网络拓扑图如图 8.4 所示。

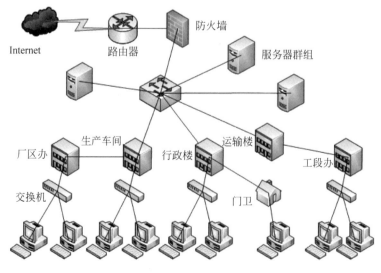

图 8.4　内部网络拓扑图

网络逻辑拓扑结构是在高端路由交换机的基础之上而设计的新的网络拓扑结构。简要说明如下：整个网络由核心层、汇聚层和接入层三大部分组成。核心层是由 CISCO WS-C3560-48TS-S 企业级核心路由交换机组成。汇聚层由 CISCO WS-C3560-24TS-S 路由交换机组成。接入层是由接入层楼层交换机 CISCO WS-C2918-24TC-C 组成。

主要网络设备如表 8.2 所示。

表 8.2　主要网络设备列表

拓 扑 结 构	设 备 型 号	数量/台
核心层路由交换机	CISCO WS-C3560-48TS-S	2
汇聚层路由交换机	CISCO WS-C3560-24TS-S	3
接入层楼层交换机	CISCO WS-C2918-24TC-C	26

以行政楼中心机房为中心，下属部门为接入点的星形连接方式。现阶段出于用户的应用和先进性考虑，通过千兆光纤连接。

各楼层的办公网是以星形的方式直接连接到各汇聚机房的汇聚交换机上后，由汇聚交换机通过千兆光纤接到核心交换机。可采用千兆路由交换机与各 LAN 网段的交换机（Switch）连接而组成星形网络，实现千兆核心网络到各楼层、百兆网络到桌面，满足各种应用的需要。核心层交换机与服务器群以千兆以太网的方式相连。

5. 网络设备的设计

1）核心层交换机的设计

核心层主要功能是给下层各业务汇聚节点提供 IP 业务平面高速承载和交换通道，负责进行数据的高速转发；同时，核心层是局域网的骨干，是局域网互联的关键。对核心骨干网络设备的部署应为能够提供高带宽、大容量的核心路由交换设备，同时应具备极高的可靠性，能够保证 24 小时全天候不间断运行，也就必须考虑设备及链路的冗余性、安全性；而且核心骨干设备同时还应拥有非常好的扩展能力，以便随着网络的发展而发展。

基于对核心层的功能及作用，根据用户的实际需求，本方案中网络系统的核心层由 CISCO 系列的企业级核心交换机 WS-C3560-48TS-S 组成。其主要任务是提供高性能、高安全性的核心数据交换，QoS 以及为接入层提供高密度的上联端口；为整个大楼宽带办公网提供交换和路由的核心，完成各个部分数据流的中央汇集和分流，同时为数据中心的服务器提供千兆高速连接。

根据该企业的建筑分布及网络规模，以行政楼的中心机房作为整个网络系统的核心节点。核心节点由两台同档次的网络核心设备构成，它们互为备份且流量负载均衡。两台网络核心交换机作为整个网络的核心层设备，为各个汇聚层和接入层交换机提供上联。同时提供了各个服务器的可靠接入。

由于 WS-C3560-48TS-S 是路由交换机，即同时具有第二层和第三层的交换能力，为了充分利用资源，将 WWW 服务器、E-mail 服务器、数据库服务器、文件 VOD 服务器、认证的服务器（Radius Server）以及网管设备等通过千兆光纤直接联入核心交换机，以解决带宽瓶颈，充分利用核心交换机的交换能力。

核心交换机作为信息网络的核心设备，其性能的优劣直接影响到整个网络运行。在设备的选型上必须考虑到有足够的背板带宽、包交换能力，是否支持设备的冗余以及安全性、扩展性等各种性能。企业级核心交换机 WS-C3560-48TS-S 完全满足上述的各项要求。

下面列出企业级核心路由交换机 WS-C3560-48TS-S 的性能特性及技术指标。

交换机类：企业级交换机；

应用层级：三层；

接口介质：10/100Base-T/ 100FX；

传输速率：10Mbps/100Mbps；

端口数量：48；

背板带宽：32Gbps；

VLAN 支持：支持；

网管功能：SNMP、CLI 管理；

包转发率：13.1Mpps；

MAC 地址：12k；

网络标准：IEEE 802.3,802.3u；

端口结构：非模块化。

2）汇聚层交换机的设计

汇聚层主要完成的任务是对各业务接入节点的业务汇聚、管理和分发处理，是完成网络流量的安全控制机制，以使核心网与接入访问层环境隔离开来；同时，汇聚层起着承上启下的作用，对上连接至核心层，对下将各种宽带数据业务分配到各个接入层的业务节点。汇聚层位于中心机房或下联单位的分配线间，主要用于汇聚接入路由器以及接入交换机。

因此对汇聚层的交换机部署时必须考虑交换机必须具有足够的可靠性和冗余度，防止网络中部分接入层变成孤岛；还必须具有高处理能力，以便完成网络数据汇聚、转发处理；具有灵活、优化的网络路由处理能力，实现网络汇聚的优化。而且规划汇聚层时建议汇聚层节点的数量和位置应根据业务和光纤资源情况来选择；汇聚层节点可采用星形连接，每个汇聚层节点保证与两个不同的核心层节点连接。

根据汇聚层在整个网络中的作用以及用户的实际需求，本方案中汇聚层共设计了 3 个节点，即行政楼、生产车间和运输楼（工段办）。

汇聚层网络设备全部采用了 CISCO WS-C3560-24TS-S 交换机。该交换机支持各种高级路由协议，如 BGP4、RIPV1、RIPv2、VRRP、OSPF、IP 组播、IPX 路由。

下面列出汇聚路由交换机 CISCO WS-C3560-24TS-S 的性能特性及技术指标。

交换机类：企业级交换机；

应用层级：三层；

接口介质：10/100Base-T/ 100FX；

传输速率：10Mbps/100Mbps；

端口数量：24；

背板带宽：32Gbps；

VLAN 支持：支持；

网管功能：SNMP、CLI、Web 管理。

3）接入层交换机的设计

接入层主要用来支撑客户端对服务器的访问，主要是指接入路由器、交换机、终端访问用户。它利用多种接入技术,迅速覆盖至用户节点,将不同地理分布的用户快速有效地接入信息网的汇聚层。对上连接至汇聚层和核心层,对下进行带宽和业务分配,实现用户的接入。

汇聚层节点与接入层节点可考虑采用星形连接,每个接入层节点与两个汇聚层节点连接。当接入层采用其他结构(如环形)连接到汇聚层时,建议提供两条不同的路由通道。

根据接入层在网络系统中所起的作用以及用户的实际需求,本方案中接入层部分由CISCO 公司的 WS-C2918-24TC-C 交换机构成。其主要功能是为该区域下属各部门的网络用户提供大量性价比极高的 10/100Mbps 网络接口,并与信息中心的核心交换机通过1000Mbps 光纤链路互联为接入的用户提供高速上联。

下面列出接入层楼层交换机 CISCO WS-C2918-24TC-C 的性能特性及技术指标。

交换机类:快速以太网交换机;

应用层级:二层;

传输速率:10Mbps/100Mbps/1000Mbps;

端口数量:24;

背板带宽:16Gbps;

VLAN 支持:支持;

网管功能:Cisco IOS CLI、Web 浏览器;

包转发率:6.5Mpps;

MAC 地址:8K;

网络标准:IEEE 802.1D,IEEE 802;

端口结构:非模块化;

交换方式:存储-转发;

产品内存:64MB;

传输模式:支持全双工;

网管支持:支持;

模块化插口:2。

8.5.2　校园网络设计方案

1. 项目背景

某大学为了加快校园信息化建设,需要建设一个高性能的、安全可靠的校园网络,校园网建成后,要求能够实现校园内部各种信息服务功能,实现与教育网的无阻碍联通,同时提供宽带接入功能,以备主连接失效情况下的备用连接要求,能够实现校园办公自动化需求。

2. 网络应用需求

校园网在信息服务与应用方面应满足以下几个方面的需求:

(1)学校主页。学校应建立独立的 WWW 服务器,在网上提高学校主页等服务,包括校情简介、学校新闻、校报(电子报)、招生信息以及校内电话号码和电子邮件地址查询等。

(2)文件传输服务。考虑到师生之间共享软件,校园网应提供文件传输服务(ftp)。文件传输服务器上存放各种各样的自由软件和驱动程序,师生可以根据自己的需要随时下载并把它们安装在本机上。

(3)校园网站建设。WWW、FTP、E-mail、DNS、代理、拨入访问、流量计费等。

（4）多媒体辅助点播教学兼远程教学。校园网要求具有数据、图像、语音等多媒体实时通信能力；并在主干网上提供足够的带宽和可保证的服务质量，满足大量用户对带宽的基本需要，并保留一定的余量供突发的数据传输使用，最大可能地降低网络传输的延迟。

（5）校园办公管理。

（6）学校教务管理。

（7）校园一卡通应用。

（8）网络安全（防火墙）。

（9）图书管理、电子阅览室。

（10）系统应提供基本的 Web 开发和信息制作的平台。

3. 网络性能需求

网络要求包括服务效率、服务质量、网络吞吐率、网络响应时间、数据传输速度、资源利用率、可靠性、性价比等。

根据本工程的特殊性，语音点和数据点使用相同的传输介质，即统一使用超五类 4 对双绞线缆，以实现语音、数据相互备份的需要。

对于网络主干，数据通信介质全部使用光纤，语音通信主干使用大对数线缆；光纤和大对数线缆均留有余量；对于其他系统数据传输，可采用超五类双绞线或专用线缆。

4. 信息点统计

信息点统计如表 8.3 所示。

表 8.3 某大学联网各楼所在位置及信息点分布

楼所	楼层							
	1 层	2 层	3 层	4 层	5 层	6 层	7 层	8 层
1 号楼	2	4	12	10				
2 号楼		10						
3 号楼	18	29	42	5				
办公楼	17	13	12	18				
图书馆	2	10	13					
5 号楼	2	18	10	1				
6 号楼	8	8	9	23				
7 号楼	4	19	7	4				
研究生楼	6	21	21	21	21			
电教楼	4	8	4					
公卫楼		9	6	8	8	9	13	8
合计	501							

5. 网络架构设计

现代网络结构化布线工程中多采用星形结构，主要用于同一楼层，由各个房间的计算机间用集线器或者交换机连接产生，它具有施工简单、扩展性高、成本低和可管理性好等优点；而校园网在分层布线主要采用树形结构；每个房间的计算机连接到本层的集线器或交换机，然后每层的集线器或交换机再连接到本楼出口的交换机或路由器，各个楼的交换机或路由器再连接到校园网的通信网中，由此构成了校园网的拓扑结构。

校园网采用星形的网络拓扑结构,骨干网传输速率为1000Mbps,具有良好的可运行性、可管理性,能够满足未来发展和新技术的应用。另外,作为整个网络的交换中心,在保证高性能、无阻塞交换的同时,还必须保证稳定可靠地运行。

因此在网络中心的设备选型和结构设计上必须考虑整体网络的高性能和高可靠性,选择热路由备份可以有效地提高核心交换机的可靠性。

传输介质也要适合建网需要。在楼宇之间采用1000Mbps光纤,保证了骨干网络的稳定可靠,不受外界电磁环境的干扰,覆盖距离大,能够覆盖全部校园。在楼宇内部采用超五类双绞线,其连接状态100m的传递距离能够满足室内布线的长度要求。

6. 校园网的设计原则

1) 先进性原则

以先进、成熟的网络通信技术进行组网,支持数据、语音和视频图像等多媒体应用,采用基于交换的技术代替传统的基于路由的技术,并且能确保网络技术和网络产品在几年内基本满足需求。

2) 开放性原则

校园网的建设应遵循国际标准,采用大多数厂家支持的标准协议及标准接口,从而为异构机、异构操作系统的互联提供便利和可能。

3) 可管理性原则

网络建设的一项重要内容是网络管理,网络的建设必须保证网络运行的可管理性。在优秀的网络管理之下,将大大提高网络的运行速率,并可迅速简便地进行网络故障的诊断。

4) 安全性原则

信息系统安全问题的中心任务是保证信息网络的畅通,确保授权实体经过该网络安全地获取信息,并保证该信息的完整和可靠。网络系统的每一个环节都可能造成安全与可靠性问题。

5) 灵活性和可扩充性

选择网络拓扑结构的同时还需要考虑将来的发展,由于网络中的设备不是一成不变的,如需要添加或删除一个工作站,对一些设备进行更新换代,或变动设备的位置,因此所选取的网络拓扑结构应该能够容易地进行配置以满足新的需要。

6) 稳定性和可靠性

可靠性对于一个网络拓扑结构是至关重要的,在局域网中经常发生节点故障或传输介质故障,一个可靠性高的网络拓扑结构除了可以使这些故障对整个网络的影响尽可能小以外,同时还应具有良好的故障诊断和故障隔离功能。

7. 网络三层结构设计

校园网网络整体分为3个层次:核心层、汇聚层、接入层。为实现校区内的高速互联,核心层由1个核心节点组成,包括教学区区域、服务器群;汇聚层设在每栋楼上,每栋楼设置1个汇聚节点,汇聚层为高性能“小核心”型交换机,根据各个楼的配线间的数量不同,可以分别采用1台或是2台汇聚层交换机进行汇聚,为了保证数据传输和交换的效率,在各个楼内设置3层楼内汇聚层,楼内汇聚层设备不但分担了核心设备的部分压力,同时提高了网络的安全性;接入层为每个楼的接入交换机,是直接与用户相连的设备。本实施方案从网络运行的稳定性、安全性及易于维护性出发进行设计,以满足客户需求。设备及线缆选型见表8.4。

表 8.4　设备及线缆选型

名　　称	型　　号	单价/元	数　　量	合计/元
路由器	7206VXR	3.5 万	1 台	3.5 万
核心层交换机	Quidway S9303	10 万	2 台	20 万
分布层交换机	WS-C2960-G-48	2.2 万	4 台	8.8 万
接入层交换机(24 口)	H3C S1216	1300	13 台	1.69 万
接入层交换机(48 口)	H3C S1550	2800	7 台	1.96 万
防火墙	USG3030	3 万	1 台	3 万
电子邮件服务器	eWorld 邮件服务器 M	5.7 万	1 台	
文件传输服务器	eWorld 宽带主机 S20	2.86 万	1 台	
计费服务器	蓝海卓越 NS-G50-2000	3.96 万	1 台	
代理服务器		1250	1 台	
EEB 服务器		1.18 万	1 台	
UPS	C3KVA/2100W	2250	1	2250
调制解调器	ATRIE WireSpan 300E	1000	1	1000
超五类非屏蔽双绞线	安普 6-219507-4	720		
12 芯多模光纤	TCL 12 芯室内多模光纤	40		
12 芯单模光纤	TCL 12 芯室内单模光纤	33		

8. VLAN 的划分及 IP 地址的分配

VLAN 技术在网络领域得到了广泛应用,尤其在网络管理和网络安全性方面起到了不可忽视的作用。采用 VLAN 技术对整个网络进行集中管理,能够更容易地实现网络的管理性。例如,在添加、删除和移动网络用户时,无须重新布线,也不用直接对成员进行配置。

VLAN 提供的安全机制,可以限制用户对安全设备的访问,例如,限制普通用户对计费服务器、安全交换机等的访问。VLAN 控制广播组的大小和位置,甚至锁定网络成员的MAC 地址,从而限制了未经安全许可的用户和网络成员对网络的使用,增强了网络管理。

VLAN 详细划分(表 8.5)。

表 8.5　VLAN 详细划分表

楼 ID 及名称	VLAN ID
1 号楼	
2 号楼	VLAN 10
3 号楼	
办公楼	
图书馆	VLAN 20
5 号楼	
6 号楼	VLAN 30
7 号楼	
研究生楼	VLAN 40
公共卫生楼	VLAN 50
电教楼	VLAN 60
服务器集群	VLAN 99

1号楼、2号楼和3号楼,即北 U 字楼,在同 1VLAN,也就是 VLAN 10;

办公楼和图书馆在 VLAN 20;

5号楼、6号楼和7号楼,即南 U 字楼,在 VLAN 30;

研究生楼为 VLAN 40;

公共卫生楼为 VLAN 50;

电教楼为 VLAN 60;

服务器集群在 VLAN 99 中。

IP 地址的统一、合理规划以及整个网络向 IPv6 的演进是关系到整体层次化网络稳定、快速收敛的关键,也是某校园网网络设计中的重要一环。IP 地址规划得好坏,不仅影响到网络路由协议算法的效率,更影响到网络的性能和稳定以及网络的扩展和管理,也必将直接影响到相关新业务的开拓和网络应用的可持续发展。

划分时注意使用 VLAN,充分节约 IP 地址,使路由器能够采用聚合进行路由合并,减少路由表的大小。出口到互联网可以采用在 NAT 防火墙上做地址转换实现。校区内接入到同一汇聚层交换机的区域建议采用连续 IP 地址段,以便做路由汇聚。

IP 地址的分配原则如下:

(1) 给三层交换机设备互联的点对点 IP 地址分配1个 C 类地址,提供足够的扩展性;

(2) 考虑到以后的网络扩展规模,给二层交换机设备的管理 IP 地址分配1个 C 类 IP 地址;

(3) 可以考虑为学校校园网分配若干个 C 类私有地址段。

服务器集群和办公楼的 IP 获取方式为手动分配,其他的均为通过 DHCP 获取见表 8.6 和表 8.7。上网方式均采用 NAT 方式。

表 8.6 IP 地址分配表

网 络 单 元	地 址 段	地址范围	网 关	上 网 方 式	IP 获取方式
1号楼:共有 28 个信息点					
1号楼1层	192.168.0.0/28	1～14	192.168.0.1	NAT	DHCP
1号楼2层	192.168.0.16/28	17～30	192.168.0.17	NAT	DHCP
1号楼3层	192.168.0.32/28	33～46	192.168.0.33	NAT	DHCP
1号楼4层	192.168.0.48/28	49～62	192.168.0.49	NAT	DHCP
2号楼:共有 10 个信息点					
2号楼2层	192.168.1.0/28	1～14	192.168.1.1	NAT	DHCP
3号楼:共有 94 个信息点					
3号楼1层	192.168.2.0/27	1～30	192.168.2.1	NAT	DHCP
3号楼2层	192.168.2.32/27	33～62	192.168.2.33	NAT	DHCP
3号楼3层	192.168.2.64/26	65～126	192.168.2.65	NAT	DHCP
3号楼4层	192.168.2.128/29	129～134	192.168.2.129	NAT	DHCP
办公楼:共有 60 个信息点					
办公楼1层	192.168.3.0/27	1～30	192.168.3.1	NAT	手动分配
办公楼2层	192.168.3.32/28	33～46	192.168.3.33	NAT	手动分配
办公楼3层	192.168.3.48/28	49～62	192.168.3.49	NAT	手动分配
办公楼4层	192.168.3.64/27	65～944	192.168.3.65	NAT	手动分配

网络单元	地 址 段	地址范围	网 关	上网方式	IP获取方式
图书馆：共有 25 个信息点					
图书馆 1 层	192.168.4.0/29	1～6	192.168.4.1	NAT	DHCP
图书馆 2 层	192.168.4.8/28	9～22	192.168.4.9	NAT	DHCP
图书馆 3 层	192.168.4.24/28	25～38	192.168.4.25	NAT	DHCP
5 号楼：共有 31 个信息点					
5 号楼 1 层	192.168.5.0/29	1～6	192.168.5.1	NAT	DHCP
5 号楼 2 层	192.168.5.8/27	9～38	192.168.5.9	NAT	DHCP
5 号楼 3 层	192.168.5.40/28	41～54	192.168.5.41	NAT	DHCP
5 号楼 4 层	192.168.5.56/30	57～58	192.168.5.57	NAT	DHCP
6 号楼：共有 48 个信息点					
6 号楼 1 层	192.168.6.0/28	1～14	192.168.6.1	NAT	DHCP
6 号楼 2 层	192.168.6.16/28	17～30	192.168.6.17	NAT	DHCP
6 号楼 3 层	192.168.6.32/28	33～46	192.168.6.33	NAT	DHCP
6 号楼 4 层	192.168.6.48/27	49～78	192.168.6.49	NAT	DHCP
7 号楼：共有 34 个信息点					
7 号楼 1 层	192.168.7.0/29	1～6	192.168.7.1	NAT	DHCP
7 号楼 2 层	192.168.7.8/27	9～38	192.168.7.9	NAT	DHCP
7 号楼 3 层	192.168.7.40/28	41～54	192.168.7.41	NAT	DHCP
7 号楼 4 层	192.168.7.56/29	57～62	192.168.7.57	NAT	DHCP
研究生楼：共有 90 个信息点					
研究生楼 1 层	192.168.8.0/29	1～6	192.168.8.1	NAT	DHCP
研究生楼 2 层	192.168.8.8/27	9～38	192.168.8.9	NAT	DHCP
研究生楼 3 层	192.168.8.40/27	41～70	192.168.8.41	NAT	DHCP
研究生楼 4 层	192.168.8.72/27	73～102	192.168.8.73	NAT	DHCP
研究生楼 5 层	192.168.8.104/27	105～134	192.168.8.105	NAT	DHCP
电教楼：共有 20 个信息点					
电教楼 1 层	192.168.9.0/29	1～6	192.168.9.1	NAT	DHCP
电教楼 2 层	192.168.9.8/28	9～22	192.168.9.9	NAT	DHCP
电教楼 3 层	192.168.9.24/29	25～30	192.168.9.25	NAT	DHCP
电教楼 4 层	192.168.9.32/29	33～38	192.168.9.33	NAT	DHCP
公共卫生楼：共有 61 个信息点					
公卫楼 2 层	192.168.10.0/28	1～14	192.168.10.1	NAT	DHCP
公卫楼 3 层	192.168.10.16/29	17～22	192.168.10.17	NAT	DHCP
公卫楼 4 层	192.168.10.24/28	25～38	192.168.10.25	NAT	DHCP
公卫楼 5 层	192.168.10.40/28	41～54	192.168.10.41	NAT	DHCP
公卫楼 6 层	192.168.10.56/28	57～70	192.168.10.57	NAT	DHCP
公卫楼 7 层	192.168.10.72/28	73～86	192.168.10.73	NAT	DHCP
公卫楼 8 层	192.168.10.88/28	89～102	192.168.10.89	NAT	DHCP
服务器集群	10.8.0.0/28	1～14	10.8.0.1	NAT	手动分配

表 8.7　连接点

S1——中 1	10.8.1.0/30
S1——中 2	10.8.1.4/30
S2——中 1	10.8.1.8/30
S2——中 2	10.8.1.12/30
S3——中 1	10.8.1.16/30
S3——中 2	10.8.1.20/30
S4——中 1	10.8.1.24/30
S4——中 2	10.8.1.28/30
中 1——防	10.8.1.32/30
中 2——防	10.8.1.36/30
防——路	10.8.1.40/30

注：
S1：交换机 1
S2：交换机 2
S3：交换机 3
S4：交换机 4
中 1：中央节点 1
中 2：中央节点 2
防：防火墙
路：路由器

9. 网络安全与管理

1）安全接入和配置

安全接入和配置是指在物理(控制台)或逻辑(Telnet)端口接入网络基础设施前必须通过认证和授权限制,从而为网络基础设施提供安全性。限制远程访问的安全设置方法如表 8.8 所列。

表 8.8　安全接入和配置方法

访 问 方 式	保证网络设备安全的方法	备　　　注
Console 控制接口的访问	设置密码和超时限制	建议超时限制设成 5min
进入特权 exec 和设备配置级别的命令行	配置 Radius 来记录 logon/logout 时间和操作活动；配置至少一个本地账户作应急之用	
Telnet 访问	采用 ACL 限制,指定从特定的 IP 地址来进行 Telnet 访问；配置 Radius 安全记录方案；设置超时限制	
SSH 访问	激活 SSH 访问,从而允许操作员从网络的外部环境进行设备安全登录	
Web 管理访问	取消 Web 管理功能	
SNMP 访问	常规的 SNMP 访问是用 ACL 限制从特定 IP 地址来进行 SNMP 访问；记录非授权的 SNMP 访问并禁止非授权的 SNMP 企图和攻击	
设置不同账号	通过设置不同的账号的访问权限,提高安全性	

2）拒绝服务的防范

网络设备拒绝服务攻击的防范主要是防止出现 TCP SYN 泛滥攻击、Smurf 攻击等；网络设备的防范 TCP SYN 的方法主要是配置网络设备 TCP SYN 临界值，若高于这个临界值，则丢弃多余的 TCP SYN 数据包；防范 Smurf 攻击主要是配置网络设备不转发 ICMP echo 请求（directed broadcast）和设置 ICMP 包临界值，避免成为一个 Smurf 攻击的转发者、受害者。

3）访问控制

允许从内网访问 Internet，端口全开放。

允许从公网到 DMZ（非军事）区的访问请求：Web 服务器只开放 80 端口，Mail 服务器只开放 25 和 110 端口。

禁止从公网到内部区的访问请求，端口全关闭。

允许从内网访问 DMZ（非军事）区，端口全开放。

允许从 DMZ（非军事）区访问 Internet，端口全开放。

禁止从 DMZ（非军事）区访问内网，端口全关闭。

4）电源系统

为保证网络系统的安全运转及电源发生故障时重要数据的存储，须配置具有高可靠性的 UPS 电源。

本章小结

（1）网络建设的总体目标首先应明确是采用哪些网络技术和网络标准以及构筑一个满足哪些应用需求的多大规模的网络。如果网络工程分期实施，还应明确分期工程的目标、建设内容、所需工程费用、时间和进度计划等。

（2）在网络工程规划设计前应该对主要设计原则进行选择和平衡，并排定其在方案设计中的优先级，对网络的设计和工程实施将具有指导意义。

（3）确立网络的拓扑结构是整个网络方案规划设计的基础，拓扑结构的选择往往与地理环境分布、传输介质、介质访问控制方法，甚至网络设备选型等因素紧密相关。

习题

一、填空题

1. 网络结构设计中的三层结构模型包括＿＿＿＿层、＿＿＿＿层和＿＿＿＿层。

2. 数据链路层的网络安全主要是保证通过网络链路传送的数据安全，具体可采用＿＿＿＿、＿＿＿＿等技术手段。

3. 网络层的安全采用的技术手段是使用＿＿＿＿，实现网络的安全隔离。

二、简答题

1. 网络规划与设计的意义与作用是什么？

2. 网络规划设计一般包括哪些内容？

3. 层次化网络设计有哪些优点？

实践篇

第 9 章

网络基础实践

9.1 常见网络设备与连接线的认识

1. 实践目的

了解常见的网络设备及其特点;

了解常见网络传输介质及其特点。

2. 实践器材

集线器、交换机、路由器各一套;

双绞线、同轴线缆、光纤若干。

3. 实践内容

1) 集线器的认识

集线器的英文称为"Hub"。Hub 是"中心"的意思,集线器的主要功能是对接收到的信号进行再生整形放大,以扩大网络的传输距离,同时把所有节点集中在以它为中心的节点上。它工作于 OSI(开放系统互联参考模型)参考模型的第一层,即物理层。集线器与网卡、网线等传输介质一样,属于局域网中的基础设备,采用 CSMA/CD(一种检测协议)访问方式。

集线器属于纯硬件网络底层设备,基本上不具有类似于交换机的智能记忆能力和学习能力。它也不具备交换机所具有的 MAC 地址表,所以它发送数据时都是没有针对性的,而是采用广播方式发送。也就是说,当它要向某节点发送数据时,不是直接把数据发送到目的节点,而是把数据包发送到与集线器相连的所有节点,如图 9.1 所示。

图 9.1 集线器

2）交换机的认识

交换机是一种工作在 OSI 第二层（数据链路层,参见"广域网"定义）上的、基于 MAC 识别、能完成封装转发数据包功能的网络设备见图 9.2。它通过对信息进行重新生成,并经过内部处理后转发至指定端口,具备自动寻址能力和交换作用。

图 9.2　交换机

交换机不懂得 IP 地址,但它可以"学习"源主机的 MAC 地址,并把其存放在内部地址表中,通过在数据帧的始发者和目标接收者之间建立临时的交换路径,使数据帧直接由源地址到达目的地址。交换机上的所有端口均有独享的信道带宽,以保证每个端口上数据的快速有效传输。由于交换机根据所传递信息包的目的地址,将每一信息包独立地从源端口送至目的端口,而不会向所有端口发送,避免了和其他端口发生冲突。因此,交换机可以同时互不影响地传送这些信息包,并防止传输冲突,提高了网络的实际吞吐量。

3）路由器的认识

路由器是一种连接多个网络或网段的网络设备见图 9.3,它能将不同网络或网段之间的数据信息进行"翻译",以使它们能够相互"读"懂对方的数据,从而构成一个更大的网络。

图 9.3　路由器

4）传输介质之双绞线的认识

双绞线是综合布线工程中最常用的一种传输介质。它分为两种类型:屏蔽双绞线和非屏蔽双绞线见图 9.4。屏蔽双绞线线缆的外层由铝箔包裹,以减小辐射,但并不能完全消除辐射。屏蔽双绞线线缆价格相对较高,安装时要比非屏蔽双绞线线缆困难。非屏蔽双绞线线缆具有以下优点:无屏蔽外套,直径小,节省所占用的空间;重量轻,易弯曲,易安装;能将串扰减至最小或加以消除;具有阻燃性;具有独立性和灵活性,适用于结构化综合布线。

(a) 非屏蔽双绞线　　　　　　　　　(b) 屏蔽双绞线

图 9.4　双绞线

双绞线采用了一对互相绝缘的金属导线互相绞合的方式来抵御一部分外界电磁波干扰。把两根绝缘的铜导线按一定密度互相绞在一起,可以降低信号干扰的程度,每一根导线在传输中辐射的电波会被另一根线上发出的电波抵消,"双绞线"的名字也由此而来。双绞线是由 4 对双绞线一起包在一个绝缘线缆套管里的。一般双绞线扭线越密,其抗干扰能力就越强。与其他传输介质相比,双绞线在传输距离、信道宽度和数据传输速度等方面均受到一定限制,但价格较为低廉。

在双绞线产品家族中,主要的品牌包括安普、西蒙、朗讯、丽特、IBM。

5) 传输介质之同轴线缆的认识

同轴线缆也是局域网中最常见的传输介质之一见图 9.5。它用来传递信息的一对导体是按照一层圆筒式的外导体套在内导体(一根细芯)外面,两个导体间用绝缘材料互相隔离的结构制造的,外层导体和中心轴芯线的圆心在同一个轴心上,所以叫作同轴线缆。同轴线缆之所以设计成这样,也是为了防止外部电磁波干扰异常信号的传递。

图 9.5 同轴线缆

同轴线缆根据其直径大小可以分为粗同轴线缆(也称为粗缆)与细同轴线缆(也称为细缆)。粗缆适用于比较大型的局部网络,它的标准距离长,可靠性高,由于安装时不需要切断线缆,因此可以根据需要灵活调整计算机的入网位置;但粗缆网络必须安装收发器线缆,安装难度大,所以总体造价高。相反,细缆安装则比较简单,造价低;但由于安装过程要切断线缆,两头必须装上基本网络连接头(BNC),然后接在 T 形连接器两端,所以当接头多时容易产生隐患,这是目前运行的以太网所发生的最常见故障之一。

6) 传输介质之光纤的认识

光纤以光脉冲的形式来传输信号,以玻璃或有机玻璃等为网络传输介质见图 9.6。它由纤维芯、包层和保护套组成。光纤可分为单模(Single Mode)光纤和多模(Multiple Mode)光纤。

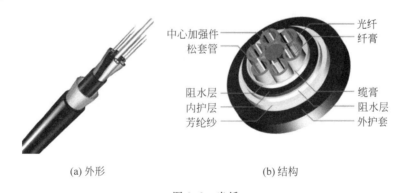

(a) 外形   (b) 结构

图 9.6 光纤

注:纤膏:光纤填充膏,是填充物的一种。缆膏:线缆填充膏。

单模光纤只提供一条光路,加工复杂,但具有较大的通信容量和较远的传输距离。多模光纤使用多条光路传输同一信号,通过光的折射来控制传输速度。

4. 实践总结

通过本实践,可以了解常见的网络设备以及常见的网络传输介质,对于以后的局域网组装实践有着积极的作用。

9.2 双绞线的制作与测试

1. 实践目的

掌握双绞线的制作与测试。

2. 实践器材

测线仪、压线钳、非屏蔽双绞线、RJ-45 水晶头若干。

3. 实践内容

1) TIA/EIA 标准

T568A 标准线序：绿白 绿 橙白 蓝 蓝白 橙 棕白 棕(见图 9.7(a))；

T568B 标准线序：橙白 橙 绿白 蓝 蓝白 绿 棕白 棕(见图 9.7(b))。

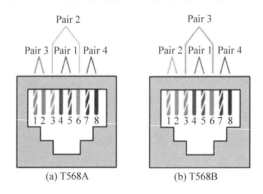

图 9.7　T568A/T568B 线序

注：异种可以改为"不同种"，与异构不是一回事。

2) 直通线与交叉线

直通线：双绞线两端所使用的制作线序相同(同为 T568A/T568B)即为直通线(见图 9.8)；用于连接异种设备，例如，计算机与交换机相连。

交叉线：双绞线两端所使用的制作线序不同(两端分别使用 T568A 和 T568B)即为交叉线(图 9.9)；用于连接同种设备，例如，计算机直接相连。

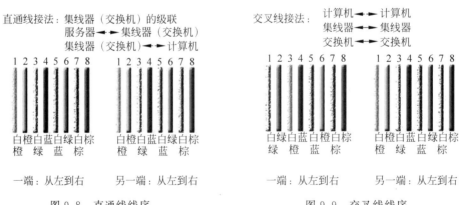

图 9.8　直通线线序　　　　　　　　图 9.9　交叉线线序

3）双绞线制作之直通线制作过程

（1）使用压线钳上组刀片轻压双绞线并旋转，剥去双绞线两端外保护皮 2～5cm。

（2）按照线序中白线顺序分开 4 组双绞线，并将此 4 组线排列整齐。

（3）分别分开各组双绞线并将已经分开的导线逐一捋直待用。

（4）导线分开后交换 4 号线与 6 号线位置。

（5）将导线收集起来并上下扭动，以达到让它们排列整齐的目的。

（6）使用压线钳（见图 9.10）下组刀片截取 1.5cm 左右排列整齐的导线。

（7）将导线并排送入水晶头。

（8）使用压线钳凹槽压制排列整齐的水晶头即可。

操作注意事项：

（1）剥去外保护皮时，注意压线钳力度不宜过大，否则容易伤到导线。

（2）4 组线最好在导线的底部排列在同一个平面上，以避免导线的乱串。

（3）捋直的作用是便于到最后制作水晶头。

（4）交换 4 号线和 6 号线位置是为了达到线序要求。

（5）上下扭动能够使导线自然并列在一起。

（6）截取导线不能过长也不要过短，应保持整齐。

（7）导线顺序：面向水晶头引脚，自左向右的顺序。

（8）压制的力度不宜过大，以免压碎水晶头；压制前观察前横截面是否能看到铜芯、侧面是否整条导线在引脚下方、双绞线外保护皮是否在三角棱的下方，符合以上 3 个条件后方可压制。

4）双绞线的测试

可以用测线仪（见图 9.11）对双绞线进行测试：将网线的一端接入测线仪的一个 RJ-45 口中，另一端接另一个 RJ-45 口。测线仪上有两组相对应的指示灯：一组从 1 至 8，另一组从 8 至 1，也有不同品牌的两组顺序相同。开始测试后，这两组灯一对一地亮起来，比如第一组是 1 号灯亮，另一组也是 1 号灯亮，这样依次闪亮直到 8 号。如果哪一组的灯没有亮，则表示网线有问题，几号灯亮则表示几号线，可以按照排线顺序推出来，不过一般都是直接换个水晶头重做。

图 9.10　压线钳

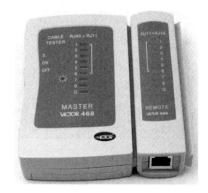

图 9.11　测线仪

直通线：测线仪指示灯 1-1 2-2 3-3 4-4 5-5 6-6 7-7 8-8 显示即为测试成功；

交叉线：测线仪指示灯 1-3 2-6 3-1 4-4 5-5 6-2 7-7 8-8 显示即为测试成功。

4. 实践总结

通过本实践，掌握双绞线的制作与测试过程，认识包括压线钳、测线仪等仪器和制作工具。顺利完成实践，需要多次尝试，熟能生巧。

9.3　常见网络测试命令使用

1. 实践目的

掌握一些常见命令的使用；

掌握命令的含义和相关的操作。

2. 实践器材

装有网络操作系统的计算机。

3. 实践内容

1）ipconfig/all 命令的使用

注释：ipconfig 命令是经常使用的命令，它可以查看网络连接的情况，比如本机的 IP 地址、子网掩码、DNS 配置、DPCH 配置等。/all 参数就是显示所有配置的参数。

执行"开始"→"运行"命令，在弹出的对话框中输入 cmd 后回车，出现 C:\WINDOWS\system32\cmd.exe，再输入 ipconfig/all 后回车，如图 9.12 所示，可显示相应的地址，例如 IP 地址子网掩码等。

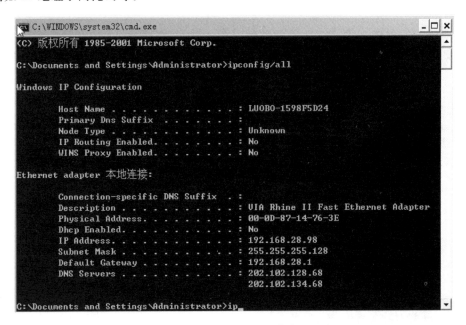

图 9.12　ipconfig/all 命令

2）ping 命令的使用

执行"开始"→"运行"命令，在弹出的对话框中输入 cmd 后回车，出现 C:\WINDOWS\system32\cmd.exe，再输入 ping 后回车，如图 9.13 所示。

图 9.13　ping 命令

常用参数选项：

ping IP-t——连续对 IP 地址执行 ping 命令，直到被用户按 Ctrl+C 组合键中断。

-a——以 IP 地址格式来显示目标主机的网络地址。

-n——执行特定次数的 ping 命令。

-l size——指定 ping 命令中的数据长度为 size 字节，而不是默认的 323 字节。

-f——在包中发送"不分段"标志。该包将不被路由上的网关分段。

-i TTL——将"生存时间"字段设置为 TTL 指定的数值。

-v TOS——将"服务类型"字段设置为 TOS 指定的数值。

-r count——在"记录路由"字段中记录发出报文和返回报文的路由。指定的 count 值最小可以是 1，最大可为 9。

-s count——指定由 count 指定的转发次数的时间戳。

-j host-list——经过由 host-list 指定的计算机列表的路由报文。中间网关可能分隔连续的计算机（松散的源路由）。允许的最大 IP 地址数目是 9。

-k host-list——经过由 host-list 指定的计算机列表的路由报文。中间网关可能分隔连续的计算机（严格的源路由）。允许的最大 IP 地址数目是 9。

-w timeout——以毫秒为单位指定超时间隔。

3）netstat 命令的使用

执行"开始"→"运行"命令，在弹出的窗口中输入 cmd 后回车，出现 C:\WINDOWS\system32\cmd.exe，再输入 netstat 后回车，如图 9.14 所示。

注释：netstat 是 DOS 命令，是一个监控 TCP/IP 网络的非常有用的工具，它可以显示路由表、实际的网络连接以及每一个网络接口设备的状态信息。netstat 用于显示与 IP、TCP、UDP 和 ICMP 相关的统计数据，一般用于检验本机各端口的网络连接情况。

图 9.14 netstat 命令

4) tracert 命令的使用

tracert(跟踪路由)是路由跟踪实用程序,用于确定 IP 数据报访问目标路径。tracert 命令用 IP 生存时间(TTL)字段和 ICMP 错误消息来确定从一个主机到网络上其他主机的路由,如图 9.15 所示。

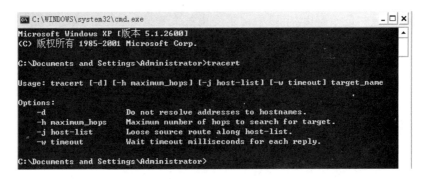

图 9.15 tracert 命令

常用参数如下:

-d——指定不将 IP 地址解析到主机名称。

-h maximum_hops——指定跃点数以跟踪到 target_name 的主机路由。

-j host-list——指定 tracert 实用程序数据包所采用路径中的路由器接口列表。

-w timeout——等待 timeout 时间(timeout 为每次回复所指定的毫秒数)。

5) nslookup 命令的使用

nslookup 是 Windows NT、Windows 2000 中连接 DNS 服务器、查询域名信息的一个非常有用的命令,是由 Local DNS 的 cache 中直接读出来的,而不是 Local DNS 向真正负责这个 domain 的 name server 问来的。

nslookup 必须要在安装了 TCP/IP 的网络环境之后才能使用,如图 9.16 所示。

```
C:\Documents and Settings\Administrator>nslookup www.baidu.com
Server:  ns.sdjnptt.net.cn
Address:  202.102.128.68

Non-authoritative answer:
Name:    www.a.shifen.com
Addresses:  123.235.44.30, 123.235.44.31
```

图 9.16　nslookup 命令

图 9.16 显示,正在工作的 DNS 服务器的主机名为 ns. sdjnptt. net. cn,它的 IP 地址是 202. 102. 128. 68。把 123. 235. 44. 38 地址反向解析成 www. baidu. com,如图 9.17 所示。

```
C:\Documents and Settings\Administrator>nslookup 123.235.44.38
Server:  ns.sdjnptt.net.cn
Address:  202.102.128.68

*** ns.sdjnptt.net.cn can't find 123.235.44.38: Non-existent domain
```

图 9.17　地址解析

如果出现以下信息,则说明测试主机在目前的网络中,根本没有找到可以使用的 DNS 服务器:

```
*** Can't find server name for domain: No response from server
*** Can't repairpc.nease.net : Non-existent domain
```

如果出现以下信息,则说明网络中 DNS 服务器 ns-px. online. sh. cn 在工作,却不能实现域名 www. baidu. com 的正确解析:

```
Server: ns-px.online.sh.cn
Address: 202.96.209.5
*** ns-px.online.sh.cn can't find www.baidu.com Non-existent domain
```

6) ARP 命令的使用

ARP(Address Resolution Protocol)是地址解析协议。在局域网中,网络中实际传输的是"帧",帧里面就包括目标主机的 MAC 地址,如图 9.18 所示。

常用参数如下:

-a——通过询问 TCP/IP 显示当前 ARP 项。如果指定了 inet_addr,则只显示指定计算机的 IP 和物理地址。

-g——与-a 相同。

inet_addr——以加点的十进制标记指定 IP 地址。

-N if_addr——显示由 if_addr 指定的网络界面 ARP 项。指定需要修改其地址转换表接口的 IP 地址(如果有的话)。如果不存在,将使用第一个可使用的接口。

-d——删除由 inet_addr 指定的项。

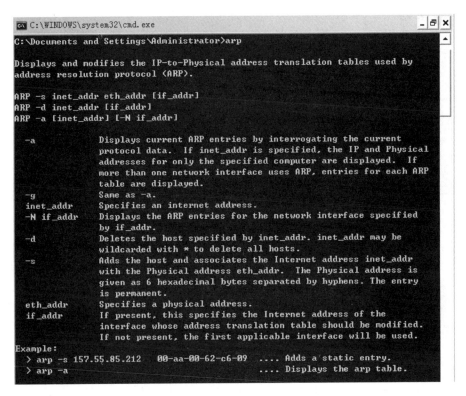

图 9.18　ARP 命令

-s——在 ARP 缓存中添加项，将 IP 地址 inet_addr 和物理地址 ether_addr 关联。物理地址由以连字符分隔的 6 个十六进制字节给定。使用带点的十进制标记指定 IP 地址。该项是永久性的，在超时到期后自动从缓存删除该项。

ether_addr——指定物理地址。

7) telnet 命令的使用

telnet 是传输控制协议/网际协议（TCP/IP）网络（例如 Internet）登录和仿真程序。它最初是由 ARPANET 开发的，但是现在它主要用于 Internet 会话。它的基本功能是，允许用户登录进入远程主机系统。起初，它只是让用户的本地计算机与远程计算机连接，从而成为远程主机的一个终端。它的一些较新的版本在本地执行更多的处理，于是可以提供更好的响应，并且减少了通过链路发送到远程主机的信息数量。

例如，如果在家，可以在远程学校的机器进行以下设置：

右击"我的电脑"，选择"管理"，如图 9.19 所示。

双击"用户"，在 Administrator 上右击，选择"设置密码"命令，弹出 ，单击继续给用户设置密码即可。

在远程计算机中单击"开始"→"程序"→"附件"→"远程桌面连接"选项，弹出对话框，如图 9.20 所示，在"计算机"处输入远程计算机的 IP 地址，单击"连接"按钮。

进入登录页面后，输入用户名和密码，单击"确定"按钮，即可登录远程计算机的桌面，如图 9.21 所示。

图 9.19　telnet 命令设置密码

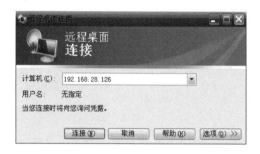

图 9.20　远程桌面连接

图 9.21　登录远程桌面

4. 实践总结

通过本实践,可以了解一些常用的命令,可以用命令查找一些相关的参数。

本章小结

(1) 双绞线有 T568A 和 T568B 两种线序,要注意区分。

(2) 需要注意直通线和交叉线的用法:直通线用于连接异种设备;交叉线用于连接同

种设备。

（3）常用网络命令是使用网络的基本常识，需要灵活应用。

习题

1. 简述双绞线的制作步骤。

2. 如何测试双绞线已经制作成功？

3. tracert 命令的作用是什么？如何使用 tracert 命令？

第 10 章

网络操作系统的配置实践

10.1 用户的创建、删除与登录

1. 实践目的

掌握 Windows Server 2003 操作系统用户的创建、删除与登录。

2. 实践设备

安装了 Windows Server 2003 的计算机。

3. 实践内容

1) 用户的创建

（1）在 Windows Server 2003 中要新建一个用户账户，需要单击"开始"→"所有程序"→"管理工具"→"计算机管理"命令，或右击"我的电脑"→"管理"命令，如图 10.1 所示。

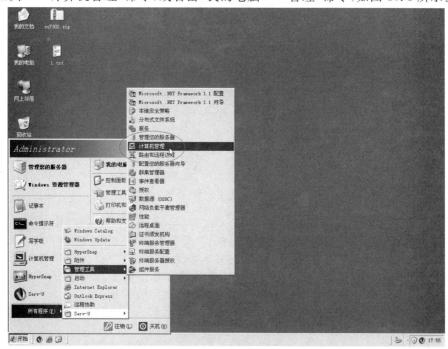

图 10.1 新建一个用户账户

（2）在弹出的"计算机管理"窗口中，单击左边的"本地用户和组"将其展开。然后右击"用户"选择"新用户"命令，或选中"用户"后，选择"操作"→"新用户"命令，如图 10.2 所示。

图 10.2 "新用户"命令

（3）在弹出的"新用户"对话框中输入用户名和密码，选中"用户不能更改密码"复选框。此时，在"计算机管理"窗口的右窗格中就出现了"张三"这一账户。还可以对创建的用户进行修改，右击用户名，选择"属性"命令弹出"新用户"对话框，如图 10.3 所示。

图 10.3 "新用户"对话框

注意事项：在"新用户"对话框中有 4 个复选框，下面简单讲解一下它们的作用。

（1）用户下次登录时须更改密码：用户首次登录时，使用管理员分配的密码，当用户再次登录时，强制用户更改密码。用户更改密码只有自己知道，这样可保证安全使用。

（2）用户不能更改密码：只允许用户使用管理员分配的密码。

（3）密码永不过期：密码默认的有限期为 42 天，超过 42 天系统会提示用户更改密码。选中此选项表示系统永远不会提示用户修改密码。

（4）账户已禁用：选中此项表示任何人都无法使用这个账户登录。

2）用户的登录

（1）选择"开始"→"注销"命令，弹出"注销 Windows"对话框，单击"注销"按钮。

（2）弹出"登录到 Windows"对话框，输入用户名及密码，单击"确定"按钮，如图 10.4 所示。

（3）此时已经切换到"张三"用户下，如图 10.5 所示。

图 10.4　登录到 Windows

图 10.5　登录成功

3）用户的删除

如果要删除用户，直接右击要删除的用户，选择"删除"命令即可，或者单击工具栏上的"删除"按钮，如图 10.6 所示。

图 10.6　删除用户

10.2　FTP 文件服务器配置与管理

1．实践目的

掌握 FTP 服务器的配置与管理。

2．实践器材

安装了 Windows Server 2003 的计算机。

3．实践内容

1）站点的建立

（1）选择"开始"→"程序"→"管理工具"→"Internet 信息服务（IIS）管理器命令"，如图 10.7 所示。

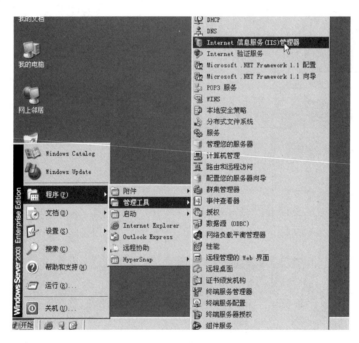

图 10.7　"Internet 信息服务（IIS）管理器"命令

（2）在 FTP 站点上右击，选择"新建"→"FTP 站点"命令，如图 10.8 所示。

（3）进入 FTP 站点创建向导，单击"下一步"按钮。直到进入 IP 地址和端口设置界面出现，输入此 FTP 站点使用的 IP 地址（为本机地址），端口号默认为 21，单击"下一步"按钮，如图 10.9 所示。

（4）进入"FTP 用户隔离"界面，选中"隔离用户"单选按钮，单击"下一步"按钮，如图 10.10 所示。

（5）进入"FTP 站点主目录"界面，单击"浏览"按钮，在弹出的"浏览文件夹"对话框中选择相应目录，单击"确定"按钮，然后单击"下一步"按钮，如图 10.11 所示。

（6）进入"FTP 站点访问权限"界面，选中"读取""写入"复选框，单击"下一步"按钮，如图 10.12 所示。

（7）完成，如图 10.13 所示。

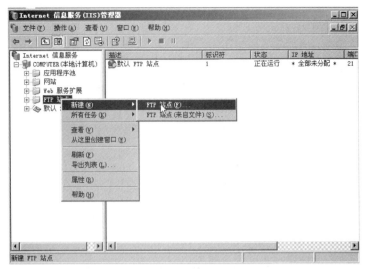

图 10.8 "FTP 站点"命令

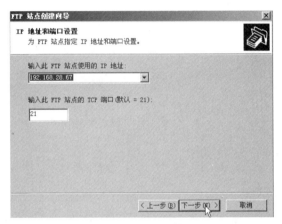

图 10.9 输入此 FTP 站点使用的 IP 地址

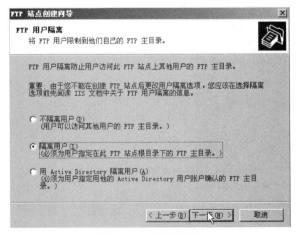

图 10.10 隔离用户

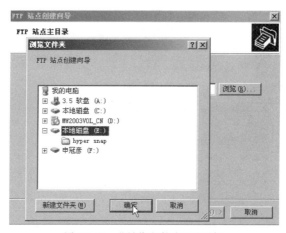

图 10.11 "浏览文件夹"对话框

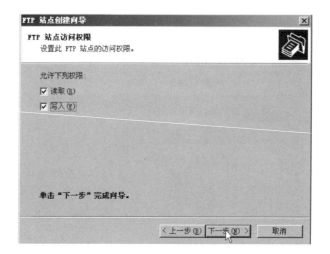

图 10.12 "FTP 站点访问权限"界面

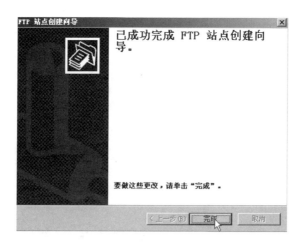

图 10.13 完成站点的建立

2) 配置 FTP 服务器

(1) 右击 shen 站点,选择"属性"命令,如图 10.14 所示。

图 10.14 "属性"命令

(2) 在属性页面中,可进行如下设置,如图 10.15 所示。

图 10.15 属性设置

① FTP 站点。

"FTP 站点标识"区域:

• 描述——可以在文本框中输入一些文字说明。

• IP 地址——若此计算机内有多个 IP 地址,可以指定只有通过某 IP 地址才可以访问
  FTP 站点。

• TCP 端口——TCP 默认的端口是 21,可以修改此号码,不过修改后,用户要连接此

站点时,必须输入端口号。

"FTP 站点连接"区域用来限制同时最多可以有多少连接。

"启用日志记录"区域用来设置将所有连接到此 FTP 站点的记录都保存到指定的文件。

② 安全账户。

验证用户身份,如图 10.16 所示。

图 10.16　验证用户身份

匿名身份验证:可以配置 FTP 服务器以允许对 FTP 资源进行匿名访问。

基本身份验证:要使用基本的 FTP 身份验证与 FTP 服务器建立 FTP 连接,用户必须使用与有效 Windows 用户账户对应的用户名与密码进行登录。

③ 消息。

FTP 站点消息设置,如图 10.17 所示。

图 10.17　FTP 站点消息设置

标题:当用户连接 FTP 站点时,首先会看到设置在"标题"文本框中的文字。标题消息在用户登录到站点前出现,当站点中含有敏感信息时,该消息非常有用。可以用标题显示一些较为敏感的消息。默认情况下,"标题"文本框是空的。

欢迎:当用户登录到 FTP 站点时,会看到此消息。

退出:当用户注销时,会看到此消息。

最大连接数:如果 FTP 站点有连接数目的限制,而且目前的数目已经达到连接数目限制,当再有用户连接到此 FTP 站点时,会看到此消息。

④ 主目录。

主目录与目录格式列表,如图 10.18 所示。

图 10.18　主目录与目录格式

"此资源的内容来源"区域:

* 此计算机上的目录——系统默认主目录位于 LocalDrive:\Inetpub\Ftproot;
* 另一台计算机上的目录——将主目录指定到另外一台计算机的共享文件夹,同时需单击"连接为"按钮来设置一个有权限存取此共享文件夹的用户名和密码。

⑤ 目录安全性。

目录安全性,可以设置允许或拒绝的单个 IP 地址或一组 IP 地址,如图 10.19 所示,单击"添加"按钮即可设置授权访问或拒绝访问的 IP。

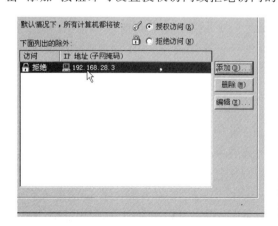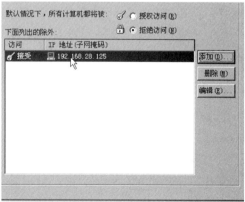

图 10.19　目录安全性

10.3　WWW 网页服务器配置与管理

1. 实践目的

掌握 FTP 服务器配置与管理；

掌握 WWW 服务的基本概念、工作原理及安装步骤。

2. 实践器材

安装了 Windows Server 2003 的计算机。

3. 实践内容

1) 安装 IIS

运行"控制面板"中的"添加或删除程序"，单击"添加删除 Windows 组件"按钮，如图 10.20 所示。选中"Internet 信息服务（IIS）"复选框，单击"下一步"按钮开始安装，单击"完成"按钮结束。

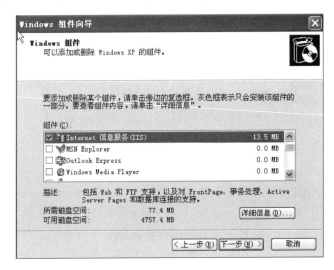

图 10.20　安装 IIS

注意：系统自动安装组件，完成安装后，系统在"开始"→"程序"→"管理工具"程序组中会添加一项"Internet 服务管理器"，此时服务器的 WWW 服务会自动启动。系统只有在安装了 IIS 后，IIS 5.0 才会自动默认安装。

---

2) WWW 服务器的配置和管理

选择"开始"→"程序"→"管理工具"→"Interne 选项"命令，将显示此计算机已安装好的 Internet 服务，而且都已自动启动运行，其中 Web 站点有两个，分别是默认 Web 站点和管理站点。

（1）设置 Web 站点。使用 IIS 默认站点，将制作好的主页文件（HTML 文件）复制到以下目录中：\Inetpub\wwwroot。该目录是安装程序为默认的 Web 站点预设的发布目录。将主页名称改为 IIS 默认要打开的 Default.htm 或 Default.asp，而不是常用的 Index.html。

完成这一步后打开本机或客户机浏览器，在地址栏输入此计算机的 IP 地址或主机的

FQDN 名字(前提是 DNS 服务器中有该主机的记录)来浏览站点,测试 Web 服务器是否安装成功,Web 服务器是否运转正常。站点运行后若要维护系统或更新网站数据,可以暂停或停止站点的运行,完成后再重新启动。

　　(2) 添加新的 Web 站点。打开"Internet 信息服务"窗口,右击要创建新站点的计算机,在弹出的快捷菜单中选择"新建 Web 站点"命令,出现 Web 站点创建向导,单击"下一步"按钮继续,出现如图 10.21 所示的窗口,输入新建 Web 站点的 IP 地址和 TCP 端口地址。如果需要通过主机的头文件将其他站点添加到单一 IP 地址,必须指定主机头文件名称。

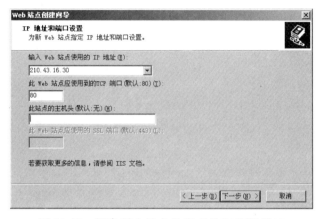

图 10.21　新建 Web 站点的 IP 地址和 TCP 端口

　　(3) 单击"下一步"按钮,在出现的对话框中输入站点名的主目录路径,然后单击"下一步"按钮,选择 Web 站点的访问权限,单击"下一步"按钮完成设置。

　　3) Web 站点的管理

　　(1) 本地管理。执行"打开"→"程序"→"管理工具"→"Internet 服务管理器"命令,打开"Internet 信息服务"窗口,在所管理的站点上,右击执行"属性"命令,进入该站点的属性对话框,如图 10.22 所示。

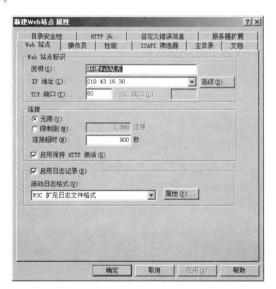

图 10.22　站点的属性对话框

① "Web 站点"属性页:

在 Web 站点的属性页上主要设置标识参数、连接、启用日志记录,具体包括以下内容。

- 说明:在"说明"文本框中输入对该站点的说明文字,用它表示站点名称,这个名称会出现在 IIS 的树形目录中,通过它识别站点。
- IP 地址:设置此站点使用的 IP 地址,如果构建此站点的计算机中设置了多个 IP 地址,可以选择对应的 IP 地址。若站点要使用多个 IP 地址或与其他站点共用一个 IP 地址,则可以通过"高级"按钮设置。
- TCP 端口:确定正在运行的服务的端口。默认情况下公认的 WWW 端口是 80。如果设置其他端口,例如 8080,那么用户在浏览该站点时必须输入这个端口号,如 http://www.bucea.edu.cn:8080。

连接:

- "无限"表示允许同时发生的连接数不受限制。
- "限制到"表示限制同时连接到该站点的连接数,在文本框中输入允许的最大连接数。
- "连接超时"设置服务器断开未活动用户的时间。
- "启用保持 HTTP 激活"允许客户保持与服务器的开放连接,若禁用该选项则会降低服务器的性能,默认为激活状态。

启用日志记录:表示要记录用户活动的细节,在"活动日志格式"下拉列表框中可选择日志文件使用的格式。单击"属性"按钮可进一步设置记录用户信息所包含的内容,如用户的 IP、访问时间、服务器名称,默认的日志文件保存在\winnt\system32\logfiles 子目录下。良好的习惯应该是注重日志功能的使用,通过日志可以监视访问本服务器的用户、内容等,对不正常连接和访问加以监控和限制。

② "主目录"属性页:

可以设置 Web 站点所提供的内容来自何处、内容的访问权限以及应用程序在此站点执行许可。Web 站点的内容包含各种给用户浏览的文件,例如 HTTP 文件、ASP 程序文件等,这些数据必须指定一个目录来存放,而主目录所在的位置有 3 种选择:

- 此计算机上的目录——表示站点内容来自本地计算机。
- 另一台计算机上的共享位置——站点的数据也可以不在本地计算机上,而在局域网其他计算机中的共享位置,注意要在网络目录文本框中输入其路径,并单击"连接为"按钮设置有权访问此资源的域用户账号和密码。
- 重定向到 URL——表示将连接请求重定向到其他网络资源,如某个文件、目录、虚拟目录或其他的站点等。选择此项后,在"重定向到"文本框中输入上述网络资源的 URL 地址。
- 执行许可——此项权限可以决定对该站点或虚拟目录资源执行何种级别的程序。"无"只允许访问静态文件,如 HTML 或图像文件;"纯文本"只允许运行脚本,如 ASP 脚本;"脚本和可执行程序"可以访问或执行各种文件类型,如服务器端存储的 CGI 程序。

- 应用程序保护——选择运行应用程序的保护方式。可以是与 Web 服务在同一进程中运行(低),与其他应用程序在独立的共用进程中运行(中),或者在与其他进程不同的独立进程中运行(高)。

③ "操作员"属性页:

使用该属性页可以设置哪些账户拥有管理此站点的权力,默认只有 Administrators 组成员才能管理 Web 站点,而且无法利用"删除"按钮来解除该组的管理权力。如果你是该组的成员,那么可以在每个站点的这个选项中利用"添加"及"删除"按钮来个别设置操作员。虽然操作员具有管理站点的权力,但其权限与服务管理员仍有差别。

④ "性能"属性页:

性能调整——Web 站点连接的数目越大,占有的系统资源越多。这里预先设置的 Web 站点每天的连接数,将会影响到计算机预留给 Web 服务器使用的系统资源。合理设置连接数可以提高 Web 服务器的性能。

启用宽带抑制——如果计算机上设置了多个 Web 站点,或是还提供其他的 Internet 服务,如文件传输、电子邮件等,那么有必要根据各个站点的实际需要,来限制每个站点可以使用的宽带。要限制 Web 站点所使用的宽带,只要选择"启用宽带限制"选项,在"最大网络使用"文本框中输入设置数值即可。

启用进程限制——选择该选项以限制该 Web 站点使用 CPU 处理时间的百分比。如果选择了该选项但未选择"强制性限制",结果将是在超过指定限制时间时把事件写入事件记录中。

⑤ "文档"属性页:

启动默认文档:默认文档可以是 HTML 文件或 ASP 文件,当用户通过浏览器连接至 Web 站点时,若未指定要浏览哪一个文件,则 Web 服务器会自动传送该站点的默认文档供用户浏览。例如,我们通常将 Web 站点主页 default.htm、default.asp 和 index.htm 设置为默认文档,当浏览 Web 站点时会自动连接到主页上。如果不启用默认文档,则会将整个站点内容以列表形式显示出来供用户自己选择。

⑥ "HTTP 头"属性页:

在"HTTP 头"属性页上,如果选择了"允许内容过期"选项,便可进一步设置此站点内容过期的时间,当用户浏览此站点时,浏览器会对比当前日期和过期日期,来决定显示硬盘中的网页暂存文件,或是向服务器要求更新网页。

(2) 远程站点管理。远程管理就是系统管理员可以在任何地方,例如出差途中或是在家里,从任何一个客户端,可以基于 Windows 2000 Professional、Windows 2000 Server 或是 Windows 98 来管理 Windows 2000 域与计算机,它们可以直接运行系统管理工具来进行管理工作,这些操作就好像在本机上一样。要实现这些管理,首先要安装终端服务,设置终端服务器与终端客户端,才可以进行远程管理和远程控制。

本章小结

(1) Windows 系列网络操作系统是常用的网络操作系统之一,配置网络操作系统是技术人员的基本技能。

（2）配置过程中应该注意各区域的功能。

（3）通过本章学习，不仅要会设置网络，更要深刻理解网络服务的作用和使用方法。

习题

1. 简述在 Windows Server 2003 中创建用户的步骤。

2. 在 FTP 服务器中，如何设置目录的访问权限？

3. 简述 Web 站点管理的内容。

第 11 章

局域网组网与配置

11.1 对等网的组建与文件共享

1. 实践目的

掌握对等网的组建；

掌握文件共享。

2. 实践器材和设备

交叉线、测线仪、PC（两台为一组）。

3. 实践内容

1）创建对等网及在对等网中进行文件共享

对等网是指每台计算机的地位平等，都允许使用其他计算机内部的资源，这种网就称为对等局域网，简称对等网。对等网又称点对点网络（Peer To Peer），指不使用专门的服务器，各终端机既是服务提供者（服务器），又是网络服务申请者。组建对等网的重要元件之一是网卡，各联网机均需配置一块网卡。

首先准备好交叉线，用测线仪测试一下交叉线是否可用。然后，用交叉线把两台 PC 连接起来，如图 11.1 所示。

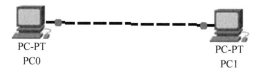

PC-PT
PC0

PC-PT
PC1

图 11.1　两台 PC 的连接

连接后给两台 PC 设置相同网段的 IP 地址（如 192.168.28.101 和 192.168.28.103）。设置完 IP 地址后使用 ping 命令进行测试，保证网络正常连接。打开"网上邻居"，在左侧窗口选择"网络任务"中的"查看工作组计算机"（见图 11.2），在右侧窗口将显示相连的两台 PC 的计算机名（见图 11.3）。

双击 Luobo-152ba447e 会出现如图 11.4 所示的提示。

这说明对等网已经建好，但是没有开启"网络共享和安全"。开启方法如下：右击任意文件夹，在快捷菜单中选择"共享和安全"，出现如图 11.5 所示的内容。

图 11.2　查看工作组计算机

图 11.3　两台 PC 的计算机名

图 11.4　连接提示

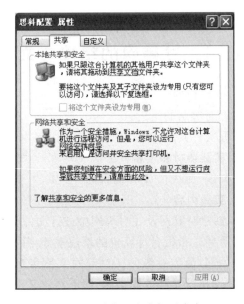

图 11.5　共享和安全提示内容

　　选择"网络共享和安全"中的"网络安装向导",出现网络安装向导提示框,单击"下一步"按钮,直到出现如图 11.6 所示对话框,选中"此计算机通过居民区的网关或网络上的其他计算机连接到 Internet"单选按钮。

　　单击"下一步"按钮,出现图 11.7,给这台计算机命名,可以输入任意名称。

　　下一步,输入工作组名[取默认(推荐)或自己命名],如图 11.8 所示。注意:这里的工作组名,两台计算机必须设置相同。

　　下一步,选中"启用文件和打印机共享"单选按钮(必需),图 11.9 所示。

　　单击"下一步"按钮,直到完成。

　　2) 在对等网中共享文件

　　首先选择要共享的文件,右击选择"共享和安全"命令,出现如图 11.10 所示对话框。

　　然后,选中"在网络上共享这个文件夹"复选框并输入共享名(也可以默认)。如果允许他人更改文件,就选中"允许网络用户更改我的文件"复选框。单击"应用"或"确定"按钮,共享文件完成。文件夹图标将变成用手托着的文件夹样子,如图 11.11 所示。

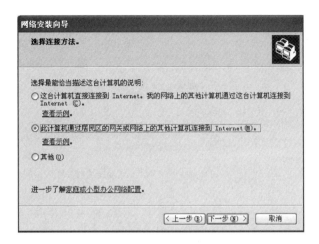

图 11.6　选择连接方法

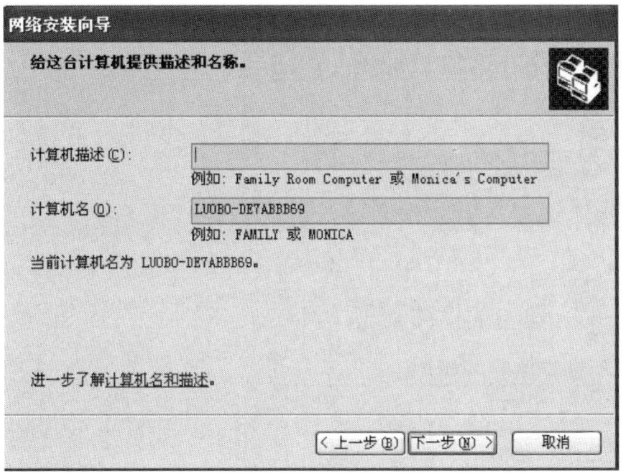

图 11.7　命名计算机

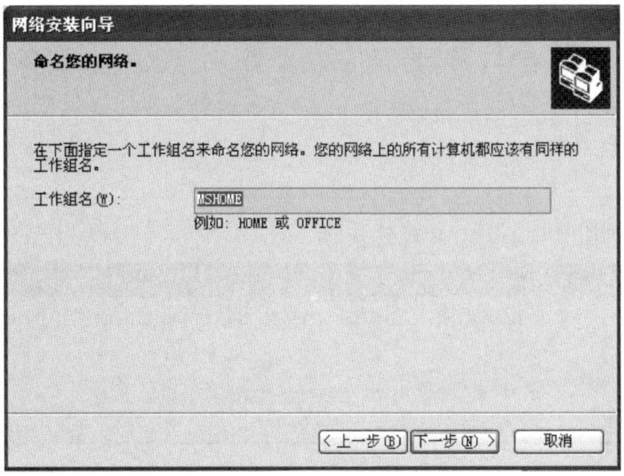

图 11.8　输入工作组名

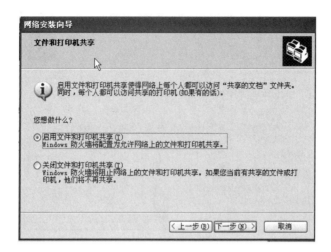

图 11.9　启用文件和打印机共享

图 11.10　共享和安全提示

图 11.11　共享的文件

注意：有时会出现如图 11.12 所示的提示框。

图 11.12　错误提示框

解决办法一：

执行"开始"→"运行"命令,在出现的对话框中输入 secpol.msc,启动"本地安全策略"→"本地策略"→"用户权利分配",打开"拒绝从网络访问这台计算机",删除 guest 用户。

解决办法二：

打开"控制面板"→"网络和 Internet 连接"→"Windows 防火墙"→"例外",选中"文件和打印机共享"复选框。

4. 实践总结

Windows 网上邻居互访的基本条件。

(1) 双方计算机打开,且设置了网络共享资源。

(2) 双方的计算机添加了"Microsoft 网络文件和打印共享"服务。

(3) 双方都正确设置了网内 IP 地址,且必须在一个网段中。

(4) 双方的计算机中都关闭了防火墙,或者防火墙策略中没有阻止网上邻居访问的策略。

11.2 组建客户端/服务器网络

1. 实践目的

熟悉 Windows Server 2003 客户端和服务器的添加与配置。

2. 实践器材和设备

一台装有 Windows Server 2003 的服务器;

一台装有 Windows XP 的客户端。

3. 实践内容

1) 局域网连接

用交叉线把客户端和服务器连起来,并分配好 IP 地址,如图 11.13 所示。

2) 服务器的典型配置

以本地服务器管理员身份登录 Windows Server 2003。将服务器的 IP 地址设置为 192.168.0.1,子网

服务器　　　　　　　　客户端
192.168.0.1　　　　　192.168.0.2

图 11.13　客户端与服务器的连接

掩码为 255.255.255.0,默认网关不填,首选 DNS 设置为 127.0.0.1。因为服务器在进行第一台服务器的典型配置时会附带配置成 DHCP 和 DNS 服务器角色,所以首选 DNS 设置为 127.0.0.1 这个回环地址指向自己,把解析任务交给自己来完成。

3) 客户机加入域

将客户端的 IP 地址设置为 192.168.0.2,子网掩码为 255.255.255.0,默认网关不填,首选 DNS 设置为服务器的 IP 地址 192.168.0.1,服务器在第一台服务器的典型配置完成后就成为网络上的 DNS 服务器了,所以网络上的计算机就要通过这台 DNS 服务器完成域名解析。

4) 配置步骤

(1) 在服务器上执行"开始"→"管理工具"→"配置您的服务器向导"菜单操作。

(2) 单击"下一步"按钮,打开"预备步骤"对话框,按照列表一一确认预备步骤是否已经

准备好,特别是要确保至少一个网络连接处于连通状态。

(3) 确认一切准备好后,单击"下一步"按钮,打开"配置选项"对话框,在这里选择"第一台服务器的典型配置"单选按钮。

(4) 单击"下一步"按钮,打开"Active Directory 域名"对话框,输入第一台服务器的 Active Directory 域名(建议格式为×××. local,不设置为×××. com),此处输入 grfwgz. local。

(5) 单击"下一步"按钮,打开"NetBIOS 名"对话框,要求在这里配置一个 Windows 2000 以前版本系统可以识别的 NetBIOS 域名,在此一般是 DNS 全名×××. local 的前一部分,如这里默认的是 GRFWGZ,保持不变并进入下一步。

(6) 单击"下一步"按钮,系统自动安装、设置,并且安装 DHCP、DNS 服务器组件,等提示插入 Windows Server 2003 系统光盘,从光盘里复制文件后,系统开始安装、配置 Active Directory。安装结束后系统会自动重新启动。

(7) 重新启动系统后,显示"服务器配置过程"对话框,当所有选项均已配置完成后,"下一步"按钮被激活,并在对话框底部显示"服务器配置完成"提示。

(8) 单击"下一步"按钮,打开"此服务器现在已配置好"对话框,单击"完成"按钮即可完成第一台服务器的典型配置全过程。

(9) 在客户机上右击"我的电脑",选择"属性"命令打开"系统属性"窗口,选择"计算机名"选项卡,单击"更改"按钮,打开"计算机名更改"对话框,单击"域"单选按钮,输入域名 grfwgz. local 后单击"确定"按钮。

(10) 输入管理员用户名和密码,直到完成(见图 11.14),并重启。

图 11.14　输入管理员用户名和密码

(11) 重启后可以登录到域(图 11.15)。

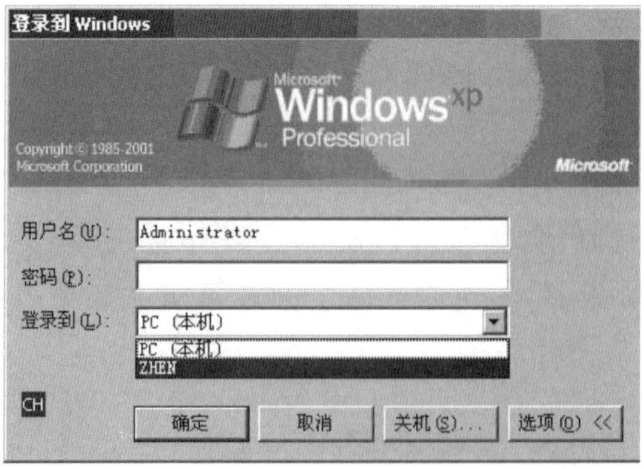

图 11.15　登录到域

11.3 交换机的配置

1. 实践目的

熟悉并掌握交换机的命令行视图；

熟练掌握交换机的基本配置方法，能完成日常管理网络或配置网络中有关交换机端口的常用配置，并逐步熟悉交换机端口的基本信息；

掌握用 Console 端口配置交换机的方法；

掌握在交换机端口视图下对交换机端口的各参数进行配置和管理的方法。

2. 实践器材和设备

交换机、计算机、网卡、网线、串口线。

3. 实践内容

1）交换机的连接（通过 Console 口搭建本地配置环境）

交换机的配置环境可通过 Console 口搭建本地配置环境、通过 Telnet 搭建配置环境、通过 Modem 拨号搭建配置环境。本实践主要通过 Console 口搭建本地配置环境。

需要连接 3 根线：①电源线；②网线；③配置线缆。连接方式如图 11.16 所示。

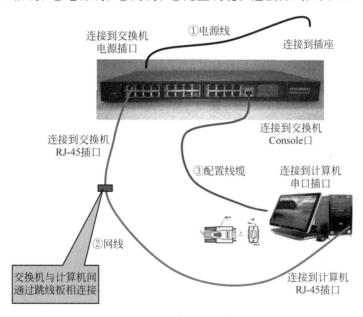

图 11.16 交换机的连接方式

2）交换机的启动

（1）单击"开始"→"程序"→"附件"→"通信"→"超级终端"进行交换机的连接与串口参数设置，如图 11.17～图 11.20 所示。

（2）在出现"Press Ctrl-B to enter Boot Menu…"的 5s 之内，按 Ctrl＋B 组合键，系统方能进入 BOOT 菜单，否则系统将进入程序解压过程；若程序进入解压过程后再希望进入 BOOT 菜单，则需要重新启动交换机。

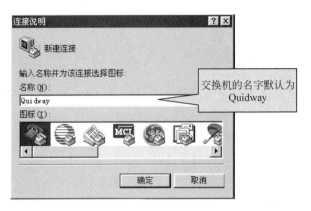

图 11.17　超级终端连接说明界面

图 11.18　超级终端连接使用串口设置

图 11.19　串口参数设置

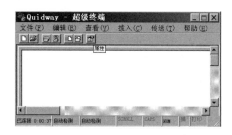

图 11.20 超级终端窗口

3）交换机的基本配置

（1）进入命令行用户视图< Quidway >，输入"?"取得在线帮助：

< Quidway >?

（2）删除 Flash 中的配置信息：

< Quidway > reset saved – configuration
< Quidway > reboot
< Quidway > reset saved – configuration
交换机 flash memory 中的配置将被擦除。
你确信吗?[Y/N]y
　开始擦除 flash memory 中的配置。
　　请稍候……
擦除配置成功。
< Quidway > reboot
　确实要重启交换机吗? [Y/N] y
% 2011/12/29 11:32:50 Quidway DEV/5/DEV_LOG:
Switch is rebooted.
< Quidway >
starting……

```
      ********************************************
      *                                          *
      *        Quidway S3526 BOOTROM, Version 3.5        *
      *                                          *
      ********************************************
      Copyright(C) 2000 – 2002 by HUAWEI TECHNOLOGIES CO.,LTD.
      Creation date   : Jul 15 2002, 11:44:35
      CPU type       : MPC8240
      CPU Clock Speed : 200Mhz
      BUS Clock Speed : 33Mhz
      Memory Size    : 64MB
S3526R001 main board self testing……………………
SDRAM fast selftest……………………………………OK!
Please check port leds……………Led selftest finished!
Flash fast selftest…………………………………OK!
Switch chip selftest…………………………………OK!
CPLD selftest………………………………………OK!
Port g2/1 has no module
Port g1/1 has no module
PHY selftest…………………………………………OK!
```

```
SSRAM fast selftest.................................................OK!
Press Ctrl - B to enter Boot Menu... 0
Auto - booting...
Decompress Image.................................................OK!
Starting application now...
User interface Aux0/0 is available
Press ENTER to get started.
```

（3）设置语言环境：

```
< Quidway > language - mode Chinese
< Quidway > language - mode ?
    chinese Chinese environment
    english English environment
< Quidway > language - mode Chinese
Change language mode, confirm? [Y/N]y
% 改变到中文模式。
< Quidway >?
监控视图命令:
    boot            设置启动选项
    cd              改变当前路径
    clock           设置系统时钟
    cluster         执行集群命令
    copy            复制文件
    debugging       打开系统调试开关
    delete          删除文件
    dir             显示系统中的文件列表
    display         显示当前系统信息
    format          格式化设备
    free            释放用户接口
    ftp             建立一个 FTP 连接
    language - mode 设置语言环境
    lock            锁住用户终端
    mkdir           创建新目录
    more            显示文件的内容
    move            移动文件
    ni              NI 调试信息
    ntdp            运行 NTDP 命令
    ping            检查网络连接或主机是否可达
    pwd             显示当前路径
    quit            退出当前的命令视图
    ---- More ----
< Quidway > language - mode english
```

（4）查看交换机的基本信息，检查运行状态：

```
< Quidway > display current - configuration
 sysname Quidway
#
radius scheme system
 server - type huawei
 primary authentication 127.0.0.1 1645
```

```
 primary accounting 127.0.0.1 1646
 user - name - format without - domain
domain system
 radius - scheme system
 access - limit disable
 state active
 idle - cut disable
 self - service - url disable
 messenger time disable
 domain default enable system
 #
 local - server nas - ip 127.0.0.1 key huawei
 #
vlan 1
 #
  ---- More ----
```

（5）进入系统视图[Quidway]：

```
< Quidway > system - view
```

（6）退出系统视图：

```
[Quidway] quit
```

（7）保存当前配置：

```
< Quidway > save
```

4）交换机的端口配置

（1）进入以太网端口视图[Quidway-Ethernet0/1]：

```
[Quidway]interface ethernet 0/1
< Quidway > system - view
```

进入系统视图，按 Ctrl＋Z 组合键退回到用户视图：

```
[Quidway]interface ethernet 0/1
[Quidway - Ethernet0/1]
命令格式 interface { interface_type interface_num | interface_name }
```

（2）打开/关闭以太网端口（禁止某些用户连接到网络）：

```
[Quidway - Ethernet0/1] shutdown
#
interface Aux0/0
#
interface Ethernet0/1
 shutdown
#
interface Ethernet0/2
#
interface Ethernet0/3
```

```
#
interface Ethernet0/4
#
interface Ethernet0/5
#
interface Ethernet0/6
#
interface Ethernet0/7
#
interface Ethernet0/8
#
interface Ethernet0/9
[Quidway - Ethernet0/1] undo shutdown
#
interface Aux0/0
#
interface Ethernet0/1
#
interface Ethernet0/2
#
interface Ethernet0/3
#
interface Ethernet0/4
#
interface Ethernet0/5
#
interface Ethernet0/6
#
interface Ethernet0/7
#
interface Ethernet0/8
#
interface Ethernet0/9
```

例如,进入端口视图,执行 shutdown 或 undo shutdown,并使用 display 命令(显示端口的所有信息)观察打开和关闭以太网端口之前和之后的信息。

```
shutdown
Display interface eth 0/1
undo shutdown
Display interface eth 0/1
```

(3) 对以太网端口进行描述:

```
[Quidway - Ethernet0/1] description text
[Quidway - Ethernet0/1] undo description
```

设置以太网端口描述字符串 description text。

删除以太网端口描述字符串 undo description。

例如,使用 display 命令观察对以太网端口进行描述之前和之后的变化。

```
Display interface eth 0/1
description dalixueyuan
Display interface eth 0/1
Undo description
Display interface eth 0/1
```

（4）配置端口双工工作状态：

[Quidway－Ethernet0/1]duplex full

设置以太网端口的双工状态 duplex{auto|full|half}。
恢复以太网端口的双工状态为默认值 undo duplex。
例如，

```
Duplex auto
Duplex full
Duplex half
Display interface eth 0/1
```

（5）配置端口工作速率：

[Quidway－Ethernet0/1]speed?
[Quidway－Ethernet0/1]speed auto

设置百兆以太网端口的速率 speed{10|100|auto}。
设置千兆以太网端口的速率 speed{10|100|1000|auto}。
恢复以太网端口的速率为默认值 undo speed。
例如，

```
speed 10
Speed 100
Speed auto
Display interface eth 0/1
```

（6）设置以太网端口网线类型：

[Quidway－Ethernet0/1] mdi auto

设置以太网端口连接的网线的类型 mdi{across|auto|normal}。
恢复以太网端口的网线类型为默认值 undo mdi。
例如，

```
mdi across        //交叉类型
mdi auto          //自动识别
mdi normal        //普通类型
Display interface eth 0/1
```

（7）用端口聚合将两台交换机之间的两条线路聚合为一条逻辑链路（捆绑端口要设置为双工通信方式，并设置速度）。
（8）清除端口聚合：

[Quidway] undo link – aggregation all

（9）设置以太网端口流量控制：

[Quidway – Ethernet0/1]flow – control

开启以太网端口的流量控制 flow-control。

关闭以太网端口的流量控制 undo flow-control。

（10）设置以太网端口广播风暴抑制比。使用以下的命令限制端口上允许通过的广播流量的大小，当广播流量超过用户设置的值后，系统将对广播流量作丢弃处理，使广播所占的流量比例降低到合理的范围，从而有效地抑制广播风暴，避免网络拥塞，保证网络业务的正常运行。以百分比作为参数，百分比越小，表示允许通过的广播流量越小；当百分比为100 时，表示不对该端口进行广播风暴抑制。

功能实现：

[Quidway – Ethernet0/1] broadcast – suppression 100
[Quidway – Ethernet0/1] Undo broadcast – suppression

设置以太网端口的广播风暴抑制比例 broadcast-suppression pct。

恢复以太网端口的广播风暴抑制比例为默认值：

undo broadcast – suppression

例如，

broadcast – suppression 100
Undo broadcast – suppression

（11）设置以太网端口的链路类型。

Access 类型：端口只能属于一个 VLAN，一般用于连接计算机。

Trunk 类型：端口可以属于多个 VLAN，可以接收和发送多个 VLAN 的报文，一般用于交换机之间的连接。

Hybrid 类型：端口可以属于多个 VLAN，可以接收和发送多个 VLAN 的报文，既可以用于交换机之间连接，也可以用于连接用户的计算机。

功能实现：

[Quidway – Ethernet0/1] port link – type access

设置端口为 Access 端口 port link-type access。

设置端口为 Hybrid 端口 port link-type hybrid。

设置端口为 Trunk 端口 port link-type trunk。

恢复端口的链路类型为默认的 Access 端口 undo port link-type。

例如，

```
port link – type access       //用户接入模式
port link – type hybrid       //混杂模式
port link – type trunk        // vlan trunk 模式
```

（12）设置以太网端口默认 VLAN ID：

```
[Quidway-Ethernet0/1] vlan 2
```

（13）把当前以太网端口加入到指定 VLAN：

```
[Quidway-Ethernet0/1] port access vlan 2
```

把当前 Access 端口加入到指定 VLAN：port access vlan vlan_id。

将当前 Hybrid 端口加入到指定 VLAN：port hybrid vlan vlan_id_list{tagged|untagged}。

把当前 Trunk 端口加入到指定 VLAN：port trunk permit vlan{vlan_id_list|all}。

把当前 Access 端口从指定 VLAN 删除：undo port access vlan。

把当前 Hybrid 端口从指定 VLAN 中删除：undo port hybrid vlan vlan_id_list。

把当前 Trunk 端口从指定 VLAN 中删除：undo port trunk permit vlan{vlan_id_list|all}。

5）配置 telnet 登录环境，登录密码为 123456，命令级别为 3 级

（1）在通过 Telnet 登录以太网交换机之前，需要通过 Console 口在交换机上配置欲登录的 Telnet 用户名和认证密码。

```
<Quidway> system-view
[Quidway] user-interface vty 0 4
[Quidway-ui-vty0-4] authentication-mode password
[Quidway-ui-vty0-4] set authentication password simple 123456
[Quidway-ui-vty0-4] user privilege level 3
```

配置管理地址：

```
[S3526A]interface vlan 1
[S3526A-vlan1]ip add 192.168.11.30 255.255.255.0
```

（2）如图 11.21 所示，建立配置环境，只需将 PC 以太网端口通过局域网与以太网交换机的以太网端口连接。

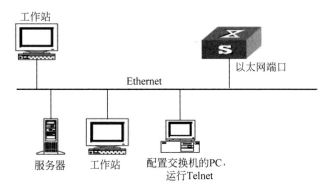

图 11.21　通过局域网搭建本地配置环境

（3）在 PC 上运行 Telnet 程序，输入与 PC 相连的以太网端口所属 VLAN 的 IP 地址（此处为 192.168.11.30），如图 11.22 所示。

（4）终端上显示"User Access Verification"，并提示用户输入已设置的登录密码，密码

图 11.22 运行 Telnet 程序

输入正确后则出现命令行提示符(如 Quidway)。如果出现"Too many users!"的提示,则表示当前 Telnet 到以太网交换机的用户过多,则请稍后再连(Quidway 系列以太网交换机最多允许 5 个 Telnet 用户同时登录)。

(5)使用相应命令配置以太网交换机或查看以太网交换机的运行状态。需要帮助可以随时输入"?"。

4. 实践总结

不同厂商的交换机配置方法可能有差异,必要时可根据说明书进行配置。

11.4 路由器的配置

1. 实践目的

熟悉路由器;

了解路由器的配置方式。

2. 实践器材和设备

路由器、交换机、计算机、网卡、网线、串口线。

3. 实践内容

1)网络连接(通过 Console 口搭建本地配置环境)

连接方式如图 11.23 所示。

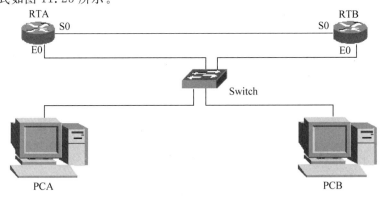

图 11.23 路由器的连接方式

2）路由器的配置

用 Console 口对路由器进行配置是最基本的方法，在第一次配置路由器时必须采用 Console 口配置方式。用 Console 口配置交换机时需要专用的串口配置线缆连接交换机的 Console 口和主机的串口。实践前需要检查配置线缆是否连接正确并确定使用主机的哪一个串口。在创建超级终端时需要此参数。完成物理连线后，可以创建超级终端。Windows 系统一般在"附件"中都附带超级终端软件。在创建过程中要注意如下参数：选择对应的串口（COM1 或 COM2）；配置串口参数。串口的配置参数如图 11.24 所示。

单击"确定"按钮即可正常建立与路由器的通信。如果路由器已经启动，按回车键即可进入路由

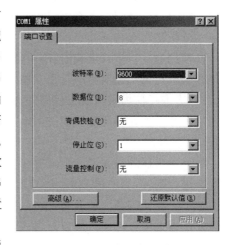

图 11.24　串口的配置参数

器的普通用户模式。若还没有启动，则打开路由器的电源会看到路由器的启动过程，启动完成后同样进入普通用户模式。

多数路由器均采用命令行的方式进行配置，为了实践的顺利进行，先介绍一下新一代交换机的几种配置模式。

（1）普通用户模式：开机直接进入普通用户模式，在该模式下只能查询路由器的一些基础信息，如版本号（show version）。

（2）特权用户模式：在普通用户模式下输入 enable 命令即可进入特权用户模式，在该模式下可以查看路由器的配置信息和调试信息等。

（3）全局配置模式：在特权用户模式下输入 configure 命令即可进入全局配置模式，在该模式下主要完成全局参数的配置。

（4）接口配置模式：在全局配置模式下输入 interface interface-type interface-number 即可进入接口配置模式，在该模式下主要完成接口参数的配置。

（5）路由协议配置模式：在全局配置模式下输入 router rip 即可进入路由协议配置模式，在该配置模式下可以完成路由协议的一些相关配置。

下面是在路由器上进行模式切换的界面，可以参照它来熟悉模式切换：

```
Quidway > enable
   Password:
Quidway # configure
   Enter configuration commands, one per line. End with command exit!
Quidway(config) # interface serial 0
Quidway(config - if - Serial0) # interface ethernet 0
Quidway(config - if - Ethernet0) # exit
Quidway(config) # router rip
      waiting...
   RIP is turning on
Quidway(config - router - rip) #
```

注意上面几种模式的提示符的变化，有的命令只能在某一模式执行，有的则可以在多个

模式下执行,在实践时要多加注意。另外介绍一个快速返回特权用户模式的方法,在任何模式(普通用户模式除外)下都可以用 Ctrl+Z 组合键直接返回特权用户模式。使用 exit 命令只能逐步退出直至普通用户模式。

在使用命令行进行配置时,不可能完全记住所有的命令格式和参数,所以路由器为维护和工程人员提供了强有力的帮助功能,在任何模式下均可以使用"?"来帮助完成配置。使用"?"可以查询任何模式下可以使用的命令,或者某参数后面可以输入的参数,或者以某字母开始的命令。如在全局配置模式下输入"?"或"show?"或"s?",可以显示帮助信息。

3) Telnet 配置

如果路由器的以太网端口配置了 IP 地址,可以在本地或者远程使用 Telnet 登录到路由器上进行配置,和使用 Console 口配置的界面完全相同,这大大方便了工程维护人员对设备的维护。在此需要注意的是,配置使用的主机是通过以太网端口与路由器进行通信的,必须保证该以太网口可用。所以必须先做好准备即给以太网端口配置 IP 地址并正常工作。IP 地址的配置很简单,只需在接口配置模式下执行 ip address 命令。相关输入/输出信息如下:

```
Quidway(config - if - Ethernet0) ♯ ip address 10.0.0.1 255.0.0.0
Quidway(config - if - Ethernet0) ♯
% Line protocol ip on interface Ethernet0, changed state to UP
```

然后将主机 IP 地址修改成 10.0.0.X/8 即可进行 Telnet 配置连接了。Telnet 是 Windows 附带的应用程序,在"开始"菜单单击"运行",然后输入 Telnet 单击"确定"按钮即可启动 Telnet 软件。然后连接远程系统弹出"连接"对话框,输入路由器的以太网端口 IP 地址,选择"端"口为 telnet,"终端类型"为 vt100,单击"连接"按钮即可完成连接。属性设置如图 11.25 所示。

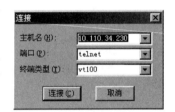

图 11.25 属性设置

4. 实践总结

不同厂商的路由器配置方法可能有差异,必要时可根据说明书进行配置。

本章小结

(1) 对等网以及客户端/服务器网络的组建是基本的技能,需要熟悉并掌握。

(2) 虽然现在的交换机都比较智能,可以不需要经过初始配置,直接接入到网络中就可以正常工作,然而忽略交换机的配置是很不明智的。因为如果没有做好相关的初始化配置,那么对于后续的排错与维护是非常不利的。如果不对交换机的名称进行合理的规划,那么以后就很难将交换机的名称与交换机和路由器的位置、功能对应起来,从而给维护带来一定的难度。所以为了能够优化交换机的管理以及简化后续的排错,必须要在交换机初始安装的时候对相关的参数进行配置。

(3) 随着无线网络的发展,无线路由器越来越多地应用到生活中。无线路由器的配置并不复杂,按照厂商说明书给的步骤和方法进行配置。

习题

1. 总结组建对等网的步骤和方法。
2. 总结组建客户端/服务器网络的步骤和方法。
3. 简述交换机的配置步骤。
4. 简述路由器的配置步骤。

参 考 文 献

[1] 谢希仁. 计算机网络[M]. 7 版. 北京：电子工业出版社,2017.

[2] [美]韦瑟罗尔. 计算机网络[M]. 5 版. 严伟,潘爱民,译. 北京：清华大学出版社,2012.

[3] 刘勇,邹广慧. 计算机网络基础[M]. 北京：清华大学出版社,2016.

[4] [印]纳拉辛哈·卡鲁曼希. 计算机网络基础教程：基本概念及经典问题解析[M]. 许昱玮,译. 北京：机械工业出版社,2016.

[5] 中华人民共和国建设部. 智能建筑设计标准[S]. GB 50314-2015,2015.

[6] 张少军. 建筑智能化信息化技术[M]. 北京：建筑工业出版社,2005.

[7] 郁建生. 智慧城市——顶层设计与实践[M]. 北京：人民邮电出版社,2017.

[8] 杨正洪. 智慧城市：大数据、物联网和云计算之应用[M]. 北京：清华大学出版社,2014.

[9] 杨心强. 数据通信与计算机网络[M]. 4 版. 北京：电子工业出版社,2012.

[10] 邢彦辰. 数据通信与计算机网络[M]. 2 版. 北京：人民邮电出版社,2015.

[11] 伍孝金. IPv6 技术与应用[M]. 北京：清华大学出版社,2010.

[12] 王相林. IPv6 技术：新一代网络技术[M]. 北京：机械工业出版社,2008.

[13] 刘云浩. 物联网导论[M]. 3 版. 北京：科学出版社,2017.

[14] 吕慧. 物联网通信技术[M]. 北京：机械工业出版社,2016.

[15] 王波. 网络工程规划与设计[M]. 北京：机械工业出版社,2014.

[16] 李贺华. 网络规划与设计[M]. 北京：电子工业出版社,2013.

[17] 黄传河. 网络规划设计师教程[M]. 北京：清华大学出版社,2009.

[18] 雷震甲. 网络工程师教程[M]. 北京：清华大学出版社,2006.

[19] 段水福. 计算机网络规划与设计[M]. 2 版. 杭州：浙江大学出版社,2012.

[20] 黄昌祥. 公司办公网络规划设计[D]. 贵州：贵州师范大学,2013.

[21] 李伟键. 计算机网络实验教程[M]. 北京：清华大学出版社,2017.

[22] 陈盈. 计算机网络实验教程[M]. 北京：清华大学出版社,2017.

[23] 何波. 计算机网络实验教程[M]. 北京：清华大学出版社,2013.

图 书 资 源 支 持

感谢您一直以来对清华版图书的支持和爱护。为了配合本书的使用,本书提供配套的资源,有需求的读者请扫描下方的"清华电子"微信公众号二维码,在图书专区下载,也可以拨打电话或发送电子邮件咨询。

如果您在使用本书的过程中遇到了什么问题,或者有相关图书出版计划,也请您发邮件告诉我们,以便我们更好地为您服务。

我们的联系方式:

教学交流、课程交流

清华电子

地　　　址:北京市海淀区双清路学研大厦 A 座 701

邮　　　编:100084

电　　　话:010－62770175－4608

资源下载:http://www.tup.com.cn

客服邮箱:tupjsj@vip.163.com

QQ:2301891038(请写明您的单位和姓名)

扫一扫,获取最新目录

用微信扫一扫右边的二维码,即可关注清华大学出版社公众号"清华电子"。